电子信息科学与工程类专业系列教材

数字系统设计综合教程

傅越千　主　编

郑　悠　楼建明　陈　萌　副主编

电子工业出版社

Publishing House of Electronics Industry

北京·BEIJING

内 容 简 介

本书是"数字系统设计"课程的配套教材。全书共 6 章，包括 C8051F360 单片机结构、C8051F360 的数字 I/O 端口、C8051F360 的模拟外设、开发工具简介、实验平台概述、综合设计实例。本书提供实验平台所有模块的详细电路原理图、设计方案、底层控制程序、例程应用等。在每个综合设计实例后提供拓展任务，以便学生深入理解并掌握设计方法。

本书可作为高等院校电子信息类、电气类、自动化类专业数字系统设计、电子技术综合实验等实践类课程及大学生电子设计竞赛赛前培训的教材，也可作为具备模拟电子技术、数字电子技术、单片机等基础知识的读者学习数字系统设计的参考书。

图书在版编目（CIP）数据

数字系统设计综合教程 / 傅越千主编. — 北京：电子工业出版社，2021.5
ISBN 978-7-121-41161-8

Ⅰ. ①数… Ⅱ. ①傅… Ⅲ. ①数字系统－系统设计－高等学校－教材 Ⅳ. ①TP271

中国版本图书馆 CIP 数据核字（2021）第 087239 号

责任编辑：凌　毅
印　　刷：北京七彩京通数码快印有限公司
装　　订：北京七彩京通数码快印有限公司
出版发行：电子工业出版社
　　　　　北京市海淀区万寿路 173 信箱　邮编：100036
开　　本：787×1 092　1/16　印张：14.25　字数：383 千字
版　　次：2021 年 5 月第 1 版
印　　次：2025 年 1 月第 3 次印刷
定　　价：45.00 元

凡所购买电子工业出版社图书有缺损问题，请向购买书店调换。若书店售缺，请与本社发行部联系。
联系及邮购电话：(010)88254888，88258888。
质量投诉请发邮件至 zlts@phei.com.cn，盗版侵权举报请发邮件至 dbqq@phei.com.cn。
本书咨询联系方式：(010)88254528，lingyi@phei.com.cn。

前　言

　　"数字系统设计"是在学生完成数字电子技术、单片机原理与接口技术、硬件描述语言等课程后的综合设计性集中实践课程。该课程着重培养学生基于 SoC 和 FPGA 的高速数字系统设计与实际应用能力，提升学生解决复杂工程问题的能力，也可用于大学生电子设计竞赛的赛前培训。课程内容包括项目学习和项目设计两部分，教学时间为 2~3 周。项目学习部分帮助学生重点掌握模块电路硬件和底层软件设计方法，完成综合性项目及其拓展训练；项目设计部分模拟大学生电子设计竞赛，让学生以小组为单位完成自选项目的设计、仿真与调试。

　　为了配合"数字系统设计"课程，我们自主开发了"数字系统设计综合实验实习平台"。该平台提供 9 个模块，具有"积木式"的特征。模块化的架构降低了数字系统的抽象层次与设计难度，便于团队协作，多名学生可分工完成设计任务。模块中大量采用高性能前沿电子元器件，如高速 A/D 和 D/A 转换器、宽带放大器、高性能单片机、FPGA 等，可让学生接触并领会前沿数字技术在现实中的应用。模块具有可移植性，通过若干模块有机组合，即可完成项目学习与项目设计，仅需补充少量自制模块，就可实现自选项目，在有限的课时内完成多样化数字系统设计课题。本书详细介绍"数字系统设计综合实验实习平台"各模块的设计、应用及使用方法，并提供全部模块的电路原理图、设计方案、底层控制程序、例程应用等。

　　全书共 6 章，分为以下 3 部分。

　　第一部分为单片机 C8051F360 原理及内部资源介绍，由第 1~3 章组成，分别介绍 C8051F360 单片机的基本组成、数字 I/O 端口和模拟外设。C8051F360 单片机内核及其指令系统与标准 MCS-51 单片机兼容，对于已掌握 MCS-51 单片机基础的读者，可以重点学习数字 I/O 端口中的优先权交叉开关译码器、A/D 转换器和 D/A 转换器，其他部分可以先浏览式学习，在后续章节中应用到相关部件时，再深入学习其工作原理和控制方法。

　　第二部分为开发工具介绍，即第 4 章，主要介绍单片机集成开发环境 Keil μVision 及其对 C8051F360 扩展支持、C8051F 系列单片机的图形化配置软件和 EDA 集成设计工具 Quartus II。

　　第三部为实验平台设计及应用，由第 5~6 章组成。第 5 章详细介绍"数字系统设计综合实验实习平台"各模块的软硬件设计及实现方法，提供所有模块的电路原理图、设计方案、底层控制程序和例程应用。第 6 章介绍双路 DDS 信号发生器、数字化语音存储与回放系统和高速数据采集系统这 3 个典型的设计实例。应用模块化方案，从设计目标、软硬件详细设计、底层控制程序、设计例程等多方面介绍数字系统的设计方法。这 3 个设计实例涉及多数平台模块，体现 SoC 和 FPGA 相结合的数字系统典型设计方法，可起到举一反三的作用。在设计实例中，还提供了拓展任务，帮助读者学以致用，深刻理解设计内涵。在最后一节的设计训练部分，提供了 4 个综合性设计课题，可模拟大学生电子设计竞赛，供学生以小组为单位，完成作品设计与设计报告。

　　本书提供的硬件电路原理图、程序代码均经过作者调试验证，读者可从华信教育资源网 www.hxedu.com.cn 上下载使用。有关"数字系统设计综合实验实习平台"的相关情况，可发邮件至 fyqfyq777@163.com 联系咨询。

  本书由傅越千任主编，郑悠、楼建明、陈萌任副主编。其中，第 1 章由郑悠编写，第 3 章由楼建明编写，第 4 章由陈萌编写，其余各章及附录由傅越千编写。傅越千完成全书的统稿工作。本书在编写过程中得到了宁波工程学院省级重点实验教学示范中心电子技术实验中心各位老师的热情帮助，在本书出版之际，谨向他们致以诚挚的谢意。

  由于编者水平有限，书中难免有错误或不妥之处，恳请读者批评指正。

作者

2021 年 4 月

目　录

第1章　C8051F360 单片机结构

1.1　C8051F360 单片机简介

C8051F 单片机是美国 Cygnal 公司设计制造的混合信号片上系统（SoC）单片机。该公司于 2003 年并入 Silicon Laboratories 公司，后者更新原 C8051F 单片机结构，在 2007 年推出基于 CIP-51 内核的新 C8051F 单片机。C8051F360 单片机具有高性能 CIP-51 指令系统，与传统 MCS-51 单片机完全兼容，片内集成丰富的模拟、数字部件，是目前功能最完善、速度最快（运行速度可达 100MIPS）的 SoC 单片机之一，其内部原理框图如图 1-1 所示。

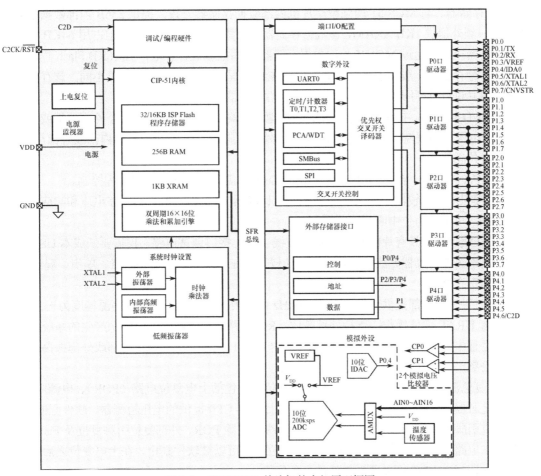

图 1-1　C8051F360 单片机的内部原理框图

C8051F360 单片机的主要特征如下：

① 高速内核。采用 CIP-51 内核，指令系统与 MCS-51 单片机完全兼容；采用流水线结构，机器周期降为 1 个系统时钟周期（标准 MCS-51 单片机为 12 个系统时钟周期），工作于

最大系统时钟频率 100MHz 时（标准 MCS-51 单片机的最大系统时钟频率为 12MHz），其峰值速度可达 100MIPS，70%指令的执行周期为 1～2 个机器周期（见表 1-1），处理能力较标准 MCS-51 单片机有大幅提高。

表 1-1 CIP-51 内核指令条数与执行机器周期数的关系

机器周期数	1	2	2/4	3	3/5	4	4/5	5	8
指令条数	26	50	5	16	7	3	1	2	1

② 数字外设。提供 39 个三态双向 I/O 引脚，允许与 5V 系统直接接口，具有大灌电流能力；提供硬件增强型 UART、SMBus 和 SPI 接口，4 个通用 16 位定时/计数器，可编程 16 位定时/计数器阵列（PCA），6 个捕捉/比较模块和 WDT 等。

③ 扩展中断系统。标准 MCS-51 增强型单片机仅提供 6 个中断源（基本型为 5 个），C8051F360 提供 16 个中断源，扩展的中断源为实时处理提供了有效的硬件支撑。

④ 存储器。与 MCS-51 增强型单片机内部数据存储器一致，提供 256B 内部数据存储器（RAM）；额外提供 1KB XRAM，该数据存储器虽然集成于单片机内部，但占用 64KB 的外部数据存储器空间，通过 MOVX 外部数据存储器读/写指令进行存取；32/16KB Flash 程序存储器，该部分存储器一般用于程序存储，可以在线编程，与 MCS-51 单片机不同，该存储器允许指令对其进行读/写操作，可以作为非易失性存储器使用。

⑤ A/D 转换器。提供 10 位 ADC，转换速率最高 200ksps；多达 21 个外部单端或差分输入；基准电压可编程控制来源于内部 VREF、外部引脚或 VDD；可以使用内部或外部启动源；内建温度传感器。

⑥ D/A 转换器。提供 10 位电流输出的 DAC，满量程输出电流可编程控制。

⑦ 模拟电压比较器。提供 2 个模拟电压比较器 CP0 和 CP1，其回差电压和响应时间可编程控制，可配置为位中断源或范围源。

⑧ 在线调试。具有片内 Silicon Labs 2 线（C2）接口调试电路，仅需要低成本 USB 调试适配器（不需要仿真器）就可实现全速、非侵入式在系统调试，支持断点、单步、观察/修改存储器和寄存器。

⑨ 时钟源。内部提供 24.5MHz 和 80kHz 两个内部振荡器，高频振荡源精度为±2%，支持无晶体 URAT 通信操作；支持外部晶体、RC 电路、电容或外部时钟源产生的系统时钟；允许在运行中切换时钟源，适合节电设计；内置 PLL 技术，可实现对内部或外部振荡器的时钟信号倍频，使 CPU 运行在 100MHz 时钟下。

⑩ 复位源。C8051F360 内部含有 8 个复位源，包括上电复位电路（POR）、电源监视器、看门狗定时器（WDT）、时钟丢失检测器、由比较器 CP0 提供的电压检测器、软件强制复位、外部复位引脚复位和 Flash 非法访问保护电路复位。除 POR、外部复位引脚复位及 Flash 非法访问保护电路复位这 3 个复位源外，其他复位源都可以被软件禁止。在上电复位之后的单片机初始化期间，WDT 可以通过软件被永久使能。

C8051F360 单片机为 48 引脚 TQFP 封装，其引脚排列如图 1-2 所示。

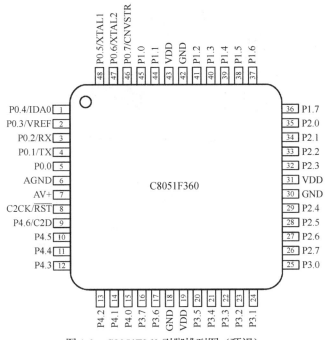

图 1-2　C8051F360 引脚排列图（顶视）

1.2　CIP-51 内核

C8051F360 内核为 CIP-51 微控制器（MCU）。CIP-51 指令系统与 MCS-51 指令系统完全兼容，可以使用标准 803X/805X 的汇编器和编译器（如 Keil μVision 软件开发工具）进行软件开发。C8051F360 的外设是标准 MCS-51 单片机的所有外设的超集，包括 5 个 16 位的定时/计数器、1 个全双工 UART、256B 内部 RAM、128B 特殊功能寄存器（SFR）及最多达 4 个 8 位和 1 个 7 位的 I/O 端口。CIP-51 内核还包含调试硬件，可以与模拟和数字子系统直接接口，在一个集成电路内提供了完全的数据采集和控制系统解决方案。与 MCS-51 单片机兼容的部分，请读者自行参考 MCS-51 单片机相关教材，本书仅列出 C8051F360 的增强部分。

1.2.1　编程及调试支持

CIP-51 内核提供基于 C2 的串行调试接口，用于 Flash 程序存储器的在系统编程和与片内调试硬件支持的逻辑通信。可以在程序中使用 MOVC 和 MOVX 指令对可在系统编程的 Flash 程序存储器进行读和写，这一特性允许将程序存储器用于非易失性数据存储及在软件控制下升级程序代码。

片内调试硬件支持全速在系统调试，允许设置硬件断点，支持开始、停止和单步执行（包括中断服务程序）命令，支持检查程序调用堆栈及读/写寄存器和存储器。该过程是非侵入式的，无须额外 RAM、堆栈、定时器或其他资源。

CIP-51 内核有 Silicon Labs 公司和第三方供应商的开发工具支持。Silicon Labs 提供集成开发环境（IDE），包括编辑器、宏汇编器、调试器和编程器。IDE 的调试器和编程器与 CIP-51 之间通过 C2 接口连接，可实现快速有效的在系统编程和调试。也可以用第三方的宏汇编器和 C 编译器（如 Keil μVision3）。开发/在线系统调试示意图如图 1-3 所示。

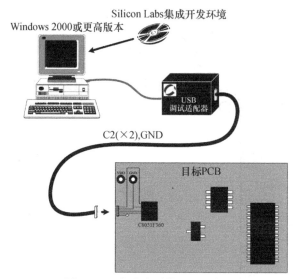

图 1-3　开发/在线系统调试示意图

1.2.2　指令系统

CIP-51 指令系统与 MCS-51 指令系统完全兼容，可以使用标准 MCS-51 的开发工具开发 CIP-51 的软件。所有 CIP-51 指令在二进制码和功能上与同类的 MCS-51 指令完全等价，包括功能、操作码、寻址方式和对 PSW 标志的影响等，但是指令时序与 MCS-51 的不同。

在 MCS-51 中，12 个时钟周期为 1 个机器周期，1 个指令周期（1 条指令的执行时间）一般为 1～4 个机器周期。在 CIP-51 中采用流水结构，其指令周期按时钟周期计，而不按机器周期计，大多数指令周期所需的时钟周期与指令的字节数一致。表 1-2 列出了 CIP-51 指令集。

表 1-2　CIP-51 指令集一览表

助记符	功能说明	字节数	时钟周期数
算术操作类指令			
ADD　A,Rn	寄存器加到累加器	1	1
ADD　A,direct	直接寻址字节加到累加器	2	2
ADD　A,@Ri	间接寻址 RAM 内容加到累加器	1	2
ADD　A,#data	立即数加到累加器	2	2
ADDC　A,Rn	寄存器加到累加器（带进位）	1	1
ADDC　A,direct	直接寻址字节加到累加器（带进位）	2	2
ADDC　A,@Ri	间接寻址 RAM 加到累加器（带进位）	1	2
ADDC　A,#data	立即数加到累加器（带进位）	2	2
SUBB　A,Rn	累加器减去寄存器（带借位）	1	1
SUBB　A,direct	累加器减去直接寻址字节（带借位）	2	2
SUBB　A,@Ri	累加器减去间接寻址 RAM（带借位）	1	2
SUBB　A,#data	累加器减去立即数（带借位）	2	2
INC　A	累加器加 1	1	1
INC　Rn	寄存器加 1	1	1
INC　direct	直接寻址字节加 1	2	2

助记符	功能说明	字节数	时钟周期数
算术操作类指令			
INC @Ri	间接寻址 RAM 加 1	1	2
DEC A	累加器减 1	1	1
DEC Rn	寄存器减 1	1	1
DEC direct	直接寻址字节减 1	2	2
DEC @Ri	间接寻址 RAM 减 1	1	2
INC DPTR	数据指针加 1	1	1
MUL AB	累加器乘以寄存器 B	1	4
DIV AB	累加器除以寄存器 B	1	8
DA A	累加器十进制调整	1	1
逻辑运算类指令			
ANL A,Rn	寄存器"与"到累加器	1	1
ANL A,direct	直接寻址字节"与"到累加器	2	2
ANL A,@Ri	间接寻址 RAM "与"到累加器	1	2
ANL A,#data	立即数"与"到累加器	2	2
ANL direct,A	累加器"与"到直接寻址字节	2	2
ANL direct,#data	立即数"与"到直接寻址字节	3	3
ORL A,Rn	寄存器"或"到累加器	1	1
ORL A,direct	直接寻址字节"或"到累加器	2	2
ORL A,@Ri	间接寻址 RAM "或"到累加器	1	2
ORL A,#data	立即数"或"到累加器	2	2
ORL direct,A	累加器"或"到直接寻址字节	2	2
ORL direct,#data	立即数"或"到直接寻址字节	3	3
XRL A,Rn	寄存器"异或"到累加器	1	1
XRL A,direct	直接寻址字节"异或"到累加器	2	2
XRL A,@Ri	间接寻址 RAM "异或"到累加器	1	2
XRL A,#data	立即数"异或"到累加器	2	2
XRL direct,A	累加器"异或"到直接寻址字节	2	2
XRL direct,#data	立即数"异或"到直接寻址字节	3	3
CLR A	累加器清零	1	1
CPL A	累加器求反	1	1
RL A	累加器循环左移	1	1
RLC A	带进位的累加器循环左移	1	1
RR A	累加器循环右移	1	1
RRC A	带进位的累加器循环右移	1	1
SWAP A	累加器内高低半字节交换	1	1
数据传送类指令			
MOV A,Rn	寄存器传送到累加器	1	1
MOV A,direct	直接寻址字节传送到累加器	2	2
MOV A,@Ri	间接寻址 RAM 传送到累加器	1	2

助记符	功能说明	字节数	时钟周期数
数据传送类指令			
MOV A,#data	立即数传送到累加器	2	2
MOV Rn,A	累加器传送到寄存器	1	1
MOV Rn,direct	直接寻址字节传送到寄存器	2	2
MOV Rn,#data	立即数传送到寄存器	2	2
MOV direct,A	累加器传送到直接寻址字节	2	2
MOV direct,Rn	寄存器传送到直接寻址字节	2	2
MOV direct,direct	直接寻址字节传送到直接寻址字节	3	3
MOV direct,@Ri	间接寻址 RAM 传送到直接寻址字节	2	2
MOV direct,#data	立即数传送到直接寻址字节	3	3
MOV @Ri,A	累加器传送到间接寻址 RAM	1	2
MOV @Ri,direct	直接寻址字节传送到间接寻址 RAM	2	2
MOV @Ri,#data	立即数传送到间接寻址 RAM	2	2
MOV DPTR,#data16	16 位常数装入 DPTR	3	3
MOVC A,@A+DPTR	相对于 DPTR 的代码字节传送到累加器	1	3
MOVC A,@A+PC	相对于 PC 的代码字节传送到累加器	1	3
MOVX A,@Ri	外部 RAM（8 位地址）传送到累加器	1	3
MOVX @Ri,A	累加器传到外部 RAM（8 位地址）	1	3
MOVX A,@DPTR	外部 RAM（16 位地址）传送到累加器	1	3
MOVX @DPTR,A	累加器传到外部 RAM（16 位地址）	1	3
PUSH direct	直接寻址字节压入栈顶	2	2
POP direct	栈顶数据弹出到直接寻址字节	2	2
XCH A,Rn	寄存器和累加器交换	1	1
XCH A,direct	直接寻址字节与累加器交换	2	2
XCH A,@Ri	间接寻址 RAM 与累加器交换	1	2
XCHD A,@Ri	间接寻址 RAM 和累加器交换低半字节	1	2
位操作类指令			
CLR C	清进位位	1	1
CLR bit	清直接寻址位	2	2
SETB C	进位位置 1	1	1
SETB bit	直接寻址位置位	2	2
CPL C	进位位取反	1	1
CPL bit	直接寻址位取反	2	2
ANL C,bit	直接寻址位 "与" 到进位位	2	2
ANL C,/bit	直接寻址位的反码 "与" 到进位位	2	2
ORL C,bit	直接寻址位 "或" 到进位位	2	2
ORL C,/bit	直接寻址位的反码 "或" 到进位位	2	2
MOV C,bit	直接寻址位传送到进位位	2	2
MOV bit,C	进位位传送到直接寻址位	2	2
JC rel	若进位位为 1，则跳转	2	2/3*

助记符	功能说明	字节数	时钟周期数
位操作类指令			
JNC rel	若进位位为 0，则跳转	2	2/3*
JB bit,rel	若直接寻址位为 1，则跳转	3	3/4*
JNB bit,rel	若直接寻址位为 0，则跳转	3	3/4*
JBC bit,rel	若直接寻址位为 1，则跳转，并清除该位	3	3/4*
控制转移类指令			
ACALL addr11	绝对调用子程序	2	3*
LCALL addr16	长调用子程序	3	4*
RET	从子程序返回	1	5*
RETI	从中断返回	1	5*
AJMP addr11	绝对转移	2	3*
LJMP addr16	长转移	3	4*
SJMP rel	短转移（相对地址）	2	3*
JMP @A+DPTR	相对 DPTR 的间接转移	1	3*
JZ rel	累加器为 0，则转移	2	2/3*
JNZ rel	累加器为非 0，则转移	2	2/3*
CJNE A,direct,rel	比较直接寻址字节与累加器，不相等则转移	3	3/4*
CJNE A,#data,rel	比较立即数与累加器，不相等则转移	3	3/4*
CJNE Rn,#data,rel	比较立即数与寄存器，不相等则转移	3	3/4*
CJNE Ri,#data,rel	比较立即数与间接寻址 RAM，不相等则转移	3	4/5*
DJNZ Rn,rel	寄存器减 1，不为 0 则转移	2	2/3*
DJNZ direct,rel	直接寻址字节减 1，不为 0 则转移	3	3/4*
NOP	空操作	1	1

*如果转移指令的转移目标地址没有存储在高速缓存中，则转移指令将使高速缓存不命中，若命中则使用较少的时钟周期

寄存器、操作数及寻址方式说明：

Rn	当前选择的寄存器区的工作寄存器 R0～R7
@Ri	通过寄存器 R0～R1 间接寻址的数据 RAM 地址
rel	相对于下一条指令第一个字节的 8 位有符号偏移量。由 SJMP 和所有条件转移指令使用
direct	8 位内部数据存储器地址。可以是直接访问数据 RAM 地址（0x00～0x7F）或一个 SFR 地址（0x80～0xFF）
#data	8 位常数
#data16	16 位常数
bit	内部数据 RAM 或 SFR 中的直接寻址位
addr11	ACALL 或 AJMP 使用的 11 位目标地址。目标地址必须与下一条指令第一个字节处于同一个 2KB 的程序存储器页中
addr16	LCALL 或 LJMP 使用的 16 位目标地址。目标地址可以是 64KB 程序存储器空间内的任何位置
一个未使用的操作码（0xA5）	执行与 NOP 指令相同的功能

1.3 存储器组织

与 MCS-51 单片机类似，CIP-51 的存储器有两个独立的存储空间：程序存储器和数据存

储器。程序存储器和数据存储器共享同一地址空间,但使用不同的指令进行访问。C8051F360内部有256B的内部数据存储器(与增强型MCS-51单片机一致)、1KB外部数据存储器(集成于芯片内)和32KB的内部程序存储器(Flash),其存储器组织如图1-4所示。

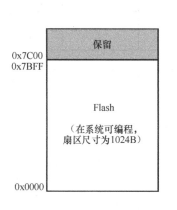

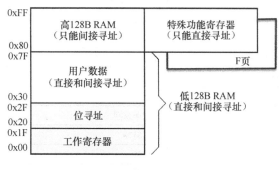

图1-4 C8051F360存储器组织

1.3.1 程序存储器

与MCS-51单片机类似,CIP-51可管理最大64KB程序存储器空间,其中前32KB已以Flash存储器形式集成在C8051F360中,地址空间为0x0000～0x7FFF,其中0x7C00～0x7FFF地址为保留空间,0x8000～0xFFFF空间可通过总线外部扩展或作为扩展I/O端口地址使用。

与MCS-51单片机不同,程序存储器可以通过控制程序存储写允许位(PSCTL.0)和MOVX写指令对程序存储器进行改写,利用该特征可在线更新程序或作为非易失性数据存储器使用。

1.3.2 内部数据存储器

与MCS-51增强型单片机相类似,数据存储器空间中有256B的内部RAM,地址空间为0x00～0xFF,其中低128B可直接或间接寻址,该部分划分为工作寄存器区(0x00～0x1F)、位寻址区(0x20～0x2F)和用户数据区(0x30～0x7F)。当寻址高于0x7F的地址时,指令所用的寻址方式决定了CPU是访问数据存储器的高128B还是访问SFR,直接寻址方式的指令将访问SFR空间,间接寻址大于0x7F地址的指令将访问数据存储器的高128B。

1.3.3 特殊功能寄存器及其分页

标准 MCS-51 单片机在直接寻址 0x80～0xFF 空间内提供了 21 个特殊功能寄存器(SFR)，其片内的 I/O 端口锁存器、定时/计数器、串行口数据缓冲及各种控制寄存器（除 PC 外）都以特殊功能寄存器的形式出现，用户只需通过编程控制寄存器中对应的位，就可实现单片机内各部件的使用。C8051F360 提供了比标准 MCS-51 单片机更多的功能部件，因此需要提供更多的 SFR。为了与 MCS-51 单片机兼容，C8051F360 对 SFR 进行了分页（见表 1-3），将所有 SFR 分为 0 页和 F 页，如果 SFR 定位在"所有页"，则表示对其访问与 SFR 页选择寄存器（SFRPAGE）的内容无关。在对 SFR 进行读/写之前，应根据 SFR 所处的寄存器页，将页号送入 SFRPAGE 寄存器，使访问空间切换到对应的 SFR 寄存器页。图 1-5 列出了 SFRPAGE 寄存器的详细描述。

R/W	R/W	R/W	R/W	R/W	R/W	R/W	R/W
位 7	位 6	位 5	位 4	位 3	位 2	位 1	位 0

复位值：00000000   SFR 地址：0x84   SFR 页：所有页

位 7～0：SFR 页位，代表 CIP-51 MCU 读或修改 SFR 时所使用的 SFR 页。

　　写：设置 SFR 页。

　　读：CIP-51 MCU 正在使用的 SFR 页。

　　当 SFR 页控制寄存器（SFR0CN）中的 SFRPGEN 被使能时，C8051F360 自动切换到 SFR 页的 0x00 处，并在中断返回时返回到中断前的 SFR 页（除非在中断返回前 SFR 栈被修改）。

　　SFRPAGE 是 SFR 页堆栈的顶部字节，对该堆栈的压栈/出栈操作是由中断引起的（而不是由读/写 SFRPAGE 寄存器引起的）。

图 1-5　SFR 页选择寄存器（SFRPAGE）的详细描述

表 1-3　特殊功能寄存器（以字母顺序排列）

寄存器名	地址	SFR 页	说　明	MCS-51 兼容*
ACC	0xE0	所有页	累加器	*
ADC0CF	0xBC	所有页	ADC0 配置寄存器	
ADC0CN	0xE8	所有页	ADC0 控制寄存器	
ADC0GTH	0xC4	所有页	ADC0 下限（大于）数据字高字节寄存器	
ADC0GTL	0xC3	所有页	ADC0 下限（大于）数据字低字节寄存器	
ADC0H	0xBE	所有页	ADC0 数据字高字节寄存器	
ADC0L	0xBD	所有页	ADC0 数据字低字节寄存器	
ADC0LTH	0xC6	所有页	ADC0 上限（小于）数据字高字节寄存器	
ADC0LTL	0xC5	所有页	ADC0 上限（小于）数据字低字节寄存器	
AMX0N	0xBA	所有页	ADC0 负输入通道选择寄存器	
AMX0P	0xBB	所有页	ADC0 正输入通道选择寄存器	
B	0xF0	所有页	B 寄存器	*
CCH0CN	0x84	F	高速缓存（Cache）控制寄存器	
CCH0LC	0xD2	F	高速缓存（Cache）锁定寄存器	
CCH0MA	0xD3	F	高速缓存（Cache）未命中累加器	
CCH0TN	0xC9	F	高速缓存（Cache）调节寄存器	
CKCON	0x8E	所有页	时钟控制寄存器	
CLKSEL	0x8F	F	系统时钟选择寄存器	
CPT0CN	0x9B	所有页	比较器 0 控制寄存器	
CPT0MD	0x9D	所有页	比较器 0 配置寄存器	

寄存器名	地址	SFR 页	说　明	MCS-51 兼容*
CPT0MX	0x9F	所有页	比较器 0 MUX 选择寄存器	
CPT1CN	0x9A	所有页	比较器 1 控制寄存器	
CPT1MD	0x9C	所有页	比较器 1 配置寄存器	
CPT1MX	0x9E	所有页	比较器 1 MUX 选择寄存器	
DPH	0x83	所有页	数据指针（高字节）	*
DPL	0x82	所有页	数据指针（低字节）	*
EIE1	0xE6	所有页	扩展中断允许寄存器 1	
EIE2	0xE7	所有页	扩展中断允许寄存器 2	
EIP1	0xCE	所有页	扩展中断优先级寄存器 1	
EIP2	0xCF	所有页	扩展中断优先级寄存器 2	
EMI0CF	0xC7	F	外部存储器接口配置寄存器	
EMI0CN	0xAA	所有页	外部存储器接口控制寄存器	
EMI0TC	0xF7	F	外部存储器接口时序控制寄存器	
FLKEY	0xB7	0	Flash 锁定和关键码寄存器	
FLSCL	0xB6	0	Flash 存储器定时预分频器	
FLSTAT	0x88	F	Flash 状态寄存器	
IE	0xA8	所有页	中断允许寄存器	*
IP	0xB8	所有页	中断优先级寄存器	*
IT01CF	0xE4	所有页	$\overline{INT0}$ / $\overline{INT1}$ 配置寄存器	
MAC0ACC0	0xD2	0	MAC0 累加器字节 0（LSB）	
MAC0ACC1	0xD3	0	MAC0 累加器字节 1	
MAC0ACC2	0xD4	0	MAC0 累加器字节 2	
MAC0ACC3	0xD5	0	MAC0 累加器字节 3（MSB）	
MAC0AH	0xA5	0	MAC0 A 寄存器高字节	
MAC0AL	0xA4	0	MAC0 A 寄存器低字节	
MAC0BH	0xF2	0	MAC0 B 寄存器高字节	
MAC0BL	0xF1	0	MAC0 B 寄存器低字节	
MAC0CF	0xD7	0	MAC0 配置寄存器	
MAC0OVR	0xD6	0	MAC0 累加器溢出寄存器	
MAC0RNDH	0xAF	0	MAC0 含入寄存器高字节	
MAC0RNDL	0xAE	0	MAC0 含入寄存器低字节	
MAC0STA	0xCF	0	MAC0 状态寄存器	
OSCICL	0xBF	F	内部高频振荡器校准寄存器	
OSCICN	0xB7	F	内部高频振荡器控制寄存器	
OSCLCN	0xAD	F	内部低频振荡器控制寄存器	
OSCXCN	0xB6	F	外部振荡器控制寄存器	
P0	0x80	所有页	P0 口锁存器	*
P0MASK	0xF4	0	P0 口屏蔽寄存器	
P0MAT	0xF3	0	P0 口匹配寄存器	
P0MDIN	0xF1	F	P0 口输入方式寄存器	
P0MDOUT	0xA4	F	P0 口输出方式配置寄存器	
P0SKIP	0xD4	F	P0 口跳过寄存器	
P1	0x90	所有页	P1 口锁存器	*
P1MASK	0xE2	0	P1 口屏蔽寄存器	
P1MAT	0xE1	0	P1 口匹配寄存器	
P1MDIN	0xF2	F	P1 口输入方式寄存器	

寄存器名	地址	SFR 页	说　明	MCS-51 兼容*
P1MDOUT	0xD5	F	P1 口输出方式配置寄存器	
P1SKIP	0xD5	F	P1 口跳过寄存器	
P2	0xA0	所有页	P2 口锁存器	*
P2MASK	0xB2	0	P2 口屏蔽寄存器	
P2MAT	0xB1	0	P2 口匹配寄存器	
P2MDIN	0xF3	F	P2 口输入方式寄存器	
P2MDOUT	0xA6	F	P2 口输出方式配置寄存器	
P2SKIP	0xD6	F	P2 口跳过寄存器	
P3	0xB0	所有页	P3 口锁存器	*
P3MDIN	0xF4	F	P3 口输入方式寄存器	
P3MDOUT	0xA7	F	P3 口输出方式配置寄存器	
P3SKIP	0xD7	F	P3 口跳过寄存器	
P4	0xB5	所有页	P4 口锁存器	
P4MDOUT	0xAE	F	P4 口输出方式配置寄存器	
PCA0CN	0xD8	所有页	PCA 控制寄存器	
PCA0CPH0	0xFC	所有页	PCA 模块 0 捕捉/比较高字节寄存器	
PCA0CPH1	0xEA	所有页	PCA 模块 1 捕捉/比较高字节寄存器	
PCA0CPH2	0xEC	所有页	PCA 模块 2 捕捉/比较高字节寄存器	
PCA0CPH3	0xEE	所有页	PCA 模块 3 捕捉/比较高字节寄存器	
PCA0CPH4	0xFE	所有页	PCA 模块 4 捕捉/比较高字节寄存器	
PCA0CPH5	0xF6	所有页	PCA 模块 5 捕捉/比较高字节寄存器	
PCA0CPL0	0xFB	所有页	PCA 模块 0 捕捉/比较低字节寄存器	
PCA0CPL1	0xE9	所有页	PCA 模块 1 捕捉/比较低字节寄存器	
PCA0CPL2	0xEB	所有页	PCA 模块 2 捕捉/比较低字节寄存器	
PCA0CPL3	0xED	所有页	PCA 模块 3 捕捉/比较低字节寄存器	
PCA0CPL4	0xFD	所有页	PCA 模块 4 捕捉/比较低字节寄存器	
PCA0CPL5	0xF5	所有页	PCA 模块 5 捕捉/比较低字节寄存器	
PCA0CPM0	0xDA	所有页	PCA 模块 0 捕捉/比较寄存器	
PCA0CPM1	0xDB	所有页	PCA 模块 1 捕捉/比较寄存器	
PCA0CPM2	0xDC	所有页	PCA 模块 2 捕捉/比较寄存器	
PCA0CPM3	0xDD	所有页	PCA 模块 3 捕捉/比较寄存器	
PCA0CPM4	0xDE	所有页	PCA 模块 4 捕捉/比较寄存器	
PCA0CPM5	0xDF	所有页	PCA 模块 5 捕捉/比较寄存器	
PCA0H	0xFA	所有页	PCA 定时/计数器高字节寄存器	
PCA0L	0xF9	所有页	PCA 定时/计数器低字节寄存器	
PCA0MD	0xD9	所有页	PCA 方式寄存器	
PCON	0x87	所有页	电源控制寄存器	*
PLL0CN	0xB3	F	PLL 控制寄存器	
PLL0DIV	0xA9	F	PLL 预分频寄存器	
PLL0FLT	0xB2	F	PLL 滤波寄存器	
PLL0MUL	0xB1	F	PLL 倍频寄存器	
PSCTL	0x8F	0	Flash 写/擦除控制寄存器	
PSW	0xD0	所有页	程序状态字	*
REF0CN	0xD1	所有页	电压基准控制寄存器	
RSTSRC	0xEF	所有页	复位源寄存器	
SBUF0	0x99	所有页	UART0 数据缓冲器	*

寄存器名	地址	SFR 页	说　明	MCS-51 兼容*
SCON0	0x98	所有页	UART0 控制寄存器	*
SFR0CN	0xE5	F	SFR 页控制寄存器	
SFRLAST	0x86	所有页	SFR 页堆栈最后字节寄存器	
SFRNEXT	0x85	所有页	SFR 页堆栈下一字节寄存器	
SFRPAGE	0xA7	所有页	SFR 页选择寄存器	
SMB0CF	0xC1	所有页	SMBus 配置寄存器	
SMB0CN	0xC0	所有页	SMBus 控制寄存器	
SMB0DAT	0xC2	所有页	SMBus 数据寄存器	
SP	0x81	所有页	堆栈指针	*
SPI0CFG	0xA1	所有页	SPI 配置寄存器	
SPI0CKR	0xA2	所有页	SPI 时钟频率寄存器	
SPI0CN	0xF8	所有页	SPI 控制寄存器	
SPI0DAT	0xA3	所有页	SPI 数据寄存器	
TCON	0x88	所有页	定时/计数器控制寄存器	*
TH0	0x8C	所有页	定时/计数器 T0 高字节寄存器	*
TH1	0x8D	所有页	定时/计数器 T1 高字节寄存器	*
TL0	0x8A	所有页	定时/计数器 T0 低字节寄存器	*
TL1	0x8B	所有页	定时/计数器 T1 低字节寄存器	*
TMOD	0x89	所有页	定时方式寄存器	*
TMR2CN	0xC8	所有页	定时/计数器 T2 控制寄存器	
TMR2H	0xCD	所有页	定时/计数器 T2 高字节寄存器	
TMR2L	0xCC	所有页	定时/计数器 T2 低字节寄存器	
TMR2RLH	0xCB	所有页	定时/计数器 T2 重装载高字节寄存器	
TMR2RLL	0xCA	所有页	定时/计数器 T2 重装载低字节寄存器	
TMR3CN	0x91	所有页	定时/计数器 T3 控制寄存器	
TMR3H	0x95	所有页	定时/计数器 T3 高字节寄存器	
TMR3L	0x94	所有页	定时/计数器 T3 低字节寄存器	
TMR3RLH	0x93	所有页	定时/计数器 T3 重装载高字节寄存器	
TMR3RLL	0x92	所有页	定时/计数器 T3 重装载低字节寄存器	
VDM0CN	0xFF	所有页	VDD 监视器控制寄存器	
XBR0	0xE1	F	I/O 端口交叉开关控制寄存器 0	
XBR1	0xE2	F	I/O 端口交叉开关控制寄存器 1	

响应中断时，SFR 页控制寄存器会自动切换到 SFR 页 0，所有包含中断标志位的寄存器都位于 SFR 页 0 并且是可位寻址的。这种自动 SFR 页切换功能简化了现场保护程序。在中断返回（RETI）时，中断前使用的 SFR 页会被自动恢复。该过程是通过 3 字节的 SFR 页堆栈来实现的。

1.3.4　片内 XRAM 和外部数据存储器

1. EMIF 接口

外部 RAM 或扩展 I/O 端口的本质是，通过外部 16 位地址总线、8 位数据总线和 $\overline{WR}$、$\overline{RD}$、ALE 控制总线实现与外部 RAM 或 I/O 电路的接口。与 MCS-51 单片机不同，EMIF 接口（External Data Memory Interface）可选择引脚复用方式或非复用方式。工作于复用方式时，数据总线和低 8 位的地址总线复用引脚，需要外部 8 位锁存器（74HC373 或 74HC573）在 ALE 信号下降沿时锁存分离地址的低 8 位，其优势是节省引脚，如图 1-6 所示；工作于非复用方式时，不需要外部锁存器，但占用较多引脚，如图1-7所示。EMIF接口引脚分配见表1-4。

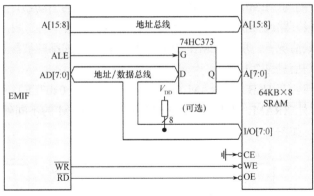

图1-6　EMIF接口复用方式配置

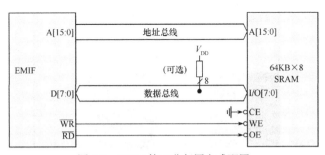

图1-7　EMIF接口非复用方式配置

表1-4　EMIF接口引脚分配表

复用方式				非复用方式			
信号名称	引脚	信号名称	引脚	信号名称	引脚	信号名称	引脚
$\overline{RD}$	P4.4	A8	P3.4	$\overline{RD}$	P4.4	A3	P2.3
$\overline{WR}$	P4.5	A9	P3.5	$\overline{WR}$	P4.5	A4	P2.4
ALE	P0.0	A10	P3.6	ALE	P0.0	A5	P2.5
D0/A0	P1.0	A11	P3.7	D0	P1.0	A6	P2.6
D0/A1	P1.1	A12	P4.0	D1	P1.1	A7	P2.7
D2/A2	P1.2	A13	P4.1	D2	P1.2	A8	P3.4
D3/A3	P1.3	A14	P4.2	D3	P1.3	A9	P3.5
D4/A4	P1.4	A15	P4.3	D4	P1.4	A10	P3.6
D5/A5	P1.5			D5	P1.5	A11	P3.7
D6/A6	P1.6			D6	P1.6	A12	P4.0
D7/A7	P1.7			D7	P1.7	A13	P4.1
				A0	P2.0	A14	P4.2
				A1	P2.1	A15	P4.3
				A2	P2.2		

2．工作模式及端口配置

扩展片外存储器时，工作于非复用方式，系统总线占用P1、P2、P3和P4口；工作于复用方式，系统总线占用端口比较分散，需设置P0SKIP寄存器，将交叉开关配置为跳过ALE控制线（P0.0），其他控制线$\overline{RD}$（P4.4）和$\overline{WR}$（P4.5）不出现在交叉开关中，不用被跳过。EMIF接口仅在执行片外MOVX指令期间使用相关的引脚，一旦MOVX指令执行完毕，端口锁存器或交叉开关设置重新恢复对引脚的控制。相应的端口锁存器一般需设置为逻辑 1。在执行 MOVX 指令期间，EMIF 接口禁止所有作为输入引脚的驱动器，引脚的输出方式（无论引脚被配置为漏极开路或推挽方式）不受外部存储器接口操作的影响，始终受 PnMDOUT 寄存器的控制。多数情况下，所有 EMIF 接口引脚的输出方式都应被配置为推挽方式。有关配置交叉开关的详细信息见 2.1 节。

C8051F360 内部含有 1KB 的 XRAM（地址范围 0x0000～0x03FF），因此外部 RAM 可分为片内 XRAM 和片外 XRAM。依据片内 XRAM 和片外 XRAM 的不同处理，EMIF 接口可设置为 4 种工作模式，如图 1-8 所示。

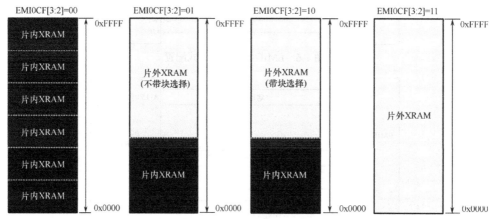

图 1-8　EMIF 接口的工作模式

① 仅片内 XRAM 模式：当 EMI0CF[3:2]被设置为 00 时，所有 MOVX 指令都访问器件内部的 XRAM 空间。存储器寻址的地址大于实际地址空间时，将以 1KB 为边界回绕。例如，地址 0x0400 和 0x1000 都指向片内 XRAM 空间的 0x0000 地址。8 位的 MOVX 指令操作使用 EMI0CN 的内容作为有效地址的高字节，由 R0 或 R1 给出有效地址的低字节。16 位的 MOVX 指令操作使用 16 位寄存器 DPTR 的内容确定有效地址。

② 不带块选择的分页模式：当 EMI0CF[3:2]被设置为 01 时，XRAM 空间被分成片内空间和片外空间两个区域。有效地址低于内部 XRAM 边界（范围为 0x0000～0x03FF）时，访问片内 XRAM 空间；有效地址高于内部 XRAM 边界（范围为 0x0400～0xFFFF）时，将访问片外 XRAM 空间。使用 8 位的 MOVX 指令访问片外 XRAM 时，高 8 位地址由地址高端口锁存器（P4.3～P4.0，P3.7～P3.4）的内容确定。

③ 带块选择的分页模式：当 EMI0CF[3:2]被设置为 10 时，XRAM 存储器空间被分成片内空间和片外空间两个区域。有效地址低于内部 XRAM 边界（范围为 0x0000～0x03FF）时，访问片内 XRAM 空间；有效地址高于内部 XRAM 边界（范围为 0x0400～0xFFFF）时，将访问片外 XRAM 空间。使用 8 位的 MOVX 指令访问外部 XRAM 时，高 8 位地址由 EMI0CN 中的内容确定。

④ 只用片外 XRAM 模式：当 EMI0CF[3:2]被设置为 11 时，MOVX 指令仅访问器件外部的 XRAM 空间，片内 XRAM 对 CPU 为不可见。8 位的 MOVX 指令操作忽略 EMI0CN 的内容，与不带块选择的分页模式相同。

3. EMIF 接口时序

EMIF 接口的时序参数是可编程的，允许连接具有不同建立时间和保持时间要求的器件。

地址建立时间、地址保持时间、$\overline{RD}$ 和 $\overline{WR}$ 选通脉冲的宽度及复用方式下 ALE 脉冲的宽度都可以通过 EMI0TC 和 EMI0CF[1:0]编程，编程单位为 SYSCLK 周期。

片外 MOVX 指令的时序可以通过 EMI0TC 寄存器中定义的时序参数加上 4 个 SYSCLK 周期来计算。在非复用方式时，一次片外 XRAM 操作的最小执行时间为 5 个 SYSCLK 周期（用于 $\overline{RD}$ 或 $\overline{WR}$ 脉冲的 1 个 SYSCLK 周期 + 4 个 SYSCLK 周期）。对于复用方式，地址锁存使能信号（ALE）至少需要 2 个附加的 SYSCLK 周期，一次片外 XRAM 操作的最小执行时间为 7 个 SYSCLK 周期（用于 ALE 的 2 个 SYSCLK 周期 + 用于 $\overline{RD}$ 或 $\overline{WR}$ 脉冲的 1 个 SYSCLK 周期 + 4 个 SYSCLK 周期）。C8051F360 复位后，可编程建立时间和保持时间的默认值为最大延迟设置。

EMIF 接口设置的相关寄存器 EMI0CN（外部存储器接口控制寄存器）、EMI0CF（外部存储器接口配置寄存器）、EMI0TC（外部存储器接口时序控制寄存器）的定义如图 1-9 至图 1-11 所示。

R/W	R/W	R/W	R/W	R/W	R/W	R/W	R/W
PGSEL7	PGSEL6	PGSEL5	PGSEL4	PGSEL3	PGSEL2	PGSEL1	PGSEL0
位 7	位 6	位 5	位 4	位 3	位 2	位 1	位 0

复位值：00000000　　SFR 地址：0xAA　　SFR 页：所有页

位 7～0：PGSEL[7:0]，XRAM 页选择位，当使用 8 位的 MOVX 命令时，XRAM 页选择位提供 16 位外部数据存储器地址的高字节，实际上是选择一个 256B 的 RAM 页。

        0x00：0x0000～0x00FF

        0x01：0x0100～0x01FF

        …

        0xFE：0xFE00～0xFEFF

        0xFF：0xFF00～0xFFFF

图 1-9　EMI0CN 寄存器的定义

R/W	R/W	R/W	R/W	R/W	R/W	R/W	R/W
—	—	—	EMD2	EMD1	EMD0	EALE1	EALE0
位 7	位 6	位 5	位 4	位 3	位 2	位 1	位 0

复位值：00000011　　SFR 地址：0xC7　　SFR 页：F

位 7～5：未用。读=000b，写=忽略。

位 4：EMD2，EMIF 接口复用方式选择位。

        0：EMIF 接口工作于地址/数据复用方式。

        1：EMIF 接口工作于非复用方式（独立的地址和数据引脚）。

位 3～2：EMD[1:0]，EMIF 接口工作模式选择位，这两位控制外部存储器接口的工作模式。

        00：只用片内 XRAM 模式。MOVX 只寻址片内 XRAM，所有有效地址均指向片内 XRAM 空间。

        01：不带块选择的分页模式。寻址低于 1KB 边界的地址时，访问片内 XRAM 空间；寻址高于 1KB 边界的地址时，访问片外 XRAM 空间。8 位的 MOVX 指令操作使用地址高端口锁存器的当前内容作为地址的高字节。注意：为了能访问片外 XRAM 空间，EMI0CN 必须被设置成一个不属于片内地址空间的页地址。

        10：带块选择的分页模式。寻址低于 1KB 边界的地址时，访问片内 XRAM 空间；寻址高于 1KB 边界的地址时，访问片外 XRAM 空间。8 位的 MOVX 指令操作使用 EMI0CN 的内容作为地址的高字节。

        11：只用片外 XRAM 模式。MOVX 只寻址片外 XRAM。片内 XRAM 对 CPU 为不可见。

位 1～0：EALE[1:0]，ALE 脉冲宽度选择位（只在 EMD2=0 时有效）

        00：ALE 高和 ALE 低脉冲宽度=1 个 SYSCLK 周期。

        01：ALE 高和 ALE 低脉冲宽度=2 个 SYSCLK 周期。

        10：ALE 高和 ALE 低脉冲宽度=3 个 SYSCLK 周期。

        11：ALE 高和 ALE 低脉冲宽度=4 个 SYSCLK 周期。

图 1-10　EMI0CF 寄存器的定义

R/W	R/W	R/W	R/W	R/W	R/W	R/W	R/W
EAS1	EAS0	EWR3	EWR2	EWR1	EWR0	EAH1	EAH0
位 7	位 6	位 5	位 4	位 3	位 2	位 1	位 0

复位值：11111111　　SFR 地址：0xF7　　SFR 页：F

位 7～6：EAS[1:0]，EMIF 接口地址建立时间位。

　　　　00：地址建立时间 = 0 个 SYSCLK 周期。

　　　　01：地址建立时间 = 1 个 SYSCLK 周期。

　　　　10：地址建立时间 = 2 个 SYSCLK 周期。

　　　　11：地址建立时间 = 3 个 SYSCLK 周期。

位 5～2：EWR[3:0]，EMIF 接口 $\overline{WR}$ 和 $\overline{RD}$ 脉冲宽度控制位。

　　　　0000：$\overline{WR}$ 和 $\overline{RD}$ 脉冲宽度 = 1 个 SYSCLK 周期。

　　　　0001：$\overline{WR}$ 和 $\overline{RD}$ 脉冲宽度 = 2 个 SYSCLK 周期。

　　　　0010：$\overline{WR}$ 和 $\overline{RD}$ 脉冲宽度 = 3 个 SYSCLK 周期。

　　　　0011：$\overline{WR}$ 和 $\overline{RD}$ 脉冲宽度 = 4 个 SYSCLK 周期。

　　　　0100：$\overline{WR}$ 和 $\overline{RD}$ 脉冲宽度 = 5 个 SYSCLK 周期。

　　　　0101：$\overline{WR}$ 和 $\overline{RD}$ 脉冲宽度 = 6 个 SYSCLK 周期。

　　　　0110：$\overline{WR}$ 和 $\overline{RD}$ 脉冲宽度 = 7 个 SYSCLK 周期。

　　　　0111：$\overline{WR}$ 和 $\overline{RD}$ 脉冲宽度 = 8 个 SYSCLK 周期。

　　　　1000：$\overline{WR}$ 和 $\overline{RD}$ 脉冲宽度 = 9 个 SYSCLK 周期。

　　　　1001：$\overline{WR}$ 和 $\overline{RD}$ 脉冲宽度 = 10 个 SYSCLK 周期。

　　　　1010：$\overline{WR}$ 和 $\overline{RD}$ 脉冲宽度 = 11 个 SYSCLK 周期。

　　　　1011：$\overline{WR}$ 和 $\overline{RD}$ 脉冲宽度 = 12 个 SYSCLK 周期。

　　　　1100：$\overline{WR}$ 和 $\overline{RD}$ 脉冲宽度 = 13 个 SYSCLK 周期。

　　　　1101：$\overline{WR}$ 和 $\overline{RD}$ 脉冲宽度 = 14 个 SYSCLK 周期。

　　　　1110：$\overline{WR}$ 和 $\overline{RD}$ 脉冲宽度 = 15 个 SYSCLK 周期。

　　　　1111：$\overline{WR}$ 和 $\overline{RD}$ 脉冲宽度 = 16 个 SYSCLK 周期。

位 1～0：EAH[1:0]，EMIF 接口地址保持时间位。

　　　　00：地址保持时间 = 0 个 SYSCLK 周期。

　　　　01：地址保持时间 = 1 个 SYSCLK 周期。

　　　　10：地址保持时间 = 2 个 SYSCLK 周期。

　　　　11：地址保持时间 = 3 个 SYSCLK 周期。

图 1-11　EMI0TC 寄存器的定义

4．XRAM 操作

C8051F360 内部有映射到外部数据存储器空间的 1024B RAM（片内 XRAM）。另外，C8051F360 还有可通过外部数据存储器接口扩展的外部数据存储器或扩展 I/O 端口（片外 XRAM）。与 MCS-51 单片机类似，外部数据存储器空间可以使用外部数据传送指令（MOVX）和数据指针（DPTR）访问，或者通过使用 R0 或 R1 用间接寻址方式访问。与 MCS-51 单片机不同，C8051F360 使用 R0 或 R1 间接寻址访问 XRAM 或 EMIF 接口时，高 8 位地址应由 EMI0CN 寄存器给出（EMIF 接口工作于带块选择的分页模式）。

【例 1-1】读取外部 RAM 地址为 0x1234 的单元内容到 A 寄存器。

方法 1：采用 DPTR 寄存器，与 MCS-51 单片机一致，程序如下。

```
    MOV     DPTR,#1234H
    MOVX    A,@DPTR
```

方法 2：采用 R0 寄存器，与 MCS-51 单片机不一样，程序比较如下。

MCS-51 单片机程序：

```
        MOV     P2,#12H          ;地址高 8 位预先存入 P2 寄存器
        MOV     R0,#34H
        MOVX    A,@R0
```
C8051F360 程序（EMIF 接口工作于带块选择的分页模式）：
```
        MOV     EMI0CN,#12H      ;地址高 8 位预先存入 EMI0CN
        MOV     R0,#34H
        MOVX    A,@R0
```

1.4　振　荡　器

C8051F360 内部集成了一个完整而先进的时钟系统，包括一个可编程内部高频振荡器、一个可编程内部低频振荡器和一个外部振荡器，如图 1-12 所示。

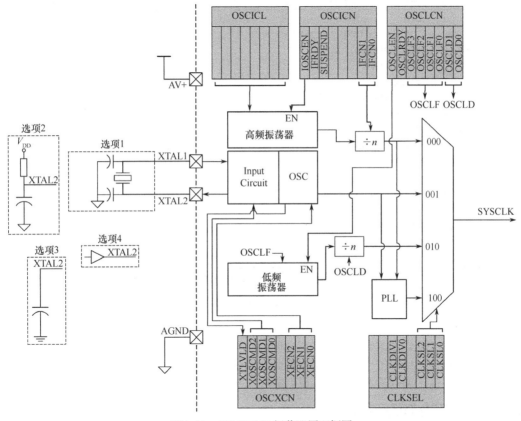

图 1-12　C8051F360 振荡器原理框图

内部高频振荡器和低频振荡器的频率精度均为 2%，可以满足异步通信等大部分应用。如果需要更高的频率精度，则可以外接晶体构成外部振荡器（如图 1-12 中的选项 1）。单片机的系统时钟 SYSCLK 可以来源于内部振荡器、外部振荡器或片内锁相环。在程序运行时，系统时钟可以在内、外部时钟源之间进行切换。系统时钟可以通过交叉开关控制输出到 I/O 引脚。

1.4.1　可编程内部高频振荡器

C8051F360 复位后，系统时钟默认使用可编程内部高频振荡器。该振荡器的输出脉冲周

期可通过 OSCICL 寄存器微调。OSCICL 寄存器已经过制造商校准，对应的频率为 24.5MHz。可编程内部高频振荡器相关的寄存器包括 OSCICL（内部高频振荡器校准寄存器）和 OSCICN（内部高频振荡器控制寄存器），其定义如图 1-13 和图 1-14 所示。

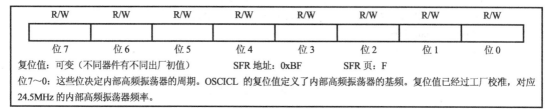

R/W	R/W	R/W	R/W	R/W	R/W	R/W	R/W
位 7	位 6	位 5	位 4	位 3	位 2	位 1	位 0

复位值：可变（不同器件有不同出厂初值）　SFR 地址：0xBF　SFR 页：F

位7～0：这些位决定内部高频振荡器的周期。OSCICL 的复位值定义了内部高频振荡器的基频。复位值已经过工厂校准，对应 24.5MHz 的内部高频振荡器频率。

图 1-13　OSCICL 寄存器的定义

R/W	R/W	R/W	R/W	R/W	R/W	R/W	R/W
IOSCEN	IFRDY	SUSPEND	保留	保留	保留	IFCN1	IFCN0
位 7	位 6	位 5	位 4	位 3	位 2	位 1	位 0

复位值：11000000　SFR 地址：0xBF　SFR 页：F

位 7：IOSCEN，内部高频振荡器使能位。

    0：内部高频振荡器禁止。

    1：内部高频振荡器使能。

位 6：IFRDY，内部高频振荡器频率准备好标志位。

    0：内部高频振荡器未运行于编程频率。

    1：内部高频振荡器按编程频率运行。

位 5：SUSPEND，内部高频振荡器挂起使能位，向该位写 1 将内部高频振荡器置于 SUSPEND 模式。当有一个 SUSPEND 模式唤醒事件发生时，内部高频振荡器恢复运行。

位 4～2：保留。读 = 000b，必须写 000b。

位 1～0：IFCN[2:0]，内部高频振荡器频率控制位。

    00：SYSCLK 为内部高频振荡器 8 分频（默认值）。

    01：SYSCLK 为内部高频振荡器 4 分频。

    10：SYSCLK 为内部高频振荡器 2 分频。

    11：SYSCLK 为内部高频振荡器不分频。

图 1-14　OSCICN 寄存器的定义

【例 1-2】微调 C8051F360 可编程内部高频振荡器的频率为 24MHz。

参考程序如下：

```
MOV     A,OSCICL        ;取出厂校准参数
ADD     A,#04H          ;根据实验测得的偏移参数
MOV     OSCICL,A        ;回送修改频率为 24MHz
```

1.4.2　可编程内部低频振荡器

C8051F360 内部包含一个标称频率为 80kHz 的可编程内部低频振荡器，并含有一个分频器，分频系数由内部低频振荡器控制寄存器 OSCLCN 中的 OSCLD 位设定，可设为 1、2、4 或 8。此外，OSCLF 位可调节该振荡器的输出频率。OSCLCN 寄存器的定义如图 1-15 所示。

1.4.3　外部振荡器

外部振荡器电路可以驱动外接晶体（或陶瓷）振荡器、电容网络或 RC 网络，也可以由外部提供一个 CMOS 时钟作为系统时钟。晶体振荡器必须并接到 XTAL1（P0.5）和 XTAL2

R/W	R/W	R/W	R/W	R/W	R/W	R/W	R/W
OSCLEN	OSCLRDY	OSCLF3	OSCLF2	OSCLF1	OSCLF0	OSCLD1	OSCLD0
位 7	位 6	位 5	位 4	位 3	位 2	位 1	位 0

复位值: 00vvvv00(v 表示随机为 0 或 1)　　SFR 地址: 0xAD　　SFR 页: F

位 7: OSCLEN, 内部低频振荡器使能位。

　　　　0: 内部低频振荡器禁止。

　　　　1: 内部低频振荡器使能。

位 6: OSCLRDY, 内部低频振荡器频率准备好标志位。

　　　　0: 内部低频振荡器频率未稳定。

　　　　1: 内部低频振荡器频率已稳定。

位 5～2: OSCLF[3:0], 内部低频振荡器频率的微调控制位。

　　　　当这些位被设置为 0000b 时, 内部低频振荡器工作在最高频率; 被设置为 1111b 时, 内部低频振荡器工作在最低频率。

位 1～0: OSCLD[1:0], 内部低频振荡器分频位。

　　　　00: 选择 8 分频。

　　　　01: 选择 4 分频。

　　　　10: 选择 2 分频。

　　　　11: 选择不分频。

图 1-15　OSCLCN 寄存器的定义

（P0.6）引脚（见图 1-12 中的选项 1），还需要在 XTAL1 和 XTAL2 引脚之间并接一个 10MΩ 电阻，布线时晶体应尽可能靠近 XTAL 引脚，并用大面积敷铜接地，以减少噪声和干扰。使用 RC 网络、电容网络或 CMOS 时钟配置时，时钟源应接到 XTAL2 引脚（见图 1-12 中的选项 2、3、4）。当使用晶体振荡器时，I/O 端口交叉开关必须跳过引脚 P0.5（XTAL1）和 P0.6（XTAL2），P0.5 和 P0.6 配置为模拟输入。在外部振荡器控制寄存器 OSCXCN 中选择外部振荡器类型时，必须正确选择频率控制位 XFCN，如图 1-16 所示。

　　使用晶体振荡器，在晶体振荡器被使能时，振荡器幅度检测电路需要一个建立时间来达到合适的偏置。在使能晶体振荡器和检查 XTLVLD 位之间引入约 1ms 的延时，可防止提前将尚未稳定的外部振荡器切入系统时钟，从而产生不可预见的后果。步骤如下:

　　① 通过向端口锁存器写 0 强制使 XTAL1（P0.5）和 XTAL2（P0.6）引脚为低电平;

　　② XTAL1 和 XTAL2 引脚设置为模拟输入;

　　③ 使能外部振荡器;

　　④ 等待至少 1ms;

　　⑤ 查询 XTLVLD 是否为 1;

　　⑥ 将系统时钟切换到外部振荡器。

【例 1-3】外部振荡器初始化程序。

```
OSC_INIT:CLR    P0.5
         CLR    P0.6
         MOV    OSCXCN,#01100111B    ;采用晶体振荡器方式
         ACALL  D1MS                 ;延时 1ms, 延时程序请自编
WAIT:    MOV    A,OSCXCN
         JNB    ACC.7,WAIT           ;查询等待外部振荡器有效
         MOV    CLKSEL,#01H          ;切换到外部振荡器
         RET
```

R/W	R/W	R/W	R/W	R/W	R/W	R/W	R/W
XTLVLD	XOSCMD2	XOSCMD1	XOSCMD0	保留	XFCN2	XFCN1	XFCN0
位 7	位 6	位 5	位 4	位 3	位 2	位 1	位 0

复位值：00000000　　SFR 地址：0xB6　　SFR 页：F

位 7：XTLVLD，晶体振荡器有效标志位（只在 XOSCMD=11x 时有效）。

　　　　0：晶体振荡器未用或未稳定。

　　　　1：晶体振荡器稳定运行。

位 6～4：XOSCMD[2:0]，外部振荡器方式位。

　　　　00x：外部振荡器电路关闭。

　　　　010：外部 CMOS 时钟方式。

　　　　011：外部 CMOS 时钟方式 2 分频。

　　　　100：RC 方式。

　　　　101：电容方式。

　　　　110：晶体方式。

　　　　111：晶体方式 2 分频。

位 3：保留。读 =0b，写 = 忽略。

位 2～0：XFCN[2:0]，外部振荡器频率控制位。

XFCN	晶体(XOSCMD=110)	RC(XOSCMD=100)	电容(XOSCMD=101)
000	$f \leqslant 32\text{kHz}$	$f \leqslant 25\text{kHz}$	K 因子 $=0.87$
001	$32\text{kHz}<f \leqslant 84\text{kHz}$	$25\ \text{kHz}<f \leqslant 50\text{kHz}$	K 因子 $=2.6$
010	$84\text{kHz}<f \leqslant 225\text{kHz}$	$50\text{kHz}<f \leqslant 100\text{kHz}$	K 因子 $=7.7$
011	$225\text{kHz}<f \leqslant 590\text{kHz}$	$100\text{kHz}<f \leqslant 200\text{kHz}$	K 因子 $=22$
100	$590\text{kHz}<f \leqslant 1.5\text{MHz}$	$200\text{kHz}<f \leqslant 400\text{kHz}$	K 因子 $=65$
101	$1.5\text{MHz}<f \leqslant 4\text{MHz}$	$400\text{kHz}<f \leqslant 800\text{kHz}$	K 因子 $=180$
110	$4\text{MHz}<f \leqslant 10\text{MHz}$	$800\text{kHz}<f \leqslant 1.6\text{MHz}$	K 因子 $=664$
111	$10\text{MHz}<f \leqslant 30\text{MHz}$	$1.6\text{MHz}<f \leqslant 3.2\text{MHz}$	K 因子 $=1590$

晶体方式电路见图 1-12 中选项 1，选择与晶体振荡器频率匹配的 XFCN 值。

RC 方式电路见图 1-12 中选项 2，选择与频率范围匹配的 XFCN 值：

$$f=1.23\times10^{3}/(RC)$$

其中，f 为振荡器频率（MHz）；C 为电容值（pF）；R 为上拉电阻值（kΩ）。

电容方式电路见图 1-12 中选项 3，根据所期望的振荡器频率选择 K 因子（KF）：

$$f=\text{KF}/(C \cdot V_{\text{DD}})$$

其中，f 为振荡器频率（MHz）；C 为 XTAL2 引脚的电容值（pF）；V_{DD} 为 MCU 的电源电压值（V）。

图 1-16　OSCXCN 寄存器的定义

1.4.4　系统时钟选择

　　内部振荡器的启动时间很短，因此可以直接对 OSCICN 进行写操作实现使能和选作系统时钟。外部振荡器的启动需要较长时间，必须待其稳定后才能用于系统时钟。只有当外部振荡器稳定后，即寄存器 OSCXCN 中的 XTLVLD 位被硬件置 1 时，才能被切换为系统时钟。采用晶体方式时，为了防止读到假 XTLVLD 标志，软件在使能外部振荡器和检查 XTLVLD 位之间至少应延时 1ms。RC 和电容方式通常不需要启动时间。PLL 锁定到目标频率也需要时间，只有当 PLL 锁定到正确的频率，即 PLL 锁定标志（寄存器 PLL0CN 中的 PLLLCK 位）被硬件置 1 时，才能将其切换为系统时钟。

　　C8051F360 通过系统时钟选择寄存器 CLKSEL（其定义见图 1-17）中的 CLKSL[2:0]位选择产生系统时钟的振荡源。当选择外部振荡器作为系统时钟时，CLKSL[1:0]位必须被设置为 01；当选择内部振荡器作为系统时钟时，外部振荡器仍然可以给某些外设（如定时器、PCA

等）提供时钟。系统时钟可以在内部和外部振荡器及 PLL 之间自由切换，但在用作系统时钟之前，必须确保所选时钟源已稳定运行，否则会产生不可预测的后果。

R/W	R/W	R/W	R/W	R/W	R/W	R/W	R/W
保留	保留	CLKDIV1	CLKDIV0	保留	CLKSL2	CLKSL1	CLKSL0
位 7	位 6	位 5	位 4	位 3	位 2	位 1	位 0

复位值：00000000   SFR 地址：0x8F   SFR 页：F

位 7~6：保留。读=00b，必须写 00b。

位 5~4：CLKDIV[1:0]，输出 SYSCLK 分频系数位。这两位用于在 SYSCLK 通过交叉开关输出到引脚之前对 SYSCLK 预分频。

　　00：输出为 SYSCLK。

　　01：输出为 SYSCLK/2。

　　10：输出为 SYSCLK/4。

　　11：输出为 SYSCLK/8。

位 3：保留。读=0b，必须写 0b。

位 2~0：CLKSL[2:0]，系统时钟源选择位。

　　000：系统时钟源自内部高频振荡器，分频系数由 OSCICN 寄存器中的 IFCN 位决定。

　　001：系统时钟源自外部振荡器。

　　010：系统时钟源自内部低频振荡器，分频系数由 OSCLCN 寄存器中的 OSCLD 位决定。

　　011：保留。

　　100：系统时钟源自 PLL。

　　101~11x：保留。

图 1-17　CLKSEL 寄存器的定义

1.5　锁相环（PLL）

C8051F360 内部有一个锁相环（PLL），可用于倍增内部振荡器或外部时钟源的频率，从而获得更高的 CPU 工作频率。PLL 电路可以使 5~30MHz 之间的参考频率倍频产生 25~100MHz 之间的 CPU 工作频率。PLL 的原理框图如图 1-18 所示。

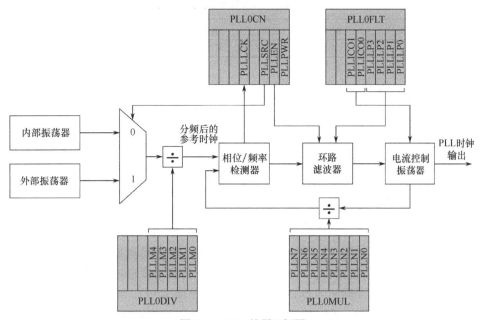

图 1-18　PLL 的原理框图

1.5.1 PLL 输入时钟和预分频

如图 1-18 所示，PLL 可以从内部振荡器或外部振荡器获得参考时钟。PLL 控制寄存器 PLL0CN 中的 PLLSRC 位控制参考时钟源的选择（见图 1-19）。若 PLLSRC 设置为 0，则使用内部振荡器，其内部振荡器的分频系数由 OSCICN 寄存器中的 IFCN 位和 OSCLCN 寄存器中的 OSCLD 位决定（见图 1-14 和图 1-15）；当 PLLSRC 位被置 1 时，使用外部振荡源作为参考时钟。参考时钟在进入 PLL 电路之前被分频，分频系数由 PLL 预分频寄存器（PLL0DIV）的 PLLM[4:0] 中的内容决定（见图 1-20）。

R/W	R/W	R/W	R/W	R/W	R/W	R/W	R/W
—	—	—	PLLLCK	保留	PLLSRC	PLLEN	PLLPWR
位 7	位 6	位 5	位 4	位 3	位 2	位 1	位 0

复位值：00000000　　SFR 地址：0xB3　　SFR 页：F

位 7～5：未用：读=000b，写=忽略。

位 4：PLLLCK，PLL 锁定标志位。

　　　　0：PLL 频率未锁定。

　　　　1：PLL 频率已锁定。

位 3：保留。读 =0b，必须写 0b。

位 2：PLLSRC，PLL 参考时钟源选择位。

　　　　0：PLL 参考时钟源为内部振荡器。

　　　　1：PLL 参考时钟源为外部振荡器。

位 1：PLLEN，PLL 使能位。

　　　　0：PLL 保持在复位状态。

　　　　1：PLL 被使能。PLLPWR 必须为 1。

位 0：PLLPWR，PLL 电源使能位。

　　　　0：PLL 偏置发生器被禁止，没有静态功耗。

　　　　1：PLL 偏置发生器被使能。要使 PLL 工作，该位必须为 1。

图 1-19　PLL0CN 寄存器的定义

R/W	R/W	R/W	R/W	R/W	R/W	R/W	R/W
—	—	—	PLLM4	PLLM3	PLLM2	PLLM1	PLLM0
位 7	位 6	位 5	位 4	位 3	位 2	位 1	位 0

复位值：00000001　　SFR 地址：0xA9　　SFR 页：F

位 7～5：未用。读=000b，写=忽略。

位 4～0：PLLM[4:0]，PLL 参考时钟预分频位。

　　　　这些位选择 PLL 参考时钟的预分频系数。当被设置为非 0 时，参考时钟将被除以 PLLM[4:0]中的值。当被设置为 00000b 时，参考时钟将被除以 32。

图 1-20　PLL0DIV 寄存器的定义

1.5.2 PLL 倍频和输出时钟

PLL 电路将参考时钟乘以保存在 PLL 倍频寄存器 PLL0MUL（其定义见图 1-21）中的倍频系数，其实现电路如图 1-18 所示，主要包括相位/频率检测器、环路滤波器和电流控制振荡器（ICO）组成的反馈环。环路滤波器和 ICO 需要根据输出时钟的频率范围进行设置，根据分频后的参考时钟频率设置 PLLLP[3:0]（见图 1-22），根据目标的输出频率范围设置 PLLICO[1:0]（见图 1-22）。当 PLL 锁定并稳定在所期望的频率时，PLLLCK 位（见图

1-19）被置 1，用户程序可以通过此位判断 PLL 输出信号是否正常。PLL 输出时钟频率计算公式为

$$PLL输出时钟频率=参考时钟频率 \times \frac{PLLN}{PLLM} \tag{1-1}$$

式中，参考时钟频率为所选时钟源的频率；PLLN（PLL0MUL 寄存器中）为 PLL 倍频系数；PLLM（PLL0DIV 寄存器中）为 PLL 预分频系数。

R/W	R/W	R/W	R/W	R/W	R/W	R/W	R/W
PLLN7	PLLN6	PLLN5	PLLN4	PLLN3	PLLN2	PLLN1	PLLN0
位 7	位 6	位 5	位 4	位 3	位 2	位 1	位 0

复位值：00000001　　SFR 地址：0xB1　　SFR 页：F

位 7~0：PLLN[7:0]，PLL 倍频系数位。

选择 PLL 参考时钟的倍频系数。当被设置为非 0 时，倍频系数为 PLLN[7:0]中的值。当被设置为 00000000b 时，倍频系数为 256。

图 1-21　PLL0MUL 寄存器的定义

R/W	R/W	R/W	R/W	R/W	R/W	R/W	R/W
—	—	PLLICO1	PLLICO0	PLLLP3	PLLLP2	PLLLP1	PLLLP0
位 7	位 6	位 5	位 4	位 3	位 2	位 1	位 0

复位值：00110001　　SFR 地址：0xB2　　SFR 页：F

位 7~6：未用。读=00b，写=忽略。

位 5~4：PLLICO[1:0]，PLL 电流控制振荡器控制位。根据目标输出频率选择这两位的值，见下表：

PLL 输出时钟频率	PLLICO[1:0]
65~100MHz	00
45~80MHz	01
30~60MHz	10
25~50MHz	11

位 3~0：PLLLP[3:0]，PLL 环路滤波器控制位。根据分频后的 PLL 参考时钟选择这两位的值，见下表：

分频后的 PLL 参考时钟频率	PLLLP[3:0]
19~30MHz	0001
12.2~19.5MHz	0001
7.8~12.5MHz	0111
5~8MHz	11 1

PLLLP[3:0]的其他状态保留。

图 1-22　PLL0FLT 寄存器的定义

1.6　中　断　系　统

MCS-51 单片机提供 5 个中断源和两级中断优先级，C8051F360 扩展了中断系统，提供 16 个中断源和两级优先级。每个中断源在 SFR 中对应一个或多个中断标志。当中断源满足有效中断条件时，相应的中断标志由硬件置 1。

如果中断被允许，则在中断标志被置位时将引起中断请求。一旦当前指令执行结束，CPU

执行一个硬件 LCALL 指令转移到预定地址（中断入口地址），开始执行中断服务程序（ISR）。ISR 必须以 RETI 指令结束，以使程序返回到中断前执行的下一条指令（断点地址）。如果中断被禁止，则中断标志将被硬件忽略，原程序继续正常执行，但中断标志置 1 与否不受中断允许/禁止状态的影响，程序设计中可以用查询方式使用该中断标志。

每个中断源都可以通过中断允许寄存器或扩展中断允许寄存器中相应的使能位设置为允许或禁止，但是必须首先将 EA 位（IE.7）置 1，以确保每个单独的中断允许位有效。EA 位是所用中断的总允许/禁止开关，不管其他中断允许位如何设置，EA 位被置 0 将禁止所有中断，期间所发生的所有中断请求将被挂起，直到 EA 位被置 1 后才能得到中断服务。

某些中断标志在响应中断时会由硬件自动清除，但大多数中断标志不是由硬件清除的，必须在中断服务程序中用软件清除。如果中断标志在 CPU 执行完中断返回（RETI）指令后仍然保持置位状态，则会立即产生一个新的中断请求，CPU 将在执行完下一条指令后再次进入该中断服务程序。

1.6.1 中断源与中断向量

C8051F360 提供 16 个中断源。可以通过软件将任何一个中断标志置 1 来模拟一个中断。如果中断标志被允许，系统将产生一个中断请求，CPU 将转向与该中断标志对应的中断入口地址。C8051F360 的中断源、优先级、中断允许位等见表 1-5。

表 1-5　C8051F360 的中断源、优先级、中断允许位等

中断源	中断向量	优先级	中断标志位	位寻址	硬件清除	中断允许位	优先级控制位
复位	0x0000	最高	无	N/A	N/A	总是允许	总是最高
外部中断 0（$\overline{INT0}$）	0x0003	0	IE0(TCON.1)	Y	Y	EX0(IE.0)	PX0(IP.0)
定时/计数器 T0 溢出	0x000B	1	TF0(TCON.5)	Y	Y	ET0(IE.1)	PT0(IP.1)
外部中断 1（$\overline{INT1}$）	0x0013	2	IE1(TCON.3)	Y	Y	EX1(IE.2)	PX1(IP.2)
定时/计数器 T1 溢出	0x001B	3	TF1(TCON.7)	Y	Y	ET1(IE.3)	PT1(IP.3)
串行通信 UART0	0x0023	4	RI0(SCON0.0) TI0(SCON0.1)	Y	N	ES0(IE.4)	PS0(IP.4)
定时/计数器 T2 溢出	0x002B	5	TF2H(TMR2CN.7) TF2L(TMR2CN.6)	Y	N	ET2(IE.5)	PT2(IP.5)
串行口 SPI0	0x0033	6	SPIF(SPI0CN.7) WCOL(SPI0CN.6) MODF(SPI0CN.5) RXOVRN(SPI0CN.4)	Y	N	ESPI0(IE.6)	PSPI0(IP.6)
SMBus 接口 SMB0	0x003B	7	SI(SMB0CN.0)	Y	N	ESMB0(EIE1.0)	PSMB0(EIP1.0)
保留	0x0043	8	N/A	N/A	N/A	N/A	N/A
ADC0 窗口比较器	0x004B	9	AD0WINT(ADC0CN.5)	Y	N	EWADC0(EIE1.2)	PWADC0(EIP1.2)
ADC0 转换结束	0x0053	10	AD0INT(ADC0STA.5)	Y	N	EADC0(EIE1.3)	PADC0(EIP1.3)

中断源	中断向量	优先级	中断标志位	位寻址	硬件清除	中断允许位	优先级控制位
可编程计数器阵列	0x005B	11	CF(PCA0CN.7) CCFn(PCA0CN.n)	Y	N	EPCA0(EIE1.4)	PPCA0(EIP1.4)
比较器 0	0x0063	12	CP0FIF(CPT0CN.4) CP0RIF(CPT0CN.5)	N	N	ECP0(EIE1.5)	PCP0(EIP1.5)
比较器 1	0x006B	13	CP1FIF(CPT1CN.4) CP1RIF(CPT1CN.5)	N	N	ECP1(EIE1.6)	PCP1(EIP1.6)
定时/计数器 T3 溢出	0x0073	14	TF3H(TMR3CN.7) TF3L(TMR3CN.6)	N	N	ET3(EIE1.7)	PT3(EIP1.7)
保留	0x007B	15	N/A	N/A	N/A	N/A	N/A
端口匹配	0x0083	16	N/A	N/A	N/A	EMAT(EIE2.1)	PMAT(EIP2.1)

1.6.2 中断优先级

与 MCS-51 单片机类似，C8051F360 的每个中断源都可以被独立地编程为低优先级或高优先级。低优先级的中断服务程序可以被高优先级的中断所中断，但高优先级或同优先级中断不能被中断。每个中断在 SFR（IP、EIP1 或 EIP2）中都有一个配置其优先级的中断优先级设置位，默认值为 0，即低优先级。如果两个中断同时发生，则具有高优先级的中断先得到服务。如果这两个中断的优先级相同，则由固定的优先级顺序决定哪一个中断先得到服务（见表 1-5 中的优先级）。

1.6.3 中断响应时间

中断响应时间取决于中断发生时 CPU 的状态。中断系统在每个 SYSCLK 周期对中断请求标志采样并进行优先级译码。最快的响应时间为 5 个 SYSCLK 周期：1 个 SYSCLK 周期用于检测中断，4 个 SYSCLK 周期用于完成对中断响应的硬件的长调用（LCALL）。如果发生高速缓存不命中，则还要附加几个 SYSCLK 周期。如果中断标志有效时 CPU 正在执行 RETI 指令，则需要再执行一条指令后才能执行硬件 LCALL，进入中断服务程序。因此，最长的中断响应时间（没有其他中断正被服务或新中断具有较高优先级）发生在 CPU 正在执行 RETI 指令，而下一条指令是 DIV，并且高速缓存不命中的情况下。如果 CPU 正在执行一个具有相同或更高优先级的中断服务，则新中断要等到当前中断服务执行完（包括 RETI 和下一条指令）才能得到服务。

1.6.4 中断系统相关寄存器

中断系统相关的寄存器包括在中断允许寄存器 IE、扩展中断允许寄存器 EIE1、扩展中断允许寄存器 EIE2、中断优先级寄存器 IP、扩展中断优先级寄存器 EIP1、扩展中断优先级寄存器 EIP2，其定义如图 1-23 至图 1-28 所示。

R/W	R/W	R/W	R/W	R/W	R/W	R/W	R/W
EA	ESPI0	ET2	ES0	ET1	EX1	ET0	EX0
位 7	位 6	位 5	位 4	位 3	位 2	位 1	位 0

复位值：00000000　　　SFR 地址：0xA8（可按位寻址）　　　SFR 页：所有页

位 7：EA，允许所有中断位，该位允许/禁止所有中断。

　　　0：禁止所有中断。

　　　1：开放中断。每个中断由它对应的中断屏蔽设置决定。

位 6：ESPI0，串行口（SPI0）中断允许位，该位用于设置 SPI0 的中断屏蔽。

　　　0：禁止 SPI0 中断。

　　　1：允许 SPI0 的中断请求。

位 5：ET2，定时/计数器 T2 中断允许位，该位用于设置定时/计数器 T2 的中断屏蔽。

　　　0：禁止定时/计数器 T2 中断。

　　　1：允许 TF2L 或 TF2H 标志的中断请求。

位 4：ES0，UART0 中断允许位，该位设置 UART0 的中断屏蔽。

　　　0：禁止 UART0 中断。

　　　1：允许 UART0 中断。

位 3：ET1，定时/计数器 T1 中断允许位，该位用于设置定时/计数器 T1 的中断屏蔽。

　　　0：禁止定时/计数器 T1 中断。

　　　1：允许 TF1 标志位的中断请求。

位 2：EX1，外部中断 1 允许位，该位用于设置外部中断 1 的中断屏蔽。

　　　0：禁止外部中断 1。

　　　1：允许 $\overline{INT1}$ 引脚的中断请求。

位 1：ET0，定时/计数器 T0 中断允许位。该位用于设置定时/计数器 0 的中断屏蔽。

　　　0：禁止定时/计数器 T0 中断。

　　　1：允许 TF0 标志位的中断请求。

位 0：EX0，外部中断 0 允许位。该位用于设置外部中断 0 的中断屏蔽。

　　　0：禁止外部中断 0。

　　　1：允许 $\overline{INT0}$ 引脚的中断请求。

图 1-23　IE 寄存器的定义

R/W	R/W	R/W	R/W	R/W	R/W	R/W	R/W
ET3	ECP1	ECP0	EPCA0	EADC0	EWADC0	—	ESMB0
位 7	位 6	位 5	位 4	位 3	位 2	位 1	位 0

复位值：00000000　　　SFR 地址：0xE6　　　SFR 页：F

位 7：ET3，定时/计数器 T3 中断允许位，该位设置定时/计数器 T3 的中断屏蔽。

　　　0：禁止定时/计数器 T3 中断。

　　　1：允许 TF3L 或 TF3H 标志的中断请求。

位 6：ECP1，比较器 1（CP1）中断允许位，该位设置 CP1 的中断屏蔽。

　　　0：禁止 CP1 中断。

　　　1：允许 CP1RIF 或 CP1FIF 标志产生的中断请求。

位 5：ECP0，比较器 0（CP0）中断允许位，该位设置 CP0 的中断屏蔽。

　　　0：禁止 CP0 中断。

　　　1：允许 CP0RIF 或 CP0FIF 标志产生的中断请求。

位 4：EPCA0，PCA0 中断允许位，该位设置 PCA0 的中断屏蔽。

　　　0：禁止所有 PCA0 中断。

　　　1：允许 PCA0 的中断请求。

位 3：EADC0，ADC0 转换结束中断允许位，该位设置 ADC0 转换结束的中断屏蔽。

　　　0：禁止 ADC0 转换结束中断。

　　　1：允许 AD0INT 标志的中断请求。

图 1-24　EIE1 寄存器的定义

位 2：EWADC0，ADC0 窗口比较中断允许位，该位设置 ADC0 窗口比较的中断屏蔽。

　　　0：禁止 ADC0 窗口比较中断。

　　　1：允许 ADC0 窗口比较标志（AD0WINT）的中断请求。

位 1：未用。读=0b，写=忽略。

位 0：ESMB0，SMBus 接口（SMB0）中断允许位，该位设置 SMB0 的中断屏蔽。

　　　0：禁止 SMB0 中断。

　　　1：允许 SMB0 的中断请求。

图 1-24　EIE1 寄存器的定义（续）

R/W	R/W	R/W	R/W	R/W	R/W	R/W	R/W
—	—	—	—	—	—	EMAT	—
位 7	位 6	位 5	位 4	位 3	位 2	位 1	位 0

复位值：00000000　　　SFR 地址：0xE7　　　SFR 页：F

位 7～2：未用。读=000000b，写=忽略。

位 1：EMAT，端口匹配中断允许位，该位设置端口匹配的中断屏蔽。

　　　0：禁止端口匹配中断。

　　　1：允许端口匹配中断。

位 0：未用。读=0b，写=忽略。

图 1-25　EIE2 寄存器的定义

R/W	R/W	R/W	R/W	R/W	R/W	R/W	R/W
—	PSPI0	PT2	PS0	PT1	PX1	PT0	PX0
位 7	位 6	位 5	位 4	位 3	位 2	位 1	位 0

复位值：10000000　　　SFR 地址：0xB8（可按位寻址）　　　SFR 页：所有页

位 7：未用。读=1b，写=忽略。

位 6：PSPI0，串行口（SPI0）中断优先级控制位，该位设置 SPI0 中断的优先级。

　　　0：SPI0 为低优先级。

　　　1：SPI0 为高优先级。

位 5：PT2，定时/计数器 T2 中断优先级控制位，该位设置定时/计数器 T2 中断的优先级。

　　　0：定时/计数器 T2 为低优先级。

　　　1：定时/计数器 T2 为高优先级。

位 4：PS0，串行通信 UART0 中断优先级控制位，该位设置串行通信 UART0 中断的优先级。

　　　0：UART0 为低优先级。

　　　1：UART0 为高优先级。

位 3：PT1，定时/计数器 T1 中断优先级控制位，该位设置定时/计数器 T1 中断的优先级。

　　　0：定时/计数器 T1 为低优先级。

　　　1：定时/计数器 T1 为高优先级。

位 2：PX1，外部中断 1 优先级控制位，该位设置外部中断 1 的优先级。

　　　0：外部中断 1 为低优先级。

　　　1：外部中断 1 为高优先级。

位 1：PT0，定时/计数器 T0 中断优先级控制位，该位设置定时/计数器 T0 中断的优先级。

　　　0：定时/计数器 T0 为低优先级。

　　　1：定时/计数器 T0 为高优先级。

位 0：PX0，外部中断 0 优先级控制位，该位设置外部中断 0 的优先级。

　　　0：外部中断 0 为低优先级。

　　　1：外部中断 0 为高优先级。

图 1-26　IP 寄存器的定义

R/W	R/W	R/W	R/W	R/W	R/W	R/W	R/W
PT3	PCP1	PCP0	PPCA0	PADC0	PWADC0	—	PSMB0
位 7	位 6	位 5	位 4	位 3	位 2	位 1	位 0

复位值：00000000　　　SFR 地址：0xCE　　　SFR 页：F

位 7：PT3，定时/计数器 T3 中断优先级控制位，该位设置定时/计数器 T3 中断的优先级。

　　　　0：定时/计数器 T3 中断为低优先级。

　　　　1：定时/计数器 T3 中断为高优先级。

位 6：PCP1，比较器 1（CP1）中断优先级控制位，该位设置 CP1 中断的优先级。

　　　　0：CP1 中断为低优先级。

　　　　1：CP1 中断为高优先级。

位 5：PCP0，比较器 0（CP0）中断优先级控制位，该位设置 CP0 中断的优先级。

　　　　0：CP0 中断为低优先级。

　　　　1：CP0 中断为高优先级。

位 4：PPCA0，PCA0 中断优先级控制位，该位设置 PCA0 中断的优先级。

　　　　0：PCA0 中断为低优先级。

　　　　1：PCA0 中断为高优先级。

位 3：PADC0，ADC0 转换结束中断优先级控制位，该位设置 ADC0 转换结束中断的优先级。

　　　　0：ADC0 转换结束中断为低优先级。

　　　　1：ADC0 转换结束中断为高优先级。

位 2：PWADC0，ADC0 窗口比较器中断优先级控制位，该位设置 ADC0 窗口中断的优先级。

　　　　0：ADC0 窗口中断为低优先级。

　　　　1：ADC0 窗口中断为高优先级。

位 1：未用。读=0b，写=忽略。

位 0：PSMB0，SMBus 接口（SMB0）中断优先级控制位，该位设置 SMB0 中断的优先级。

　　　　0：SMB0 中断为低优先级。

　　　　1：SMB0 中断为高优先级。

图 1-27　EIP1 寄存器的定义

R/W	R/W	R/W	R/W	R/W	/W	R/W	R/W
—	—	—	—	—	—	PMAT	—
位 7	位 6	位 5	位 4	位 3	位 2	位 1	位 0

复位值：00000000　　　SFR 地址：0xCF　　　SFR 页：F

位 7～2：未用。读=000000b，写=忽略。

位 1：PMAT，端口匹配中断优先级控制位，该位设置端口匹配中断的优先级。

　　　　0：端口匹配中断为低优先级。

　　　　1：端口匹配中断为高优先级。

位 0：未用。读=0b，写=忽略。

图 1-28　EIP2 寄存器的定义

1.6.5　外部中断

　　外部中断 $\overline{INT0}$ 和 $\overline{INT1}$ 可被设置为低电平有效、高电平有效或边沿触发。IT01CF 寄存器中的 IN0PL（$\overline{INT0}$ 极性）和 IN1PL（$\overline{INT1}$ 极性）位用于选择高电平有效还是低电平有效；TCON 中的 IT0 和 IT1 位用于选择电平或边沿触发。以 $\overline{INT0}$ 为例，表 1-6 列出了可能的触发条件组合。

　　$\overline{INT0}$ 和 $\overline{INT1}$ 所使用的引脚由 IT01CF 寄存器进行定义，如图 1-29 所示。$\overline{INT0}$ 和 $\overline{INT1}$ 引脚分配与交叉开关的设置无关，$\overline{INT0}$ 和 $\overline{INT1}$ 检测分配给它们的 I/O 引脚，不会影响被交叉开关分配了相同引脚的其他外设。用户可以通过设置 P0SKIP 寄存器中的相应位跳过这些引脚，从而将这些引脚仅分配给 $\overline{\text{INT0}}$ 或 $\overline{\text{INT1}}$，具体参见 2.1 节。

表 1-6　外部中断 $\overline{\text{INT0}}$ 可能的触发条件组合

IT0	IN0PL	$\overline{\text{INT0}}$ 中断
1	0	低电平有效，边沿触发
1	1	高电平有效，边沿触发
0	0	低电平有效，电平触发
0	1	高电平有效，电平触发

R/W	R/W	R/W	R/W	R/W	R/	R/W	R/W
IN1PL	IN1SL2	IN1SL1	IN1SL0	IN0PL	IN0SL2	IN0SL1	IN0SL0
位 7	位 6	位 5	位 4	位 3	位 2	位 1	位 0

复位值：00000001　　SFR 地址：0xE4　　SFR 页：所有页

位 7：IN1PL，$\overline{\text{INT1}}$ 极性位。

　　0：$\overline{\text{INT1}}$ 为低电平有效。

　　1：$\overline{\text{INT1}}$ 为高电平有效。

位 6~4：IN1SL[2:0]，$\overline{\text{INT1}}$ 引脚选择位，这些位用于选择分配给 $\overline{\text{INT1}}$ 引脚。注意，该引脚分配与交叉开关无关。$\overline{\text{INT1}}$ 将检测分配给它的引脚，但不会影响交叉开关分配了相同引脚的其他外设。如果将交叉开关配置为跳过这个引脚（通过将寄存器 P0SKIP 中的对应位置 1 来实现），则该引脚将不会被分配给外设。

IN1SL[2:0]	$\overline{\text{INT1}}$ 引脚	IN1SL[2:0]	$\overline{\text{INT1}}$ 引脚
000	P0.0	100	P0.4
001	P0.1	101	P0.5
010	P0.2	110	P0.6
011	P0.3	111	P0.7

位 3：IN0PL，$\overline{\text{INT0}}$ 极性位。

　　0：$\overline{\text{INT0}}$ 为低电平有效。

　　1：$\overline{\text{INT0}}$ 为高电平有效。

位 2~0：IN0SL[2:0]，$\overline{\text{INT0}}$ 引脚选择位，这些位用于选择分配给 $\overline{\text{INT0}}$ 引脚。注意，该引脚分配与交叉开关无关。$\overline{\text{INT0}}$ 将检测分配给它的引脚，但不会影响交叉开关分配了相同引脚的其他外设。如果将交叉开关配置为跳过这个引脚（通过将寄存器 P0SKIP 中的对应位置 1 来实现），则该引脚将不会被分配给外设。

IN0SL[2:0]	$\overline{\text{INT0}}$ 引脚	IN0SL[2:0]	$\overline{\text{INT0}}$ 引脚
000	P0.0	100	P0.4
001	P0.1	101	P0.5
010	P0.2	110	P0.6
011	P0.3	111	P0.7

图 1-29　IT01CF 寄存器的定义

　　IE0（TCON.1）和 IE1（TCON.3）位分别为外部中断 $\overline{\text{INT0}}$ 和 $\overline{\text{INT1}}$ 的中断标志。当 $\overline{\text{INT0}}$ 或 $\overline{\text{INT1}}$ 外部中断被配置为边沿触发时，CPU 在响应中断时由硬件自动清除相应的中断标志；当被配置为电平触发时，在输入引脚有效期间（根据极性控制位 IN0PL 或 IN1PL 的定义）中断标志将保持逻辑 1 状态，在输入引脚无效期间该标志保持逻辑 0 状态。电平触发时，外部中断源必须一直保持输入有效，直到中断请求被响应，在中断服务程序返回前，必须撤销该中断请求，否则将产生另一个新的中断请求。

第 2 章　C8051F360 的数字 I/O 端口

2.1　I/O 端口

C8051F360 提供 4 个 8 位并行 I/O 端口 P0～P3 和 1 个 7 位并行 I/O 端口 P4，共 39 个 I/O 引脚。每个 I/O 引脚可以定义为通用 I/O（GPIO）或模拟 I/O。P0.0～P0.7、P1.0～P1.7、P2.0～P2.7、P3.0～P3.7 可以通过数字交叉开关分配给内部数字资源。需要注意的是，无论数字交叉开关如何设置，I/O 引脚的状态总是可以被读到相应的端口锁存器。C8051F360 I/O 端口功能图如图 2-1 所示。

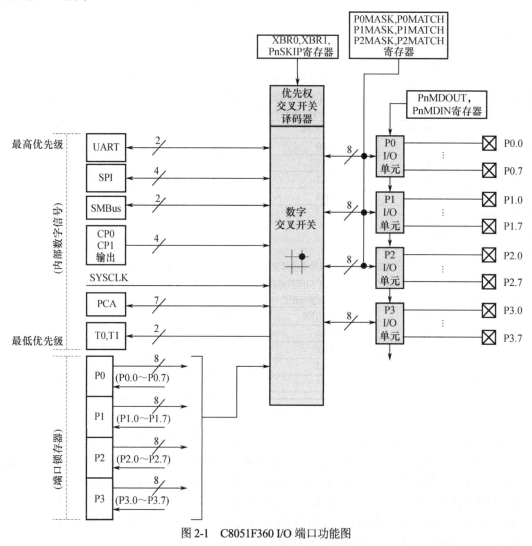

图 2-1　C8051F360 I/O 端口功能图

2.1.1 端口结构

C8051F360 的 I/O 单元电路如图 2-2 所示，每个 I/O 引脚允许 5V 电源输入，可以直接与 5V 器件接口，每个 I/O 引脚可通过模拟选择（Analog Select）、推挽（Push-Pull）、端口输出（Port-Output）、弱上拉（Weak-Pullup）等控制信号设置其不同的工作状态。

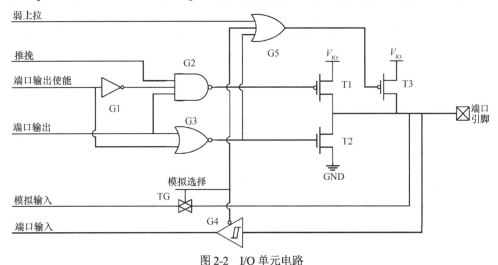

图 2-2　I/O 单元电路

图 2-2 中，模拟选择、推挽、端口输出、弱上拉等信号均来自 C8051F360 的相关特殊功能寄存器（SFR）。模拟选择信号由输入方式寄存器 PnMDIN 提供，推挽信号由端口输出方式配置寄存器 PnMDOUT 提供，端口输出信号由端口锁存器 Pn 提供，弱上拉信号由 I/O 端口交叉开关控制寄存器 XBR1 中的 WEAKPUD 位提供。

模拟选择信号用于选择 I/O 引脚是用于数字量输入/输出还是模拟量输入/输出。当模拟选择信号为高电平时，传输门 TG 导通，三态门 G4 呈高阻态，I/O 引脚用于模拟量输入/输出；当模拟选择信号为低电平时，TG 关闭，G4 呈低阻态，I/O 引脚用于数字量输入/输出。

推挽信号用于控制选择推挽输出还是漏极开路输出。当推挽信号为高电平时，I/O 引脚处于推挽输出状态，此时 T1、T2 开关状态由端口输出电平决定；当推挽信号为低电平时，G2 输出高电平，T1 始终截止，I/O 引脚漏极开路输出。如果同时输出锁存器置为高电平，则 T2 截止，I/O 引脚输出高阻态，此时 I/O 引脚的状态由外部输入决定，可用作数字量的输入引脚，类似 MCS-51 单片机端口的"准双向"结构。

I/O 引脚被设置为弱上拉可避免引脚悬空时电平的不稳定，其实质是内接高阻值的上拉电阻，电路中通过 T3 实现，T3 导通时相当于 100kΩ电阻，实现弱上拉。T3 由 G5 控制，当弱上拉为高电平、I/O 引脚输出低电平或配置为模拟量输入时，弱上拉功能禁止。

2.1.2 优先权交叉开关译码器

C8051F360 内部带有大量的数字和模拟资源，为解决多功能与少引脚之间的矛盾，兼顾引脚输出位置的灵活性，其内部设置了优先权交叉开关译码器。其工作原理类似于程控电话交换，单位内有许多内部电话（内线），同时设置多条外部电话（外线），任一用户可以与内线或外线任意连接，其实现方法是通过程控编码控制一个规模较大的模拟开关阵列。该方案默认在一个实际特定系统中，并不需要引出所有 C8051F360 的模拟和数字资源，可以有效解决芯片的多功能和实际应用仅需部分功能的矛盾，通过优先权交叉开关（或称数字交叉开关）实现，如图 2-1 所示。C8051F360 通过 I/O 端口交叉开关控制寄存器 XBR0 和 XBR1 编程控制优先权交叉开关连接到 I/O 引脚。XBR0 和 XBR1 寄存器的定义如图 2-3 和图 2-4 所示。

R/W	R/W	R/W	R/W	R/W	R/W	R/W	R/W
CP1AE	CP1E	CP0AE	CP0E	SYSCKE	SMB0E	SPI0E	URT0E
位 7	位 6	位 5	位 4	位 3	位 2	位 1	位 0

复位值：00000000　　　SFR 地址：0xE1　　　SFR 页：F

位 7：CP1AE，比较器 1 异步输出使能位。

　　　　0：CP1A 不连到 I/O 引脚。

　　　　1：CP1A 连到 I/O 引脚。

位 6：CP1E，比较器 1 输出使能位。

　　　　0：CP1 不连到 I/O 引脚。

　　　　1：CP1 连到 I/O 引脚。

位 5：CP0AE，比较器 0 异步输出使能位。

　　　　0：CP0A 不连到 I/O 引脚。

　　　　1：CP0A 连到 I/O 引脚。

位 4：CP0E，比较器 0 输出使能位。

　　　　0：CP0 不连到 I/O 引脚。

　　　　1：CP0 连到 I/O 引脚。

位 3：SYSCKE，SYSCLK 输出使能位。

　　　　0：SYSCLK 不连到 I/O 引脚。

　　　　1：SYSCLK（1、2、4、8 分频）连到 I/O 引脚。分频系数由 CLKSEL 寄存器中的 CLKDIV[1:0]决定（见 1.4 节）。

位 2：SMB0E，SMBus I/O 使能位。

　　　　0：SMBus I/O 不连到 I/O 引脚。

　　　　1：SMBus I/O 连到 I/O 引脚。

位 1：SPI0E，SPI I/O 使能位。

　　　　0：SPI I/O 不连到 I/O 引脚。

　　　　1：SPI I/O 连到 I/O 引脚。注意：SPI 可以被分配 3 个或 4 个 GPIO 引脚。

位 0：URT0E，UART I/O 使能位。

　　　　0：UART I/O 不连到 I/O 引脚。

　　　　1：UART I/O 连到 I/O 引脚。

图 2-3　XBR0 寄存器的定义

R/W	R/W	R/W	R/W	R/W	R/W	R/W	R/W
WEAKPUD	XBARE	T1E	T0E	ECIE	PCA0ME		
位 7	位 6	位 5	位 4	位 3	位 2	位 1	位 0

复位值：00000000　　　SFR 地址：0xE2　　　SFR 页：F

位 7：WEAKPUD，I/O 端口弱上拉禁止位。

　　　　0：弱上拉使能（被配置为模拟输入的 I/O 端口除外）。

　　　　1：弱上拉禁止。

位 6：XBARE，交叉开关使能位。

　　　　0：交叉开关禁止。

　　　　1：交叉开关使能。

位 5：T1E，T1 使能位。

　　　　0：T1 不连到 I/O 引脚。

　　　　1：T1 连到 I/O 引脚。

图 2-4　XBR1 寄存器的定义

位 4：T0E，T0 使能位。

       0：T0 不连到 I/O 引脚。

       1：T0 连到 I/O 引脚。

位 3：ECIE，PCA0 外部计数输入使能位。

       0：ECI 不连到 I/O 引脚。

       1：ECI 连到 I/O 引脚。

位 2～0：PCA0ME，PCA 模块 I/O 使能位。

       000：所有的 PCA I/O 都不连到 I/O 引脚。

       001：CEX0 连到 I/O 引脚。

       010：CEX0、CEX1 连到 I/O 引脚。

       011：CEX0、CEX1、CEX2 连到 I/O 引脚。

       100：CEX0、CEX1、CEX2、CXE3 连到 I/O 引脚。

       101：CEX0、CEX1、CEX2、CXE3、CXE4 连到 I/O 引脚。

       110：CEX0、CEX1、CEX2、CXE3、CXE4、CXE5 连到 I/O 引脚。

       111：保留。

图 2-4　XBR1 寄存器的定义（续）

优先权交叉开关译码器只将 XBR0 和 XBR1 寄存器选中的内部数字资源连接到 I/O 引脚，没有选中的数字资源则隐埋在 C8051F360 内部，I/O 端口功能分配优先权按数字资源中优先权最高的 UART0（见图 2-1）开始分配，当一个数字资源被选中时，尚未分配 I/O 引脚中的最低位被分配给该资源，优先级越高的可选择 P0～P3 口的引脚范围越小，优先级越低的可选择的引脚范围越多。例如，UART0 只能选择 P0.1 和 P0.2 作为 TX0 和 RX0，不能使用其他引脚被分配为该功能，而优先级低的 T1（定时/计数器 T1 的外部计数脉冲输入端）可以选择 P0～P3 口的所有引脚。如果一个 I/O 引脚已经被分配，则交叉开关在为下一个被选中的资源分配引脚时将跳过该引脚。此外，交叉开关还会跳过在 PnSKIP 寄存器中被置 1 的那些位所对应的引脚。PnSKIP 寄存器允许软件跳过被用作模拟输入、特殊功能或 GPIO 的引脚。

当 I/O 引脚被用作外部振荡器、参考电压（VREF）、A/D 转换外部启动信号（CNVSTR）、D/A 转换输出（IDA0）及任何被选择为 ADC 或比较器输入的引脚外设使用且不经过交叉开关时，该引脚在 PnSKIP 寄存器中的对应位应被置 1，以跳过该引脚，移向下一个未被分配的引脚。图 2-5 给出了没有引脚被跳过（P0SKIP, P1SKIP,P2SKIP, P3SKIP = 0x00）的优先权交叉开关译码表，图 2-6 给出了 P1.0 和 P1.1 引脚被跳过（P1SKIP = 0x03）的优先权交叉开关译码表。

2.1.3　通用 I/O 端口

没有被交叉开关分配的 I/O 引脚且未被模拟外设使用的 I/O 引脚都可以用作通用 I/O 引脚，通过对应的端口数据寄存器访问 P0～P3 口，这些寄存器既可以按位寻址，也可以按字节寻址。P4 口使用的 SFR 不能按位寻址，只能按字节寻址。向端口写入数据时，数据被锁存到端口数据寄存器中，以保持引脚上的输出状态不变。读端口数据寄存器（或端口位）将总是返回引脚本身的逻辑电平，与 XBR0、XBR1 的设置值无关（即使在引脚被交叉开关分配给其他信号时，端口寄存器总是读其对应的 I/O 引脚的状态）。但在对端口 SFR 执行读—修改—写指令（ANL、ORL、XRL、JBC、CPL、INC、DEC、DJNZ）操作时，指令读取的是端口寄存器（而不是引脚）的值，修改后再写回端口 SFR。

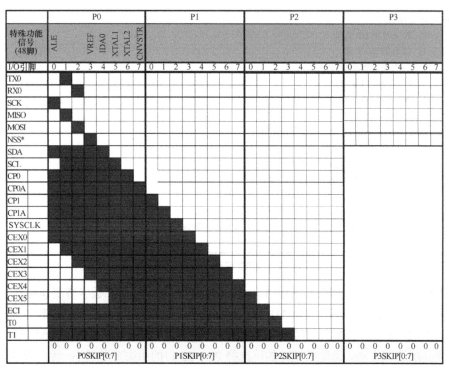

图 2-5　没有引脚被跳过的优先权交叉开关译码表

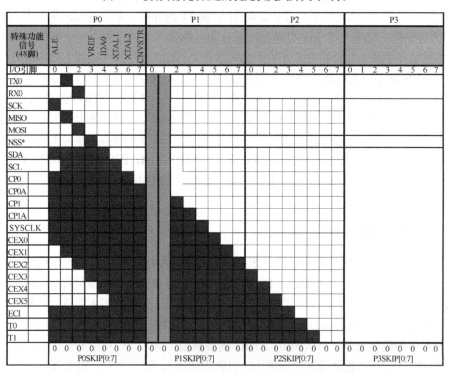

图 2-6　P1.0 和 P1.1 引脚被跳过的优先权交叉开关译码表

　　除通用 I/O 功能外，P0、P1 和 P2 口还可以产生端口匹配事件（如果端口输入引脚的逻辑电平与一个软件控制值匹配），包括(P0 & P0MASK)≠(P0MATCH & P0MASK)、(P1 &

P1MASK)≠(P1MATCH & P1MASK)和(P2 & P2MASK)≠(P2MATCH & P2MASK)等。该功能允许在 P0、P1 或 P2 口输入引脚发生某种变化时软件会获得通知，与 XBRn 的设置无关。如果 EMAT（EIE2.1）被置 1，则端口匹配事件可以产生中断。端口匹配事件可以将内部振荡器从 SUSPEND 方式唤醒。

P0~P3 口的相关 SFR 的定义完全一致，P4 口的定义略有不同，以下对 P0 口和 P4 口的 SFR 进行介绍，P1~P3 口请读者根据 P0 口的 SFR 自行推广。相关寄存器定义如图 2-7 至图 2-14 所示。

R/W	R/W	R/W	R/W	R/W	R/W	R/W	R/W
P0.7	P0.6	P0.5	P0.4	P0.3	P0.2	P0.1	P0.0
位 7	位 6	位 5	位 4	位 3	位 2	位 1	位 0

复位值：11111111　　　SFR 地址：0x80　　　SFR 页：所有页

位 7~0：P0.7~P0.0。

写—输出出现在 I/O 引脚（根据交叉开关寄存器的设置）。

0：逻辑低电平输出。

1：逻辑高电平输出（若相应的 P0MDOUT.n 位＝0，则为高阻态）。

读—读那些在 P0MDIN 中被选择为模拟输入的引脚时总是返回 0。被配置为数字输入时直接读 I/O 引脚。

0：P0.n 为逻辑低电平。

1：P0.n 为逻辑高电平。

图 2-7　P0 口寄存器的定义

R/W	R/W	R/W	R/W	R/W	R/W	R/W	R/W
位 7	位 6	位 5	位 4	位 3	位 2	位 1	位 0

复位值：11111111　　　SFR 地址：0xF1　　　SFR 页：F

位 7~0：P0.7~P0.0 的模拟输入配置位（按位一一对应）。当 I/O 引脚被配置为模拟输入时，弱上拉、数字驱动器和数字接收器被禁止。

0：对应的 P0.n 引脚被配置为模拟输入。

1：对应的 P0.n 引脚不配置为模拟输入。

图 2-8　P0 口输入方式寄存器 P0MDIN 的定义

R/W	R/W	R/W	R/W	R/W	R/W	R/W	R/W
位 7	位 6	位 5	位 4	位 3	位 2	位 1	位 0

复位值：00000000　　　SFR 地址：0xA4　　　SFR 页：F

位 7~0：P0.7~P0.0 的输出方式配置位（按位一一对应）。如果 P0MDIN 寄存器中的对应位为逻辑 0，则输出方式配置位被忽略。

0：对应的 P0.n 输出为漏极开路。

1：对应的 P0.n 输出为推挽方式。

注：当 SDA 和 SCL 出现在任何 I/O 端口时，总是被配置为漏极开路，与 P0MDOUT 的设置无关。

图 2-9　P0 口输出方式配置寄存器 P0MDOUT 的定义

R/W	R/W	R/W	R/W	R/W	R/W	R/W	R/W
位 7	位 6	位 5	位 4	位 3	位 2	位 1	位 0

复位值：00000000　　　SFR 地址：0xD4　　　SFR 页：F

位 7~0：P0 口交叉开关跳过使能位，这些位选择被交叉开关译码器跳过的 I/O 引脚。作为模拟输入（ADC 或比较器）或特殊功能（VREF 输入、外部振荡器电路、CNVSTR 输入）的引脚，应被交叉开关跳过。

0：对应的 P0.n 不被交叉开关跳过。

1：对应的 P0.n 被交叉开关跳过。

图 2-10　P0 口跳过寄存器 P0SKIP 的定义

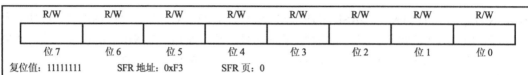

R/W	R/W	R/W	R/W	R/W	R/W	R/W	R/W
位 7	位 6	位 5	位 4	位 3	位 2	位 1	位 0

复位值：11111111　　SFR 地址：0xF3　　SFR 页：0

位 7～0：P0 口匹配值，这些位控制未被屏蔽的 P0 口 I/O 引脚的比较值。如果(P0 & P0MASK)≠(P0MAT & P0MASK)，则会产生端口匹配事件。

图 2-11　P0 口匹配寄存器 P0MAT 的定义

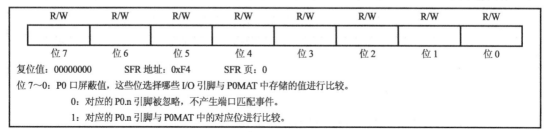

R/W	R/W	R/W	R/W	R/W	R/W	R/W	R/W
位 7	位 6	位 5	位 4	位 3	位 2	位 1	位 0

复位值：00000000　　SFR 地址：0xF4　　SFR 页：0

位 7～0：P0 口屏蔽值，这些位选择哪些 I/O 引脚与 P0MAT 中存储的值进行比较。

　　　　0：对应的 P0.n 引脚被忽略，不产生端口匹配事件。

　　　　1：对应的 P0.n 引脚与 P0MAT 中的对应位进行比较。

图 2-12　P0 口屏蔽寄存器 P0MASK 的定义

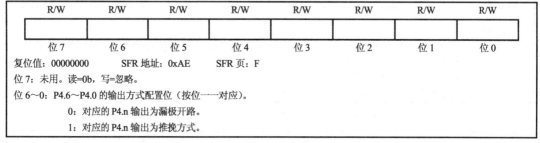

R/W	R/W	R/W	R/W	R/W	R/W	R/W	R/W
—	P4.6	P4.5	P4.4	P4.3	P4.2	P4.1	P4.0
位 7	位 6	位 5	位 4	位 3	位 2	位 1	位 0

复位值：01111111　　SFR 地址：0xB5　　SFR 页：所有页

位 7：未用。读=0b，写=忽略。

位 6～0：P4.6～P4.0。

　　　　写—输出出现在 I/O 引脚（根据交叉开关寄存器的设置）。

　　　　　　0：逻辑低电平输出。

　　　　　　1：逻辑高电平输出（若相应的 P4MDOUT.n=0，则为高阻态）。

　　　　读—若是模拟输入引脚，总为 0；若是数字输入引脚，则是引脚的电平。

　　　　　　0：P4.n 为逻辑低电平。

　　　　　　1：P4.n 为逻辑高电平。

图 2-13　P4 口寄存器的定义

R/W	R/W	R/W	R/W	R/W	R/W	R/W	R/W
位 7	位 6	位 5	位 4	位 3	位 2	位 1	位 0

复位值：00000000　　SFR 地址：0xAE　　SFR 页：F

位 7：未用。读=0b，写=忽略。

位 6～0：P4.6～P4.0 的输出方式配置位（按位一一对应）。

　　　　0：对应的 P4.n 输出为漏极开路。

　　　　1：对应的 P4.n 输出为推挽方式。

图 2-14　P4 口输出方式配置寄存器 P4MDOUT 的定义

2.1.4　I/O 端口初始化

I/O 端口初始化包括以下步骤：

① 设置端口输入方式寄存器（PnMDIN），选择所有引脚的输入方式（模拟或数字）；

② 设置端口输出方式配置寄存器（PnMDOUT），选择所有引脚的输出方式（漏极开路或推挽方式）；

③ 设置端口跳过寄存器（PnSKIP），选择应被交叉开关跳过的那些引脚；

④ 设置 XBR0 和 XBR1 寄存器，将引脚分配给要使用的外设；

⑤ 使能交叉开关（XBARE=1）。

所有 I/O 引脚都必须被配置为模拟或数字输入。被用作比较器或 ADC 输入的引脚都应被配置为模拟输入。当一个引脚被配置为模拟输入时，其弱上拉、数字驱动器和数字接收器都被禁止。

被用作模拟输入的引脚应在交叉开关配置为跳过该引脚（通过将 PnSKIP 寄存器中的对应位置 1 实现）。端口输入方式在 PnMDIN 寄存器中设置，其中 1 表示数字输入，0 表示模拟输入。对于所有为模拟方式的引脚，其对应的端口锁存器（Pn）必须被置 1。复位后，所有引脚的默认设置都是数字输入。

引脚的输出驱动器特性由端口输出方式配置寄存器 PnMDOUT 决定，端口输出驱动器可以配置为漏极开路或推挽方式。该选择不是自动的，即使对在交叉开关被选中的资源，也需要对端口输出驱动器的输出方式进行设置。但是，SMBus 应用中引脚 SDA 和 SCL 与 PnMDOUT 的设置无关，这两个引脚总是自动被配置为漏极开路。

设置 XBR1 寄存器中的 WEAKPUD 位为 0 时，输出方式为漏极开路的所有引脚的弱上拉都被使能。WEAKPUD 不影响被配置为推挽方式的 I/O 端口。当漏极开路输出被驱动为逻辑 0 或引脚被配置为模拟输入时，弱上拉被自动关断，以避免不必要的功率消耗。

将 XBR1 寄存器中的 XBARE 位置 1，使能交叉开关。在交叉开关被使能之前，外部引脚保持标准 I/O 端口方式（输入方式）。对于给定的 XBRn 设置，可以使用优先权交叉开关译码表确定 I/O 引脚分配；另一种方法是使用 Configuration Wizard2 软件利用图形化方式进行配置，并可自动生成初始代码（参见 4.2 节）。端口工作在标准 I/O 的输出方式时，交叉开关必须被使能；交叉开关被禁止时，端口输出驱动器将被禁止。

2.2 定时/计数器

2.2.1 信号类型

C8051F360 提供 4 个 16 位通用定时/计数器和 1 个片内可编程定时/计数器阵列（PCA），主要满足单片机多种定时、计数、捕捉/比较等功能要求。在单片机测控应用中，常见的信号主要包括占空比固定的连续脉冲输出信号、占空比可变的连续脉冲输出信号（PWM 控制）、单脉冲输入信号、连续性脉冲输入信号等。这些信号在数字系统设计应用中非常广泛，例如电机转速可以通过霍尔传感器转换为连续脉冲输入信号，用单片机测量单位时间内的脉冲数就可以精确测量电机转速，这可以推广到车辆测速、物件计数等应用中；PWM 控制可以实现直流电机转速控制、LED 显示亮度调节，进而对三原色 LED 实现颜色、亮度的无级控制等。

1. 设计需求

对于不同用户，单片机对脉冲输入信号的测量和输出信号的驱动，一般要求包括：频率（周期）可调，定时、计数、捕捉等模式可选择，何时开始测量、何时结束测量可控，测量脉冲的上升沿还是下降沿可选择，何时（或何条件）引起中断可选等。这些功能选择可以通过不同定时/计数器的控制字编程实现。

对比 MCS-51 单片机，C8051F360 提供了输入捕捉功能。输入捕捉就是能记录激活变化（上升沿或下降沿）出现的时间，适用于测量边沿之间的时间间隔。C8051F360 根据测得的时间间隔，通过软件计算，得出信号的周期、频率或其他参数，进而对应于实际系统的速度、加速度、角速度等物理量。

2. 门控时间计数

门控时间计数器如图 2-15 所示，双输入与门的一个引脚接标准时钟信号（如系统时钟，已知固定频率和周期），另一个引脚为门控位（接被测信号）。当门控位为逻辑 1 时，与门打开，输出是标准时钟信号，此时计数器对标准时钟脉冲数进行计数；当门控信号为逻辑 0 时，与门关闭，输出为 0，计数器停止计数。

图 2-15　门控时间计数器

在进行被测信号脉冲宽度测量时，将被测信号接到门控位上，这样计数器就能测量被测信号高电平的持续时间（=计数器的计数值×标准时钟信号的周期）。如果需要测量低电平持续时间，则只需将被测信号反相后加到门控位；如果需要测量信号的周期，则可以用 D 触发器（如 74HC74）将被测信号 2 分频后加到门控位。

3. 实时中断

单片机系统通常需要实时中断，每到设定时间，就通知 CPU 执行相应的中断服务程序，也称时钟中断。它与门控时间计数器类似，标准时钟信号由单片机内部产生（如系统时钟），门控位由专门寄存器控制实时时钟形成。开始前，先通过程序对计数器赋初值，运行后计数器对标准时钟脉冲进行加 1 计数，到达约定时间溢出引起中断，单片机处理溢出中断服务程序并重新加载计数器初值，如此循环。实时中断的时间间隔大小与标准时钟信号的频率、指令执行时间、计数器位数、计数器初值等有关，其定时时间有一定限制，一般在 $100\mu s \sim 100ms$ 之间。如果需要更长的时间间隔，则可以通过增加软件计数功能实现。

2.2.2　通用定时/计数器 T0 和 T1

C8051F360 内部提供 4 个定时/计数器（T0，T1，T2，T3），其中 T0 和 T1 与 MSC-51 单片机中的定时/计数器 T0 和 T1 兼容。T0 和 T1 几乎完全相同，有 4 种工作方式。T0 的内部结构如图 2-16 所示。

以比较常用的 16 位方式（方式 1）为例，TH0、TL0 寄存器分别为定时/计数器 T0 的高 8 位和低 8 位，合起来共 16 位。用户可以通过程序写 TH0 和 TL0，以实现赋初值功能；也可以通过程序读取 TH0 和 TL0，以获取当前计数值。在 TCLK 脉冲作用下，由定时/计数器 T0 硬件实现对脉冲加 1 计数。当加到全 1（16 位方式时，即为 0xFFFF）时，再来 1 个脉冲后计数值变为全零（0x0000），此时引起溢出，由硬件对 TCON 寄存器的 TF0 位置 1，此时如果该定时/计数器是允许中断的，则会引起对应的计数/时钟中断，如果中断是屏蔽的，则 TF0 可供用户查询使用。

TCLK 可来源于外部引脚 T0 或内部时钟，由一个 2 选 1 选择器控制，其控制信号为 TMOD 寄存器中的 C/$\overline{T0}$ 位。C/$\overline{T0}$ 位被程序设置为 1 时，TCLK 来自外部引脚 T0，此时实现对外部信号计数；C/$\overline{T0}$ 位被程序设置为 0 时，TCLK 来自内部时钟（预分频时钟或 SYSCLK）。由于内部时钟在编程初始化后频率是固定的，设计人员可以通过对 TH0 和 TL0 预先赋初值来控

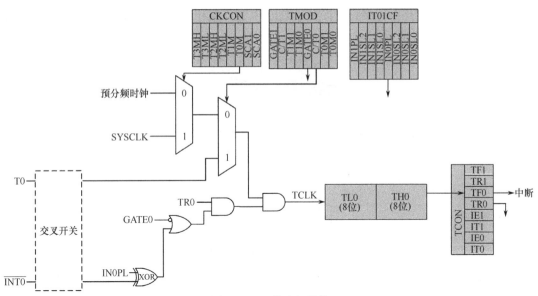

图 2-16　T0 的内部结构

制多少个脉冲后计数器溢出，因此，此时定时/计数器 T0 作为定时器使用。TCLK 信号还受到门控与门控制，门控信号受到 TR0（TCON 寄存器）、GATE0（TMOD 寄存器）和外部引脚 $\overline{INT0}$ 控制。当 TR0 位被程序设置为 0 时，TCLK 恒为 0，定时/计数器 T0 不工作。只有当 TR0 位为 1 时，定时/计数器才可能工作，因此 TR0 位为定时/计数器启动位。如果 GATE0 位被程序设置为 0，此时 TCLK 不受 $\overline{INT0}$ 控制，一般用于外部信号计数或内部时钟的定时中断等；如果 GATE0 位被设置为 0，则只有当 $\overline{INT0}$ 引脚为 1（高电平时）时计数器才工作，一般用于对外部信号（接 $\overline{INT0}$ 引脚的信号）的脉冲宽度测量（见表 2-1）。

表 2-1　定时/计数器门控逻辑关系

TR0	GATE0	$\overline{INT0}$	定时/计数器
0	×	×	禁止
1	0	×	允许
1	1	0	禁止
1	1	1	允许

×=任意。

当 TCLK 来源于内部时钟时，可以通过 2 选 1 选择器从预分频时钟或 SYSCLK 选择其中一个，选择控制为 T0M 位（CKCON 寄存器）。当 T0M 位被程序设置为 0 时，TCLK 来源于预分频时钟，其分频位由 CKCON 寄存器的 SCA1～SCA0 位定义；T0M 位被设置为 1 时，使用 SYSCLK。

当定时/计数器 T0 工作于方式 0 时为 13 位定时/计数器方式。其原理框图如图 2-17 所示。其计数寄存器包括 TH0 高 8 位和 TL0.4～TL0.0 这低 5 位，TL0.7～TL0.5 位被忽略。计数值 0x1FFF 时，再来一个脉冲将引起溢出，其余与方式 1 一致。

当定时/计数器 T0 工作于方式 2 时为 8 位自动重装载方式，TL0 为 8 位计数寄存器，当计数达到 0xFF 时，再来一个脉冲将引起溢出，与方式 0 和方式 1 溢出后定时初值变为 0、需要程序对 TH0、TL0 重新赋初值不同，方式 2 溢出后由硬件自动将 TH0 的内容复制装入 TL0

并开始计数，一般应用中程序只需首次对 **TH0** 和 **TL0** 赋相同的初值就可以实现定时或计数。其原理框图如图 2-18 所示。

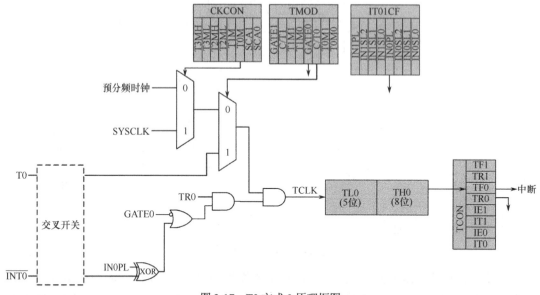

图 2-17　T0 方式 0 原理框图

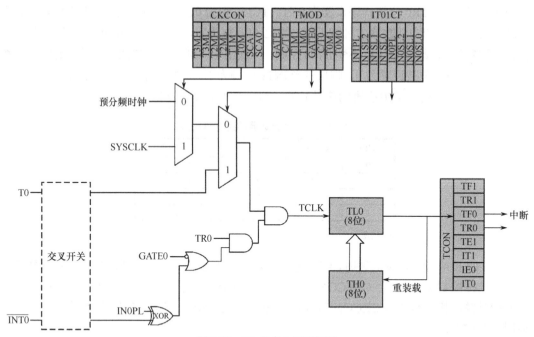

图 2-18　T0 方式 2 原理框图

在方式 3，定时/计数器 T0 被配置为两个独立的 8 位定时/计数器，此时占用定时/计数器 T1 的部分资源，因此 T1 不能工作于方式 3。方式 3 应用较少，需要的读者可参考相关手册。与定时/计数器 T0 和 T1 相关的寄存器的定义如图 2-19 至图 2-25 所示。

R/W	R/W	R/W	R/W	R/W	R/W	R/W	R/W
TF1	TR1	TF0	TR0	IE1	IT1	IE0	IT0
位 7	位 6	位 5	位 4	位 3	位 2	位 1	位 0

复位值：00000000　　　SFR 地址：0x88　　　SFR 页：所有页

位 7：TF1，定时/计数器 T1 溢出标志位。当 T1 溢出时，由硬件置位。该位可以用软件清 0，但当 CPU 转向 T1 中断服务程序时，该位被自动清 0。

　　　　　　0：未检测到 T1 溢出。

　　　　　　1：T1 发生溢出。

位 6：TR1，定时/计数器 T1 运行控制位。

　　　　　　0：T1 禁止。

　　　　　　1：T1 允许。

位 5：TF0，定时/计数器 T0 溢出标志位。当 T0 溢出时，由硬件置位。该位可以用软件清 0，但当 CPU 转向 T0 中断服务程序时，该位被自动清 0。

　　　　　　0：未检测到 T0 溢出。

　　　　　　1：T0 发生溢出。

位 4：TR0，定时/计数器 T0 运行控制位。

　　　　　　0：T0 禁止。

　　　　　　1：T0 允许。

位 3：IE1，外部中断 1 标志位。

　　　　当检测到一个由 IT1 定义的边沿/电平时，该位由硬件置位。该位可以用软件清 0，但当 CPU 转向外部中断 1 的中断服务程序时，该位被自动清 0（若 IT1=1）。当 IT1=0 时，该位在 $\overline{INT1}$ 有效时被置 1（有效电平由 IT01CF 寄存器中的 IN1PL 位定义）。

位 2：IT1，外部中断 1 类型选择位，该位选择 $\overline{INT1}$ 中断是边沿触发还是电平触发。可以用 IT01CF 寄存器中的 IN1PL 位将 $\overline{INT1}$ 配置为低电平有效或高电平有效。

　　　　　　0：$\overline{INT1}$ 为电平触发。

　　　　　　1：$\overline{INT1}$ 为边沿触发。

位 1：IE0，外部中断 0 标志位。

　　　　当检测到一个由 IT0 定义的边沿/电平时，该位由硬件置位。该位可以用软件清 0，但当 CPU 转向外部中断 0 的中断服务程序时，该位被自动清 0（若 IT0=1）。当 IT0=0 时，该位在 $\overline{INT0}$ 有效时置 1（有效电平由 IT01CF 寄存器中的 IN0PL 位定义）。

位 0：IT0，外部中断 0 类型选择位，该位选择 $\overline{INT0}$ 中断是边沿触发还是电平触发。可以用 IT01CF 寄存器中的 IN0PL 位将 $\overline{INT0}$ 配置为低电平有效或高电平有效。

　　　　　　0：$\overline{INT0}$ 为电平触发。

　　　　　　1：$\overline{INT0}$ 为边沿触发。

图 2-19　定时/计数器控制寄存器 TCON 的定义

R/W	R/W	R/W	R/W	R/W	R/W	R/W	R/W
GATE1	C/$\overline{T1}$	T1M1	T1M0	GATE0	C/$\overline{T0}$	T0M1	T0M0
位 7	位 6	位 5	位 4	位 3	位 2	位 1	位 0

复位值：00000000　　　SFR 地址：0x89　　　SFR 页：所有页

位 7：GATE1，定时/计数器 T1 门控位。

　　　　　　0：当 TR1=1 时，T1 工作，与 $\overline{INT1}$ 无关。

　　　　　　1：只有当 TR1=1 并且 $\overline{INT1}$ 有效时，T1 才工作。

位 6：C/$\overline{T1}$，定时/计数器 T1 功能选择位。

　　　　　　0：定时器功能，T1 由 T1M 位（CKCON.4）定义的时钟加 1。

　　　　　　1：计数器功能，T1 由外部输入引脚（T1）的负跳变加 1。

图 2-20　定时方式寄存器 TMOD 的定义

位 5～4：T1M1～T1M0，定时/计数器 T1 方式选择位，这些位选择 T1 的工作方式。

T1M1	T1M0	T1 工作方式
0	0	方式 0：13 位定时/计数器
0	1	方式 1：16 位定时/计数器
1	0	方式 2：自动重装载 8 位定时/计数器
1	1	方式 3：T1 停止运行

位 3：GATE0，定时/计数器 T0 门控位。

    0：当 TR0=1 时，T0 工作，与 $\overline{INT0}$ 无关。

    1：只有当 TR0=1 并且 $\overline{INT0}$ 有效时，T0 才工作。

位 2：C/$\overline{T0}$，定时/计数器 T0 功能选择位。

    0：定时器功能，T0 由 T0M 位（CKCON.3）定义的时钟加 1。

    1：计数器功能，T0 由外部输入引脚（T0）的负跳变加 1。

位 1～0：T0M1～T0M0，定时/计数器 T0 方式选择位，这些位选择 T0 的工作方式。

T0M1	T0M0	T0 工作方式
0	0	方式 0：13 位定时/计数器
0	1	方式 1：16 位定时/计数器
1	0	方式 2：自动重装载 8 位定时/计数器
1	1	方式 3：两个 8 位定时/计数器

图 2-20　定时方式寄存器 TMOD 的定义（续）

R/W	R/W	R/W	R/W	R/W	R/W	R/W	R/W
T3MH	T3ML	T2MH	T2ML	T1M	T0M	SCA1	SCA0
位 7	位 6	位 5	位 4	位 3	位 2	位 1	位 0

复位值：00000000　　　SFR 地址：0x8E　　　SFR 页：所有页

位 7：T3MH，定时/计数器 T3 高字节时钟选择位。该位选择供给 T3 高字节的时钟（若 T3 被配置为两个 8 位定时/计数器）。T3 工作于其他方式时，该位被忽略。

    0：T3 高字节使用 TMR3CN 中的 T3XCLK 位定义的时钟。

    1：T3 高字节使用 SYSCLK。

位 6：T3ML，定时/计数器 T3 低字节时钟选择位。该位选择供给 T3 的时钟。如果 T3 被配置为两个 8 位定时/计数器，则该位选择供给低 8 位定时/计数器的时钟。

    0：T3 低字节使用 TMR3CN 中的 T3XCLK 位定义的时钟。

    1：T3 低字节使用 SYSCLK。

位 5：T2MH，定时/计数器 T2 高字节时钟选择位。该位选择供给 T2 高字节的时钟（若 T2 被配置为两个 8 位定时/计数器）。T2 工作于其他方式时，该位被忽略。

    0：T2 高字节使用 TMR2CN 中的 T2XCLK 位定义的时钟。

    1：T2 高字节使用 SYSCLK。

位 4：T2ML，定时/计数器 T2 低字节时钟选择位。该位选择供给 T2 的时钟。如果 T2 被配置为两个 8 位定时/计数器，则该位选择供给低 8 位定时/计数器的时钟。

    0：T2 低字节使用 TMR2CN 中的 T2XCLK 位定义的时钟。

    1：T2 低字节使用 SYSCLK。

位 3：T1M，定时/计数器 T1 时钟选择位。该位选择 T1 的时钟源。当 C/$\overline{T1}$ 被设置为 1 时，T1M 被忽略。

    0：T1 使用由分频位（SCA[1:0]）定义的时钟。

    1：T1 使用 SYSCLK。

位 2：T0M，定时/计数器 T0 时钟选择位。该位选择 T0 的时钟源。当 C/$\overline{T0}$ 被设置为 1 时，T0M 被忽略。

    0：T0 使用由分频位（SCA[1:0]）定义的时钟。

    1：T0 使用 SYSCLK。

图 2-21　时钟控制寄存器 CKCON 的定义

位 1～0：SCA[1:0]，定时/计数器 T0 和 T1 预分频位。如果 T0/T1 被配置为使用预分频时钟，则这些位控制时钟分频数。

SCA1	SCA0	预分频时钟
0	0	SYSCLK/12
0	1	SYSCLK/4
1	0	SYSCLK/48
1	1	SYSCLK/8

注：外部时钟 8 分频与系统时钟同步。

图 2-21　时钟控制寄存器 CKCON 的定义（续）

R/W	R/W	R/W	R/W	R/W	R/W	R/W	R/W
位 7	位 6	位 5	位 4	位 3	位 2	位 1	位 0

复位值：00000000　　SFR 地址：0x8A　　SFR 页：所有页
位 7～0：16 位定时/计数器 T0 的低 8 位。

图 2-22　定时/计数器 T0 低字节寄存器 TL0 的定义

R/W	R/W	R/W	/W	R/W	R/W	R/W	R/W
位 7	位 6	位 5	位 4	位 3	位 2	位 1	位 0

复位值：00000000　　SFR 地址：0x8B　　SFR 页：所有页
位 7～0：16 位定时/计数器 T1 的低 8 位。

图 2-23　定时/计数器 T1 低字节寄存器 TL1 的定义

R/W	R/W	R/W	R/W	R/W	R/W	R/W	R/W
位 7	位 6	位 5	位 4	位 3	位 2	位 1	位 0

复位值：00000000　　SFR 地址：0x8C　　SFR 页：所有页
位 7～0：16 位定时/计数器 T0 的高 8 位。

图 2-24　定时/计数器 T0 高字节寄存器 TH0 的定义

R/W	R/W	R/W	R/W	R/W	R/W	R/W	R/W
位 7	位 6	位 5	位 4	位 3	位 2	位 1	位 0

复位值：00000000　　SFR 地址：0x8D　　SFR 页：所有页
位 7～0：16 位定时/计数器 T1 的高 8 位。

图 2-25　定时/计数器 T1 高字节寄存器 TH1 的定义

【例 2-1】将定时/计数器 T0 设置为方式 1（16 位定时/计数器方式），通过定时器中断在 P2.3 引脚输出 500Hz 方波。

T0 工作于方式 1 时，控制字 TOMD 配置为：

M1M0=01，GATE=0，C/$\overline{T0}$ =0，方式控制字为 01H

设置 TCLK 来源于 C8051F360 的内部，假设其频率为 1MHz（周期为 1μs），则

N=1ms/1μs=1000　　　初值为 65536-1000=64536=FC18H

即应将 FCH 送入 TH0 中，18H 送入 TL0 中。

实现程序：

```
        ORG     0000H
        LJMP    MAIN
```

```
        ORG     000BH              ;T0 的中断入口地址
        LJMP    TT0
        ORG     100H
MAIN:   …………                      ;初始化（端口分配、时钟源选择及分频）
        MOV     TMOD,#01H          ;置 T0 工作于方式 1
        MOV     TH0,#0FCH          ;装入计数初值，定时时间为 1ms
        MOV     TL0,#18H
        SETB    ET0                ;T0 允许中断
        SETB    EA                 ;开中断
        SETB    TR0                ;启动 T0
        SJMP    $                  ;等待中断
TT0:    CPL     P2.3               ;P2.3 取反输出
        MOV     TH0,#0FCH          ;重新装入计数初值
        MOV     TL0,#18H
        RETI
        END
```

2.2.3 定时/计数器 T2 和 T3

定时/计数器 T2 和 T3 都是 16 位定时/计数器，每个定时/计数器都有 2 个 8 位寄存器 TMRnL（低 8 位）和 TMRnH（高 8 位），其中 n 为 2 或 3。下面以定时/计数器 T2 为例说明其工作原理。

T2 工作于 16 位方式时，其原理框图如图 2-26 所示。计数寄存器包括 TMR2L（低 8 位）和 TMR2H（高 8 位），合起来为 16 位，程序可以写入 TMR2L 和 TMR2H 赋计数初值，可读出 TMR2L 和 TMR2H 获取当前计数值。在每个 TCLK 脉冲到来时，计数器由硬件自动加 1，当计数值为全 1（0xFFFF）时，再来一个脉冲会引起溢出，此时由硬件对 TF2H 位（TMR2CN 寄存器）置 1。如果此时 T2 的中断是允许的，则会引起 T2 中断，同时硬件自动复制 TMR2RLL 和 TM2RLH 寄存器的值到 TMR2L 和 TMR2H，作为下次计数的初值。另外，当低 8 位计数寄存器 TMR2L 溢出时（低 8 位由 0xFF 转变为 0x00），也会由硬件对 TF2L 位（TMR2CN 寄存器）置 1。如果此时 T2 允许中断且 TF2LEN 位为 1，则也会引起溢出中断。在处理溢出中断的开始部分，可以通过分支程序判断中断是由 TF2H 还是 TF2L 引起的，并进入不同的分支程序进行处理，TF2H 和 TF2L 溢出标志需要由软件清 0。时钟 TCLK 可来源于 SYSCLK、SYSCLK/12 或外部时钟/8，其多路开关受到 T2XCLK（TMR2CN 寄存器）和 T2ML（CKCON 寄存器）这两位的控制，TR2 位（TMR2CN 寄存器）为计数脉冲的门控位。

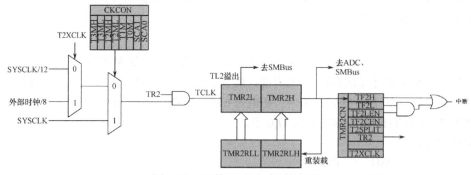

图 2-26 T2 的 16 位方式原理框图

T2 工作于 8 位方式时，其原理框图如图 2-27 所示。计数寄存器包括 2 个独立的 8 位计数器 TMR2L 和 TMR2H，程序可以写入 TMR2L 和 TMR2H 赋计数初值，可读出 TMR2L 和 TMR2H 获取当前计数值。在每个 TCLK 脉冲到来时，计数器由硬件自动加 1，当计数值为全 1（0xFF）时，再来一个脉冲会引起溢出，此时由硬件对 TF2H 位或 TF2L 位（TMR2CN 寄存器）置 1。TF2H 置 1 时，如果此时 T2 的中断是允许的，则会引起 T2 中断；TF2L 置 1 时，如果此时 T2 的中断允许且 TF2LEN 为 1，则也会引起 T2 中断。在处理溢出中断的开始部分时，必须判断中断是由 TF2H 还是 TF2L 引起的，并进入不同的分支程序进行处理，TF2H 和 TF2L 溢出标志需要由软件清 0。溢出时，硬件自动复制 TMR2RLL 和 TM2RLH 寄存器的值到 TMR2L 和 TMR2H，作为下次计数的初值。时钟 TCLK 可来源于 SYSCLK、SYSCLK/12 或外部时钟/8，其多路开关受到 T2XCLK（TMR2CN 寄存器）、T2ML 和 T2MH（CKCON 寄存器）这 3 个位的控制，TR2 位（TMR2CN 寄存器）为计数脉冲的门控位，仅对 TMR2H 计数器有效。

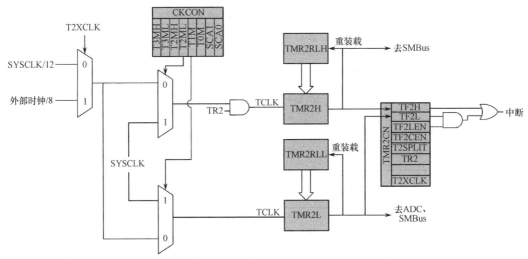

图 2-27 T2 的 8 位方式原理框图

定时/计数器 T2 相关寄存器的定义如图 2-28 至图 2-32 所示。

R/W	R/W	R/W	R/W	R/W	R/W	R/W	R/W
TF2H	TF2L	TF2LEN	TF2CEN	T2SPLIT	TR2	—	T2XCLK
位 7	位 6	位 5	位 4	位 3	位 2	位 1	位 0

复位值：00000000　　SFR 地址：0xC8　　SFR 页：所有页

位 7：TF2H，定时/计数器 T2 高字节溢出标志位。

当 T2 高字节发生溢出时（从 0xFF 到 0x00），由硬件置 1。在 16 位方式，当 T2 发生溢出时从 0xFFFF 变为 0x0000），由硬件置 1。当 T2 中断被允许时，该位置 1 将导致单片机转向 T2 的中断服务程序。该位不由硬件自动清 0，必须由软件清 0。

位 6：TF2L，定时/计数器 T2 低字节溢出标志位。

当 T2 低字节发生溢出时（从 0xFF 到 0x00），由硬件置 1。当 T2 中断被允许且 TF2LEN 位被置 1 时，该位置 1 将产生中断。TF2L 在低字节溢出时置位，与 T2 的工作方式无关。该位不由硬件自动清 0，必须由软件清 0。

位 5：TF2LEN，定时/计数器 T2 低字节中断允许位。该位允许/禁止 T2 低字节中断。如果 TF2LEN 被置 1 且 T2 中断被允许（IE.5），则当 T2 低字节发生溢出时，将产生一个中断。当 T2 工作在 16 位方式时，该位应被清 0。

　　0：禁止 T2 低字节中断。

　　1：允许 T2 低字节中断。

位 4：TF2CEN，定时/计数器 T2 低频振荡器捕捉使能位。

图 2-28 定时/计数器 T2 控制寄存器 TMR2CN 的定义

该位允许/禁止 T2 低频振荡器捕捉方式。如果 TF2CEN 被置 1 且 T2 中断被允许，则在低频振荡器输出的下降沿产生中断，TMR2H:TMR2L 中的 16 位定时器值被复制到 TMR2RLH:TMR2RLL。

> 0：禁止 T2 低频振荡器捕捉方式。
>
> 1：使能 T2 低频振荡器捕捉方式。

位 3：T2SPLIT，定时/计数器 T2 双 8 位方式使能位。当该位被置 1 时，T2 工作在双 8 位自动重装载定时器方式。

> 0：T2 工作在 16 位自动重装载方式。
>
> 1：T2 工作在双 8 位自动重装载定时器方式。

位 2：TR2，定时/计数器 T2 运行控制位，该位允许/禁止 T2。在 8 位方式，该位只控制 TMR2H，TMR2L 总处于运行状态。

> 0：T2 禁止。
>
> 1：T2 允许。

位 1：未用。读=0b，写=忽略。

位 0：T2XCLK：定时/计数器 T2 外部时钟选择位，该位选择 T2 的外部时钟源。

如果 T2 工作在 8 位方式，则该位为两个 8 位定时器选择外部时钟源，但仍可用 T2 时钟选择位（CKCON 中的 T2MH 和 T2ML）在外部时钟和 SYSCLK 之间作出选择。

> 0：T2 外部时钟为 SYSCLK/12。
>
> 1：T2 外部时钟使用 T2RCLK 位定义的时钟。注意：外部时钟/8 与 SYSCLK 同步。

图 2-28　定时/计数器 T2 控制寄存器 TMR2CN 的定义（续）

R/W	R/W	R/W	R/W	R/W	R/W	R/W	R/W
位 7	位 6	位 5	位 4	位 3	位 2	位 1	位 0

复位值：00000000　　SFR 地址：0xCA　　SFR 页：所有页

位 7～0：保持定时/计数器 T2 重装载值的低字节位。

图 2-29　定时/计数器 T2 重装载低字节寄存器 TMR2RLL 的定义

R/W	R/W	R/W	R/W	R/W	R/W	R/W	R/W
位 7	位 6	位 5	位 4	位 3	位 2	位 1	位 0

复位值：00000000　　SFR 地址：0xCB　　SFR 页：所有页

位 7～0：保持定时/计数器 T2 重装载值的高字节位。

图 2-30　定时/计数器 T2 重装载高字节寄存器 TMR2RLH 的定义

R/W	R/W	R/W	R/W	R/W	R W	R/W	R/W
位 7	位 6	位 5	位 4	位 3	位 2	位 1	位 0

复位值：00000000　　SFR 地址：0xCC　　SFR 页：所有页

位 7～0：在 16 位方式，TMR2L 寄存器保持 16 位定时/计数器 T2 的低字节；在 8 位方式，TMR2L 寄存器保持 8 位低字节定时器的计数值。

图 2-31　定时/计数器 T2 低字节寄存器 TMR2L 的定义

R/W	R/W	R/W	R/W	R/W	R/W	R/W	R/W
位 7	位 6	位 5	位 4	位 3	位 2	位 1	位 0

复位值：00000000　　SFR 地址：0xCD　　SFR 页：所有页

位 7～0：在 16 位方式，TMR2H 寄存器保持 16 位定时/计数器 T2 的高字节。在 8 位方式，TMR2H 寄存器保持 8 位高字节定时器的计数值。

图 2-32　定时/计数器 T2 高字节寄存器 TMR2H 的定义

定时/计数器 T3 与 T2 基本相同，读者可以参考图 2-33 和图 2-34 自行分析，相关寄存器的定义如图 2-35 至图 2-39 所示。

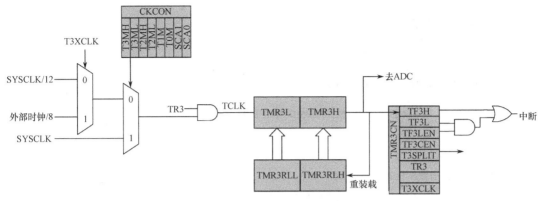

图 2-33　T3 的 16 位方式原理框图

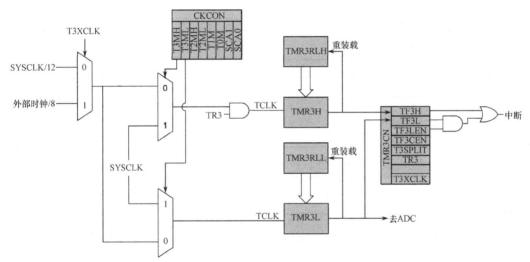

图 2-34　T3 的 8 位方式原理框图

R/W	R/W	R/W	R/W	R/	R/W	R/W	R/W
TF3H	TF3L	TF3LEN	TF3CEN	T3SPLIT	TR3	—	T3XCLK
位 7	位 6	位 5	位 4	位 3	位 2	位 1	位 0

复位值：00000000　　　SFR 地址：0x91　　　SFR 页：所有页

位 7：TF3H，定时/计数器 T2 高字节溢出标志位。

　　当 T3 高字节发生溢出时（从 0xFF 到 0x00），由硬件置 1。在 16 位方式，当 T3 发生溢出时从 0xFFFF 变为 0x0000），由硬件置 1。当 T3 中断被允许时，该位置 1 将导致单片机转向 T3 的中断服务程序。该位不由硬件自动清 0，必须由软件清 0。

位 6：TF3L，定时/计数器 T3 低字节溢出标志位。

　　当 T3 低字节发生溢出时（从 0xFF 到 0x00），由硬件置 1。当 T3 中断被允许且 TF3LEN 位被置 1 时，该位置 1 将产生中断。TF3L 在低字节溢出时置位，与 T3 的工作方式无关。该位不由硬件自动清 0，必须由软件清 0。

位 5：TF3LEN，定时/计数器 T3 低字节中断允许位。

　　该位允许/禁止 T3 低字节中断。如果 TF3LEN 被置 1 且 T3 中断被允许，则当 T3 低字节发生溢出时，将产生一个中断。当 T3 工作在 16 位方式时，该位应被清 0。

　　0：禁止 T3 低字节中断。

　　1：允许 T3 低字节中断。

图 2-35　定时/计数器 T3 控制寄存器 TMR3CN 的定义

位 4：TF3CEN，定时/计数器 T3 低频振荡器捕捉使能位。

　　该位允许/禁止 T3 低频振荡器捕捉方式。如果 TF3CEN 被置 1 且 T3 中断被允许，则在低频振荡器输出的下降沿产生中断，TMR3H:TMR3L 中的 16 位定时器值被复制到 TMR3RLH:TMR3RLL。

　　　　0：禁止 T3 低频振荡器捕捉方式。

　　　　1：使能 T3 低频振荡器捕捉方式。

位 3：T3SPLIT，定时/计数器 T3 双 8 位方式使能位。

　　当该位被置 1 时，T3 工作在双 8 位自动重装载定时器方式。

　　　　0：T3 工作在 16 位自动重装载方式。

　　　　1：T3 工作在双 8 位自动重装载定时器方式。

位 2：TR3，定时/计数器 T3 运行控制位。

　　该位允许/禁止 T3。在 8 位方式，该位只控制 TMR3H，TMR3L 总处于运行状态。

　　　　0：T3 禁止。

　　　　1：T3 允许。

位 1：未用。读=0b，写=忽略。

位 0：T3XCLK：定时/计数器 T3 外部时钟选择位。

　　该位选择 T3 的外部时钟源。如果 T3 工作在 8 位方式，则该位为两个 8 位定时器选择外部时钟源，但仍可用 T3 时钟选择位（CKCON 中的 T3MH 和 T3ML）在外部时钟和 SYSCLK 之间作出选择。

　　　　0：T3 外部时钟为 SYSCLK/12。

　　　　1：T3 外部时钟使用 T2RCLK 位定义的时钟。注意：外部时钟/8 与 SYSCLK 同步。

图 2-35　定时/计数器 T3 控制寄存器 TMR3CN 的定义（续）

R/W	R/W	R/W	R/W	R/W	R/W	R/W	R/W
位 7	位 6	位 5	位 4	位 3	位 2	位 1	位 0

复位值：00000000　　　SFR 地址：0x92　　　SFR 页：所有页

位 7～0：保持定时/计数器 T3 重装载值的低字节位。

图 2-36　定时/计数器 T3 重装载低字节寄存器 TMR3RLL 的定义

R/W	R/W	R/W	R/W	R/W	R/W	R/W	R/W
位 7	位 6	位 5	位 4	位 3	位 2	位 1	位 0

复位值：00000000　　　SFR 地址：0x93　　　SFR 页：所有页

位 7～0：保持定时/计数器 T3 重装载值的高字节位。

图 2-37　定时/计数器 T3 重装载高字节寄存器 TMR3RLH 的定义

R/W	R/W	R/W	R/W	R/W	R/W	R/W	R/W
位 7	位 6	位 5	位 4	位 3	位 2	位 1	位

复位值：00000000　　　SFR 地址：0x94　　　SFR 页：所有页

位 7～0：在 16 位方式，TMR3L 寄存器保持 16 位定时/计数器 T3 的低字节；在 8 位方式，TMR3L 寄存器保持 8 位低字节定时器的计数值。

图 2-38　定时/计数器 T3 低字节寄存器 TMR3L 的定义

R/W	R/W	R/W	R/W	R/W	R/W	R/W	R/W
位 7	位 6	位 5	位 4	位 3	位 2	位 1	位 0

复位值：00000000　　　SFR 地址：0x95　　　SFR 页：所有页

位 7～0：在 16 位方式，TMR3H 寄存器保持 16 位定时/计数器 T3 的高字节；在 8 位方式，TMR3H 寄存器保持 8 位高字节定时器的计数值。

图 2-39　定时/计数器 T3 高字节寄存器 TMR2H 的定义

2.3 可编程定时/计数器阵列（PCA）

可编程定时/计数器阵列（PCA）提供增强的定时器功能，与 MCS-51 单片机的定时/计数器相比，它需要较少的 CPU 干预。PCA 包括 1 个专用的 16 位定时/计数器和 6 个 16 位捕捉/比较模块，其原理框图如图 2-40 所示。每个捕捉/比较模块都有各自的方式寄存器，可独立于其他模块工作，只要任何一个模块的服务程序不影响 16 位定时/计数器的启停和初值，它们就可以和平共处。16 位定时/计数器的时基信号可通过编程在 6 个时钟源中选择：系统时钟（SYSCLK）、系统时钟/4、系统时钟/12、外部时钟/8、定时/计数器 T0 溢出或 ECI 输入引脚上的外部时钟信号。每个捕捉/比较模块有其各自的 I/O 线（CEXn），被允许（使能）时，I/O线通过交叉开关连接到 I/O 端口。

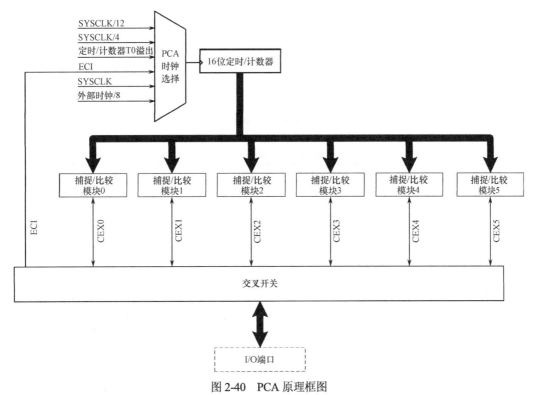

图 2-40　PCA 原理框图

2.3.1　PCA 定时/计数器

PCA 定时/计数器的原理框图如图 2-41 所示。16 位 PCA 定时/计数器由低字节 PCA0L 和高字节 PCA0H 这两个 8 位特殊功能寄存器组成。PCA 定时/计数器在时基信号作用下，计数值不断变化，读取 16 位计数值时，应先读 PCA0L 寄存器。在读 PCA0L 时，"瞬像寄存器"自动锁存 PCA0H 的值。随后读 PCA0H 时，将访问这个"瞬像寄存器"而不是 PCA0H 本身。先读 PCA0L 寄存器，可以保证正确读取整个 16 位计数值。读 PCA0H 或 PCA0L 不影响计数器工作。PCA 定时/计数器的时基由 PCA0MD 寄存器中的 CPS2～CPS0 位设置，见表 2-2。

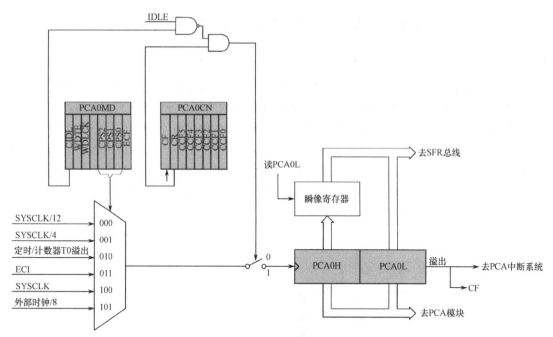

图 2-41 PCA 定时/计数器的原理框图

表 2-2 时基输入选择

CPS2	CPS1	CPS0	时　基
0	0	0	系统时钟的 12 分频
0	0	1	系统时钟的 4 分频
0	1	0	定时/计数器 T0 溢出
0	1	1	ECI 下降沿（最大速率=系统时钟频率/4）
1	0	0	系统时钟
1	0	1	外部时钟 8 分频*
1	1	0	保留
1	1	1	保留

*注：外部时钟 8 分频与系统时钟同步。

2.3.2 捕捉/比较模块

PCA 中断系统原理框图如图 2-42 所示。PCA 有多个中断源：定时/计数器 T0 溢出（从 0xFFFF 变为 0x0000）中断，其中断标志为 CF；捕捉/比较模块中断，其中断标志为 CCFn（n=0～5，共 6 个，对应 6 个捕捉/比较模块）。由图 2-42 可见，PCA 中断得到响应，应同时满足以下条件：

① 中断请求，即对应中断标志为 1（包括 CF 和 CCFn）；

② 对应中断允许，寄存器 PCA0MD 中的 ECF 位置 1（允许 CF 中断），寄存器 PCA0CPMn 中的 ECCFn 位置 1（允许捕捉/比较中断）；

③ 扩展中断允许寄存器 EIE1 中的 EPCA0（EIE1.4）置 1；

④ 中断允许寄存器 IE 中的 EA 位（IE.7）置 1。

PCA 中断响应后，相关中断标志需由软件清 0。清除 PCA0MD 寄存器中的 CIDL 位将允许 PCA 在 CIP-51 内核处于空闲方式时继续正常工作。

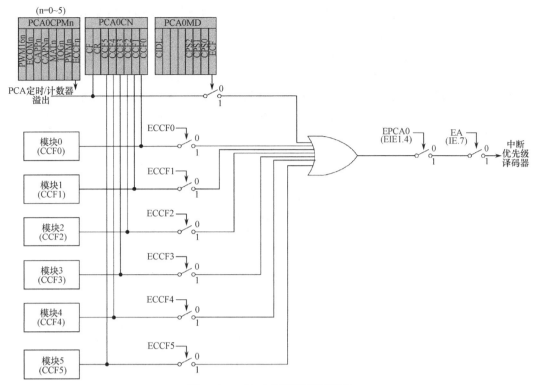

图 2-42   PCA 中断系统原理框图

每个捕捉/比较模块都可被配置为独立工作，都有 6 种工作方式：边沿触发捕捉、软件定时器（比较）、高速输出、频率输出、8 位 PWM 和 16 位 PWM。每个捕捉/比较模块在 CIP-51 内核中都有属于自己的特殊功能寄存器（SFR），这些寄存器用于配置模块的工作方式和与模块交换数据。

PCA0CPMn 寄存器用于配置捕捉/比较模块的工作方式，见表 2-3。

表 2-3   捕捉/比较模块的 PCA0CPM 寄存器设置

PWM16	ECOM	CAPP	CAPN	MAT	TOG	PWM	ECCF	工作方式
×	×	1	0	0	0	0	×	用 CEXn 的上升沿触发捕捉
×	×	0	1	0	0	0	×	用 CEXn 的下降沿触发捕捉
×	×	1	1	0	0	0	×	用 CEXn 的跳变触发捕捉
×	1	0	0	1	0	0	×	软件定时器（比较）
×	1	0	0	1	1	0	×	高速输出
×	1	0	0	0	1	1	×	频率输出
0	1	0	0	0	0	1	0	8 位 PWM
1	1	0	0	0	0	1	0	16 位 PWM

2.3.3   边沿触发捕捉方式

边沿触发捕捉方式的原理框图如图 2-43 所示，当 CEXn 引脚上出现的有效电平跳变时，PCA 捕捉 16 位定时/计数器的值并将其保存到相应模块的 16 位捕捉/比较寄存器（PCA0CPLn 和 PCA0CPHn）中。PCA0CPMn 寄存器中的 CAPPn 和 CAPNn 位用于选择触发捕捉的电平变化类型：低电平到高电平（上升沿）、高电平到低电平（下降沿）或任何变化（上升沿或下降沿）。当捕捉发生时，PCA0CN中的捕捉/比较标志（CCFn）被硬件置为1，并产生一个中断请求（若CCF中断被允许）。当CPU转向中断服务程序时，CCFn位不能被硬件自动清0，必须用软件清0。如果CAPPn和CAPNn位都被置为1，则可以通过直接读CEXn对应引脚的状态来确定本次捕捉是由上升沿触发还是由下降沿触发的，再通过软件判断，分支程序处理不同的边沿。CEXn输入信号的高、低电平必须至少保持2个系统时钟周期，以确保能被硬件识别。

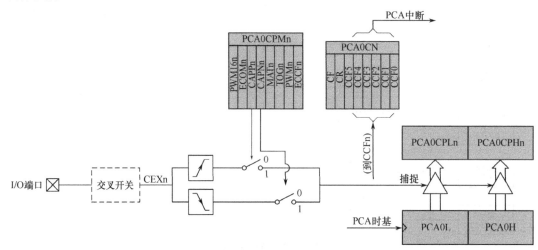

图2-43 边沿触发捕捉方式的原理框图

2.3.4 软件定时器（比较）方式

软件定时器（比较）方式的原理框图如图2-44所示，PCA将16位定时/计数器的计数值与模块的16位捕捉/比较寄存器（PCA0CPHn和PCA0CPLn）进行比较。当发生匹配时，PCA0CN中的捕捉/比较标志（CCFn）被硬件置1并产生1个中断请求（若CCF中断被允许）。当CPU转向中断服务程序时，CCFn位不能被硬件自动清0，必须由软件清0。置位PCA0CPMn

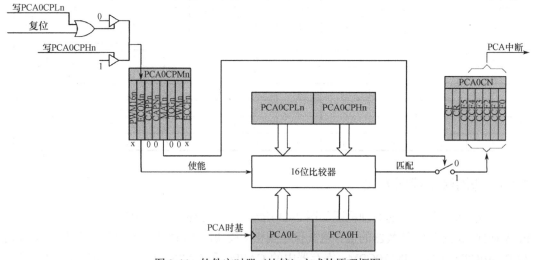

图2-44 软件定时器（比较）方式的原理框图

寄存器中的 ECOMn 和 MATn 位，将使能软件定时器方式。需要注意，当向 PCA0 的捕捉/比较寄存器写入一个 16 位数据时，应先写低字节，再写高字节，即采用 Intel 数据格式。向 PCA0CPLn 写入时，将 ECOMn 位清 0；向 PCA0CPHn 写入时，将 ECOMn 位置 1，保证写完高字节后才开始比较匹配。

2.3.5　高速输出方式

高速输出方式的原理框图如图 2-45 所示，当 PCA 定时/计数器与模块的 16 位捕捉/比较寄存器（PCA0CPHn 和 PCA0CPLn）发生匹配时，模块的 CEXn 引脚上的逻辑电平将发生变化。置位 PCA0CPMn 寄存器中的 TOGn、MATn 和 ECOMn 位，将使能高速输出方式。与软件定时器（比较）方式类似，对 PCA0 的捕捉/比较寄存器写入 16 位数据时，采用 Intel 数据格式。当模块进入高速输出方式时，初始输出状态为 1。

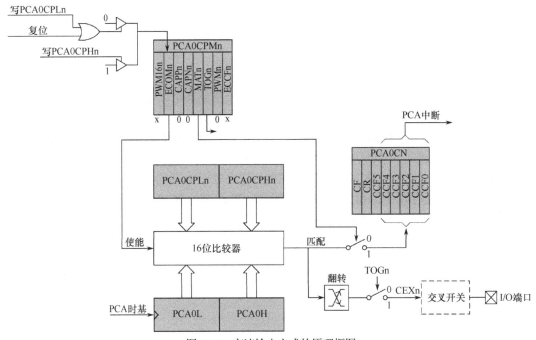

图 2-45　高速输出方式的原理框图

2.3.6　频率输出方式

频率输出方式的原理框图如图 2-46 所示，在对应 CEXn 引脚产生可编程频率的方波。捕捉/比较寄存器的高字节保存输出电平改变前要计的 PCA 时钟数。所产生的频率为

$$F_{CEXn} = \frac{F_{PCA}}{2 \times PCA0CPHn} \tag{2-1}$$

（注：式中 PCA0CPHn 取 0x00 时，相当于 256。）

式中，F_{PCA} 是由 PCA 方式寄存器 PCA0MD 中 CPS2～0 位选择的 PCA 时基频率；F_{CEXn} 是 I/O 引脚输出的频率。

捕捉/比较模块的低字节与 PCA 的 16 位定时/计数器的低字节比较；两者匹配时，CEXn 的电平发生翻转，高字节中的偏移值被加到 PCA0CPLn。通过将 PCA0CPMn 寄存器中

ECOMn、TOGn 和 PWMn 位置 1，来使能频率输出方式。与软件定时器（比较）方式类似，对 PCA0 的捕捉/比较寄存器写入 16 位数据时，采用 Intel 数据格式。

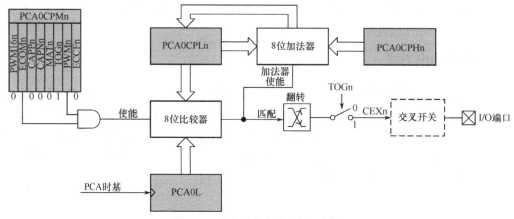

图 2-46　频率输出方式的原理框图

2.3.7　8 位 PWM 方式

8 位 PWM 方式的原理框图如图 2-47 所示，每个模块都可以独立地用于在对应的 CEXn 引脚产生脉宽调制（PWM）输出。PWM 输出的频率取决于 PCA 定时/计数器的时基。使用模块的捕捉/比较寄存器 PCA0CPLn，可以改变 PWM 输出信号的占空比。当 PCA 定时/计数器的低字节（PCA0L）与 PCA0CPLn 中的值相等时，CEXn 引脚上的输出被置 1；当 PCA0L 中的计数值溢出时，CEXn 输出被复位。当 PCA 位定时/计数器的低字节 PCA0L 溢出时（从 0xFF 到 0x00），保存在 PCA0CPHn 中的值被自动装入 PCA0CPLn，不需软件干预。通过将 PCA0CPMn 寄存器中的 ECOMn 和 PWMn 位置 1，将使能 8 位 PWM 方式。8 位 PWM 方式的占空比为

$$占空比 = \frac{256 - PCA0CPHn}{256} \tag{2-2}$$

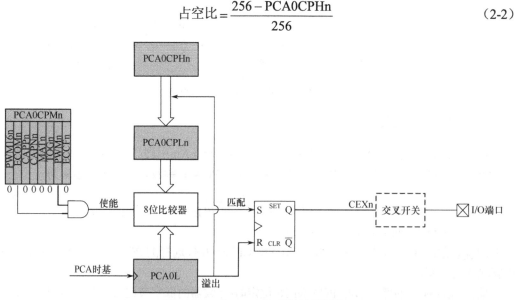

图 2-47　8 位 PWM 方式的原理框图

由式（2-2）可知，最大占空比为 100%（PCA0CPHn=0 时），最小占空比为 0.39%（PCA0CPHn=0xFF 时），控制精度为 0.39%。可以通过 ECOMn 位清 0 产生 0% 占空比。与软件定时器（比较）方式类似，对 PCA0 的捕捉/比较寄存器写入 16 位数据时，采用 Intel 数据格式。

2.3.8　16 位 PWM 方式

16 位 PWM 方式的原理框图如图 2-48 所示，16 位捕捉/比较模块定义 PWM 信号低电平时间的 PCA 时钟数。当 PCA 计数器与模块的值匹配时，CEXn 引脚的输出被置为高电平；当计数器溢出时，CEXn 引脚的输出被置为低电平。为了输出一个占空比可变的波形，新值的写入应与 PCA 的 CCFn 匹配中断同步。通过将 PCA0CPMn 寄存器中的 ECOMn、PWMn 和 PWM16n 位置 1，来使能 16 位 PWM 方式。为了得到可变的占空比，应允许匹配中断（ECCFn=1 且 MATn=1），以同步对捕捉/比较寄存器的写操作。16 位 PWM 方式的占空比为

$$占空比 = \frac{65536 - PCA0CPn}{65536} \tag{2-3}$$

由式（2-3）可知，最大占空比为 100%（PCA0CPn=0 时），最小占空比为 0.0015%（PCA0CPn=0xFFFF 时），控制精度为 0.0015%，可以通过 ECOMn 位清 0 产生 0% 的占空比。与软件定时器（比较）方式类似，对 PCA0 的捕捉/比较寄存器写入 16 位数据时，采用 Intel 数据格式。

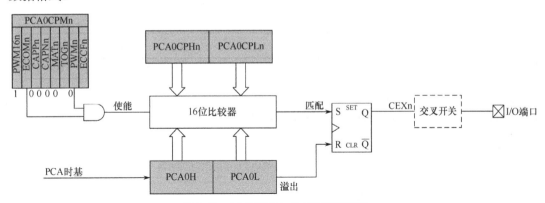

图 2-48　16 位 PWM 方式的原理框图

2.3.9　PCA 相关寄存器的定义

PCA 相关寄存器的定义如图 2-49 至图 2-55 所示。

R/W	R/W	R/W	R/W	R/W	R/W	R/W	R/W
CF	CR	CCF5	CCF4	CCF3	CCF2	CCF1	CCF0
位 7	位 6	位 5	位 4	位 3	位 2	位 1	位 0

复位值：00000000　　　SFR 地址：0xD8（可位寻址）　　　SFR 页：所有页

位 7：CF，PCA 定时/计数器溢出标志位。

当 PCA 定时/计数器从 0xFFFF 到 0x0000 溢出时，由硬件置位。在定时/计数器溢出（CF）中断被允许时，该位置 1 将导致 CPU 转向 PCA 中断服务程序。

该位不能由硬件自动清 0，必须用软件清 0。

图 2-49　PCA 控制寄存器 PCA0CN 的定义

位 6：CR，PCA 定时/计数器运行控制位，该位允许/禁止 PCA 定时/计数器。

    0：禁止 PCA 定时/计数器。

    1：允许 PCA 定时/计数器。

位 5：CCF5，PCA 模块 5 捕捉/比较标志位。

    在发生一次匹配或捕捉时，该位由硬件置位。当 CCF5 中断被允许时，该位置 1 将导致 CPU 转向 PCA 中断服务程序。该位不能由硬件自动清 0，必须用软件清 0。

位 4：CCF4，PCA 模块 4 捕捉/比较标志位。

    在发生一次匹配或捕捉时，该位由硬件置位。当 CCF4 中断被允许时，该位置 1 将导致 CPU 转向 PCA 中断服务程序。该位不能由硬件自动清 0，必须用软件清 0。

位 3：CCF3，PCA 模块 3 捕捉/比较标志位。

    在发生一次匹配或捕捉时，该位由硬件置位。当 CCF3 中断被允许时，该位置 1 将导致 CPU 转向 PCA 中断服务程序。该位不能由硬件自动清 0，必须用软件清 0。

位 2：CCF2，PCA 模块 2 捕捉/比较标志位。

    在发生一次匹配或捕捉时，该位由硬件置位。当 CCF2 中断被允许时，该位置 1 将导致 CPU 转向 PCA 中断服务程序。该位不能由硬件自动清 0，必须用软件清 0。

位 1：CCF1，PCA 模块 1 捕捉/比较标志位。

    在发生一次匹配或捕捉时，该位由硬件置位。当 CCF1 中断被允许时，该位置 1 将导致 CPU 转向 PCA 中断服务程序。该位不能由硬件自动清 0，必须用软件清 0。

位 0：CCF0：PCA 模块 0 捕捉/比较标志位。

    在发生一次匹配或捕捉时，该位由硬件置位。当 CCF0 中断被允许时，该位置 1 将导致 CPU 转向 PCA 中断服务程序。该位不能由硬件自动清 0，必须用软件清 0。

图 2-49　PCA 控制寄存器 PCA0CN 的定义（续）

R/W	R/W	R/W	R/W	R/W	R/W	R/W	R/W
CIDL	WDTE	WDLCK	—	CPS2	CPS1	CPS0	ECF
位 7	位 6	位 5	位 4	位 3	位 2	位 1	位 0

复位值：00000000　　SFR 地址：0xD9　　SFR 页：所有页

位 7：CIDL，PCA 定时/计数器空闲控制位，用于设置 CPU 空闲方式下的 PCA 工作方式。

    0：当系统控制器处于空闲方式时，PCA 继续正常工作。

    1：当系统控制器处于空闲方式时，PCA 停止工作。

位 6：WDTE，看门狗定时器使能位。如果该位被置 1，则 PCA 模块 5 被用作看门狗定时器。

    0：看门狗定时器被禁止。

    1：PCA 模块 5 被用作看门狗定时器。

位 5：WDLCK，看门狗定时器锁定位。该位对看门狗定时器使能位锁定/解锁。当 WDLCK 被置 1 时，在发生下一次系统复位之前，将不能禁止 WDT。

    0：看门狗定时器使能位未被锁定。

    1：锁定看门狗定时器使能位。

位 4：未用。读=0b，写=忽略。

位 3～1：CPS[2:0]，PCA 定时/计数器时钟选择位，这些位选择 PCA 定时/计数器的时钟源，见表 2-2。

位 0：ECF，PCA 定时/计数器溢出中断允许位。该位是 PCA 定时/计数器溢出（CF）中断的屏蔽位。

    0：禁止 CF 中断。

    1：当 CF（PCA0CN.7）被置位时，允许 PCA 定时/计数器溢出的中断请求。

注：当 WDTE 位被置 1 时，不能改变 PCA0MD 寄存器的值。若要改变 PCA0MD 的内容，必须先禁止看门狗定时器。

图 2-50　PCA 方式寄存器 PCA0MD 的定义

R/W	R/W	R/W	R/W	R/W	R/W	R/W	R/W
PWM16n	EC Mn	CAPPn	CAPNn	MATn	TOGn	PWMn	ECCFn
位 7	位 6	位 5	位 4	位 3	位 2	位 1	位 0

复位值: 00000000

SFR 地址: PCA0CPM0: 0xDA, PCA0CPM1:0xDB, PCA0CPM2:0xDC, PCA0CPM3:0xDD, PCA0CPM4:0xDE, PCA0CPM5:0xDF

SFR 页: 所有页

位 7: PWM16n, 16 位 PWM 使能位。当 PWM 方式被使能时 (PWMn=1), 该位选择 16 位 PWM 方式。

      0: 选择 8 位 PWM。

      1: 选择 16 位 PWM。

位 6: ECOMn, 比较器功能使能位。该位使能/禁止 PCA 模块 n 的比较器功能。

      0: 禁止。

      1: 使能。

位 5: CAPPn, 上升沿捕捉功能使能位。该位使能/禁止 PCA 模块 n 的上升沿捕捉。

      0: 禁止。

      1: 使能。

位 4: CAPNn, 下降沿捕捉功能使能位, 该位使能/禁止 PCA 模块 n 的下降沿捕捉。

      0: 禁止。

      1: 使能。

位 3: MATn, 匹配功能使能位, 该位使能/禁止 PCA 模块 n 的匹配功能。如果被使能, 则当 PCA 定时/计数器与一个模块的捕捉/比较寄存器匹配时, PCA0MD 寄存器中的 CCFn 位被置 1。

      0: 禁止。

      1: 使能。

位 2: TOGn, 电平切换功能使能位, 该位使能/禁止 PCA 模块 n 的电平切换功能。如果被使能, 则当 PCA 定时/计数器与一个模块的捕捉/比较寄存器匹配时, CEXn 引脚的逻辑电平发生切换。如果 PWMn 位也置 1, 则模块 n 将工作在频率输出方式。

      0: 禁止。

      1: 使能。

位 1: PWMn, PWM 方式使能位, 该位使能/禁止 PCA 模块 n 的 PWM 功能。当被使能时, CEXn 引脚输出 PWM 信号。PWM16n 为 0 时, 使用 8 位 PWM 方式; PWM16n 为 1 时, 使用 16 位 PWM 方式。如果 TOGn 位也被置 1, 则模块 n 工作在频率输出方式。

      0: 禁止。

      1: 使能。

位 0: ECCFn, 捕捉/比较标志中断允许位, 该位设置捕捉/比较标志 (CCFn) 的中断屏蔽。

      0: 禁止 CCFn 中断。

      1: 当 CCFn 位被置 1 时, 允许捕捉/比较标志的中断请求。

图 2-51 PCA 模块 n 捕捉/比较寄存器 PCA0CPMn 的定义

R/W	R/W	R/W	R/W	R/W	R/W	R/W	R/W
位 7	位 6	位 5	位 4	位 3	位 2	位 1	位 0

复位值: 00000000   SFR 地址: 0xF9   SFR 页: 所有页

位 7~0: 保存 16 位 PCA 定时/计数器的低字节 (LSB)。

图 2-52 PCA 定时/计数器低字节寄存器 PCA0L 的定义

R/W	R/W	R/W	R/W	R/W	R/W	R/W	R/W
位 7	位 6	位 5	位 4	位 3	位 2	位 1	位 0

复位值: 00000000   SFR 地址: 0xFA   SFR 页: 所有页

位 7~0: 保存 16 位 PCA 定时/计数器的高字节 (MSB)。

图 2-53 PCA 定时/计数器高字节寄存器 PCA0H 的定义

R/W	R/W	R W	R/W	R/W	R/W	R/W	R/W
位 7	位 6	位 5	位 4	位 3	位 2	位 1	位 0

复位值：00000000

SFR 地址：PCA0CPL0:0xFB，PCA0CPL1:0xE9，PCA0CPL2:0xEB，PCA0CPL3:0xED，PCA0CPL4:0xFD，PCA0CPL5:0xF5

SFR 页：所有页

位 7～0：保存 16 位捕捉/比较模块 n 的低字节（LSB）

图 2-54　PCA 模块 n 捕捉/比较低字节寄存器 PCA0CPLn 的定义

R/W	R/W	R/W	R/W	R/	R/W	R/W	R/W
位 7	位 6	位 5	位 4	位 3	位 2	位 1	位 0

复位值：00000000

SFR 地址：PCA0CPH0:0xFC，PCA0CPH1:0xEA，PCA0CPH2:0xEC，PCA0CPH3:0xEE，PCA0CPH4:0xFE，PCA0CPH5:0xF6

SFR 页：所有页

位 7～0：保存 16 位捕捉/比较模块 n 的高字节（MSB）

图 2-55　PCA 模块 n 捕捉/比较高字节寄存器 PCA0CPHn 的定义

2.3.10　PCA 应用举例

【例 2-2】利用 PCA0 的边沿触发捕捉方式实现对低频方波的周期测量。

当信号频率较低时，测量信号的周期比测量频率有更高的精度。用 PCA0 的边沿触发捕捉方式测量信号的周期，可以采用上升沿（或下降沿）触发，相邻两次触发时刻的 16 位捕捉/比较寄存器 PCA0CPLn 和 PCA0CPHn 的差值就是周期（用 PCA 时基脉冲的周期数表示），被测信号的周期应小于 $65536 \times T_{\text{PCA 时基}}$，对于较高频率可结合 PCA 溢出中断处理，请读者自行思考，相关参考程序如下：

```
#include <absacc.h>
unsigned int PCATIME1,PCATIME0,TCYC;
void pcainit(void)                      //PCA 初始化
    {
        PCA0CN=0x40;                    //允许 PCA 定时/计数器
        PCA0MD=0x00;                    //选择系统时钟 12 分频为 PCA 时基
        PCA0CPM0=0x11;                  //下降沿触发，允许捕捉/比较中断
    }

void intinit()                          //中断初始化
{
    EIE1=EIE1|0X10;                     //EPCA0=1
    EA=1;
}
void pca() interrupt 11
    {
        CCF0=0;                         //中断标志清 0
        PCATIME1=PCA0CPH0*256+PCA0CPL0; //取 16 位定时值
        TCYC=PCATIME1-PCATIME0;         //计算周期
        PCATIME0=PCATIME1;
    }
```

```
void main()
{
    pcainit();
    intinit();
}
```

【例2-3】利用 PCA0 的软件定时器(比较)方式在 P3.0～P3.5 引脚分别输出 500Hz、800Hz、1000Hz、1300Hz、1600Hz、1700Hz 的方波信号。

利用 PCA0 的软件定时器(比较)方式构建 6 个定时器,产生 6 种不同频率的方波。假设 PCA0 的时基为系统时钟 12 分频($T_{\text{PCA 时基}}$=1μs),6 个定时器的时间常数分别为

$$T_0 = \frac{1000000}{500} \div 2 = 1000, \quad T_1 = \frac{1000000}{800} \div 2 = 625, \quad T_2 = \frac{1000000}{1000} \div 2 = 500$$

$$T_3 = \frac{1000000}{1300} \div 2 \approx 385, \quad T_4 = \frac{1000000}{1600} \div 2 \approx 313, \quad T_5 = \frac{1000000}{1700} \div 2 \approx 294$$

相关参考程序如下(主程序请自行思考):

```
#include <c8051f360.h>
#include <stdio.h>
#include <absacc.h>
unsigned int t0=1000,t1=625,t2=500,t3=385,t4=313,t5=294;
sbit P30=P3^0;
sbit P31=P3^1;
sbit P32=P3^2;
sbit P33=P3^3;
sbit P34=P3^4;
sbit P35=P3^5;
void pcainit(void)              //PCA 初始化
    {
        PCA0MD=0x00;            //选择系统时钟 12 分频为 PCA 时基
        PCA0CPM0=0x49;          //软件定时器(比较)模式,允许捕捉/比较中断
        PCA0CPM1=0x49;
        PCA0CPM2=0x49;
        PCA0CPM3=0x49;
        PCA0CPM4=0x49;
        PCA0CPM5=0x49;
        PCA0CN=0x40;            //允许 PCA 定时/计数器
    }
void pca() interrupt 11
    {
        if(CCF0==1)
        {
            CCF0=0;
            t0+=1000;
            PCA0CPL0=t0;PCA0CPH0=(t0>>8);
            P30=~P30;
        }
```

```
        if(CCF1==1)
            {
                CCF1=0;
                t1+=625;
                PCA0CPL1=t1;PCA0CPH1=(t1>>8);
                P31=~P31;
            }
            if(CCF2==1)
            {
                CCF2=0;
                t2+=500;
                PCA0CPL2=t2;PCA0CPH2=(t2>>8);
                P32=~P32;
            }
            if(CCF3==1)
            {
                CCF3=0;
                t3+=385;
                PCA0CPL3=t3;PCA0CPH3=(t3>>8);
                P33=~P33;
            }
            if(CCF4==1)
            {
                CCF4=0;
                t4+=313;
                PCA0CPL4=t4;PCA0CPH4=(t4>>8);
                P34=~P34;
            }
            if(CCF5==1)
            {
                CCF5=0;
                t5+=294;
                PCA0CPL5=t5;PCA0CPH5=(t5>>8);
                P35=~P35;
            }
        }
```

【例 2-4】利用 PCA0 高速输出模式在 P2.0 引脚产生占空比为 25%，频率为 2kHz 的方波信号。

根据要求，脉冲信号的高电平持续时间为 125μs，低电平持续时间为 375μs。将 CEX0 引脚通过交叉开关锁定到 P2.0 引脚。参考程序如下（主程序请自行思考）：

```
        #include <c8051f360.h>
        #include <stdio.h>
        #include <absacc.h>
        sbit P20=P2^0;
        unsigned int tt;
        void pcainit(void)                      //PCA 初始化
```

```
        {
            PCA0CN=0x40;              //允许 PCA 定时/计数器
            PCA0MD=0x00;              //选择系统时钟 12 分频为 PCA 时基（假设时基为 1μs）
            PCA0CPM0=0x4d;            //高速输出模式，允许捕捉/比较中断
        }
    void portinit(void)              //I/O 端口初始化
        {
            P2MDIN=0xff;             //P2 设置为数字量输入
            P2MDOUT=0xff;            //P2 设置为推挽方式输出
            P2SKIP=0xfe;             //P2.0 不被交叉开关跳过
            XBR1=0xc1;               //禁止弱上拉，交叉开关允许，CEX0 引脚设置为 P2.0 引脚
        }

    void pca() interrupt 11          //PCA 中断服务程序
        {
            CCF0=0;
            if(P20==0)
            {
                tt+=375;
                PCA0CPL0=tt;          //设置低电平持续时间为 375μs
                PCA0CPH0=(tt>>8);
            }
            else
            {
                tt+=125;
                PCA0CPL0=tt;          //设置高电平持续时间为 125μs
                PCA0CPH0=(tt>>8);
            }
        }
```

2.4 SMBus 总线

2.4.1 SMBus 原理

SMBus 总线是一种双线双向串行总线，符合 1.1 版系统管理总线规范，与 I^2C 串行总线兼容。系统控制器对接口的读/写操作是以字节为单位的，SMBus 接口硬件自动控制数据的并串转换及传输。作为主或从器件时，SMBus 接口传输数据的最大速率可达到系统时钟频率的 10%（取决于所使用的系统时钟，可能比 SMBus 的规定速度更快）。可以采用延长低电平时间的方法协调同一总线上不同速率的器件。

SMBus 接口可以工作在主方式或从方式，同一总线上可以有多个主器件。与 MCS-51 单片机通过软件模拟实现 I^2C 总线不同，SMBus 接口在硬件上提供了 SDA（串行数据）控制、SCL（串行时钟）产生及同步、仲裁逻辑及起始/停止的控制和产生电路。C8051F360 通过 3 个特殊功能寄存器实现对 SMBus 的控制：SMB0CF（配置 SMBus）、SMB0CN（控制 SMBus 的状态）和 SMB0DAT（数据寄存器，用于发送和接收 SMBus 数据和从器件的地址）。SMBus 原理框图如图 2-56 所示。

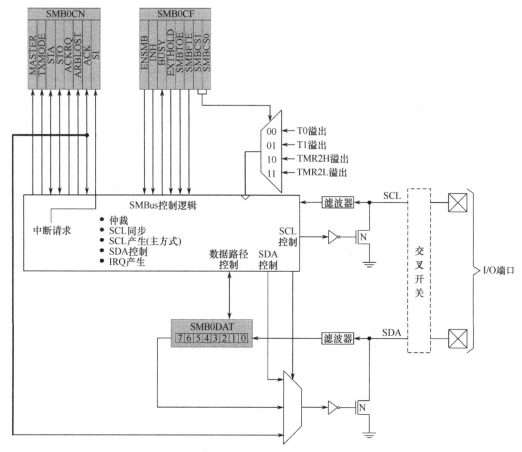

图 2-56　SMBus 原理框图

图 2-57 给出了一种典型 SMBus 接口的配置。SMBus 接口的工作电压可以在 3.0~5.0V，总线上不同器件的工作电压可以不同。SCL 线和 SDA 线是双向的，必须通过一个上拉电阻或类似电路将它们连接到电源。连接在总线上的每个器件的 SCL 和 SDA 都必须是漏极开路或集电极开路的，当总线空闲时，这两条线都被拉到高电平。总线上的最大器件数只受规定的上升和下降时间的限制，上升和下降时间分别不能超过 300ns 和 1000ns。

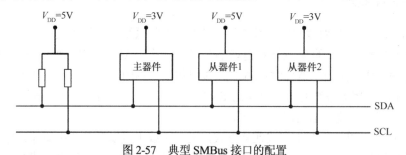

图 2-57　典型 SMBus 接口的配置

2.4.2　SMBus 协议

SMBus 接口支持两种可能的数据传输类型：写操作，即从主发送器到所寻址的从接收器；读操作，即从被寻址的从发送器到主接收器。这两种数据传输均由主器件启动，由主器件在

SCL 上提供串行时钟。同一总线上可以有多个主器件，如果两个或多个主器件同时启动数据传输，仲裁机制会确保仅有一个主器件获取总线控制权。没有必要在一个系统中指定某个器件作为主器件，任何一个发送起始条件（START）和从器件地址的器件就成为该次数据传输的主器件。

一次典型的 SMBus 数据传输包括一个起始条件（START）、一个地址字节（位 7-1：7 位从地址；位 0：R/W 方向位）、一个或多个字节的数据和一个停止条件（STOP）。每个接收的字节都必须用 SCL 高电平期间的 SDA 低电平（见图 2-58）来确认（ACK）。如果接收器件不确认，则发送器件将读到一个"非确认信号"（NACK），用 SCL 高电平期间的 SDA 高电平表示。

方向位占据地址字节的最低位。方向位被置 1 表示"读"（READ）操作，方向位为 0 表示"写"（WRITE）操作。

所有的数据传输都由主器件启动，可以寻址一个或多个目标从器件。主器件产生一个起始条件，然后发送从地址和方向位。如果本次数据传输是一个从主器件到从器件的写操作，则主器件每发送一个数据字节后等待来自从器件的确认（ACK）。如果是一个读操作，则由从器件发送数据并在每个字节结束后等待主器件的确认（ACK）。在数据传输结束时，主器件产生一个停止条件（STOP），结束数据交换并释放总线。图 2-58 给出了一次典型的 SMBus 数据传输过程。

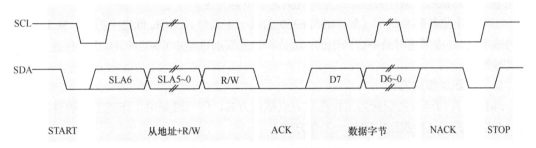

图 2-58　SMBus 数据传输过程

如果系统将 C8051F360 作为唯一主器件，即主从模式，则 START、STOP、SCL、从器件地址及 R/W 信号均由 C8051F360 产生，ACK 由从器件（写操作）或 C8051F360（读操作）产生。

1. 总线仲裁

主器件只能在总线空闲时启动传输。在停止条件（STOP）之后或 SCL 和 SDA 保持高电平已经超过了规定的时间，则总线是空闲的。当两个或多个主器件可能在同一时刻启动数据传输时，仲裁机制迫使一个主器件放弃总线。其方法是：多个主器件发送起始条件，直到其中一个主器件发送高电平而其他主器件在 SDA 上发送低电平，由于总线是漏极开路的，因此被拉为低电平，试图发送高电平的主器件检测到 SDA 上的低电平而退出竞争。获得总线的主器件继续其数据传输过程，而未获得总线的器件成为从器件。该仲裁机制是非破坏性的，总会有一个器件获得总线，不会发生数据丢失。

在唯一主器件的系统中（如 C8051F360 为唯一主器件），极少出现总线仲裁，只有总线受到强干扰时才会出现，这时 C8051F360 可通过错误状态判断清除，并恢复总线控制权。相对来说，这种模式下，控制软件要简单得多。

2．SCL 低电平扩展

SMBus 提供一种与 I²C 类似的时钟同步机制，允许不同速度的器件共存于同一总线上。为了使低速从器件能与高速主器件通信，在数据传输期间采取 SCL 低电平扩展。从器件可以临时保持 SCL 为低电平以扩展时钟的低电平时间，这实际上降低了串行时钟频率。

3．SCL 低电平超时

如果 SCL 被总线上的从器件持续保持低电平，则不能再进行通信，且主器件也不能强制 SCL 为高电平来纠正这种错误情况。为了解决这一问题，SMBus 规范规定：参加一次数据传输的器件必须检查 SCL 低电平时间，若超过 25ms，则认为是"超时"。检测到超时条件的器件必须在 10ms 以内复位通信电路。

在 C8051F360 中，当 SMB0CF 寄存器中的 SMBTOE 位被置位时，定时/计数器 T3 被用于检测 SCL 低电平超时。T3 在 SCL 为高电平时被强制重装载，在 SCL 为低电平时开始计数。如果 T3 被使能且溢出周期被配置为 25ms（且 SMBTOE 被置 1），则可在发生 SCL 低电平超时事件时用 T3 中断服务程序对 SMBus 复位（禁止后重新使能）。

4．SCL 高电平（SMBus 空闲）超时

SMBus 规范规定：如果一个器件保持 SCL 和 SDA 为高电平的时间超过 50μs，则认为总线处于空闲状态。当 SMB0CF 寄存器中的 SMBFTE 位被置 1 时，如果 SCL 和 SDA 保持高电平的时间超过 10 个 SMBus 时钟周期，总线将被视为空闲。如果一个 SMBus 器件正等待产生起始条件，则该起始条件将在总线空闲超时之后立即产生。

在唯一主器件的系统中（如 C8051F360 为唯一主器件），SCL 低电平扩展、SCL 低电平超时或 SCK 高电平超时是不会产生的，这是因为总线永远是由 C8051F360 主器件控制的，不受其他影响。

5．SMBus 传输方式

SMBus 接口可以被配置为工作在主方式或从方式，任一时刻可工作在主发送器、主接收器、从发送器或从接收器中的任一工作方式。

SMBus 在产生起始条件时进入主方式，并保持在该方式直到产生停止条件或在总线竞争中失败。SMBus 在每个字节帧结束后都产生中断；但作为接收器时中断在 ACK 周期之前产生，作为发送器时中断在 ACK 周期之后产生。除中断方式外，SMBus 也可工作于查询方式。

（1）主发送器方式

在 SDA 上发送串行数据，在 SCL 上输出串行时钟。SMBus 接口首先产生一个起始条件，然后发送含有目标从器件地址和数据方向位（R/W）的第一个字节。在这种情况下，数据方向位（R/W）应为 0，表示这是一个写操作。主发送器接着发送一个或多个字节的串行数据，并在每发送完一个字节后，从器件发出确认（ACK），主器件确认收到 ACK，数据传输完成后主器件发送停止条件（STOP），STO 位被置 1 并产生一个停止条件后，串行传输结束。如果在发生主发送器中断后没有向 SMB0DAT 写入数据，则接口将切换到主接收器方式。图 2-59 给出了一个典型的主发送器时序，图中仅给出了发送 2 字节数据的传输时序（实际应用中可以发送任意多个字节）。在该方式下，"数据字节传输结束"中断发生在 ACK 周期之后。

（2）主接收器方式

在 SDA 上接收串行数据，在 SCL 上输出串行时钟。SMBus 接口首先产生一个起始条件，然后发送含有目标从器件地址和数据方向位的第一个字节。在这种情况下，数据方向位（R/W）

应为 1，表示这是一个读操作。接着从 SDA 接收来自从器件的串行数据并在 SCL 上输出串行时钟。从器件发送一个或多个字节的串行数据。主器件每接收到一个字节后，ACKRQ 被置 1 并产生一个中断。软件必须写 ACK 位（SMB0CN.1），以定义要发出的确认值（向 ACK 位写 1 产生一个 ACK，写 0 产生一个 NACK）。软件应在接收到最后一个字节后向 ACK 位写 0，以发送 NACK。接口电路将在对 STO 位置 1 并产生一个停止条件（STOP）后退出主接收器方式。在主接收器方式，如果执行 SMB0DAT 写操作，接口将切换到主发送器方式。图 2-60 给出了一个典型的主接收器时序，图中仅给出了接收 2 字节数据的传输时序（实际应用中可以接收任意多个字节）。在该方式下，"数据字节传输结束"中断发生在 ACK 周期之前。

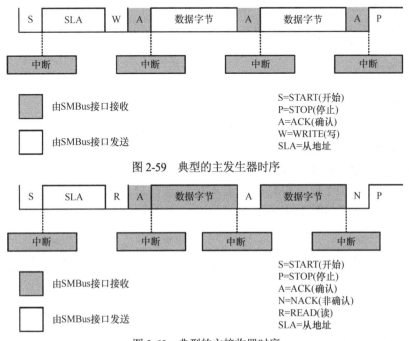

图 2-59　典型的主发生器时序

图 2-60　典型的主接收器时序

C8051F360 的 SMBus 接口支持从接收器和从发送器工作方式，但在实际应用中，以唯一主器件的系统（主从方式）为大多数，此时 C8051F360 仅作为主器件出现系统中。使用从接收器和从发送器工作方式可以参考相关资料。

2.4.3　SMBus 的使用

C8051F360 的 SMBus 接口可以工作在主方式或从方式，其内部接口电路提供了串行传输的时序和移位控制，更高层的协议需要由用户软件编程控制。SMBus 接口硬件提供下述与应用无关的特性：

① 以字节为单位的串行数据传输；

② SCL 时钟信号产生（只限于主方式）及 SDA 数据同步；

③ 超时/总线错误识别（需要在配置寄存器 SMB0CF 中定义）；

④ START/STOP 定时、检测和产生；

⑤ 总线仲裁；

⑥ 中断产生；

⑦ 获取接口的状态信息。

每次数据字节或从地址传输都产生 SMBus 中断。发送数据时，在 ACK 周期后产生中断，使程序能读取接收到的 ACK 值；接收数据时，在 ACK 周期之前产生中断，使程序能确定要发出的 ACK 值。

主器件产生起始条件（START）时也会产生一个中断，指示数据传输开始；从器件在检测到停止条件时产生一个中断，指示数据传输结束。程序通过读 SMB0CN（SMBus 控制寄存器）来确定 SMBus 中断的原因，以便于分支程序处理。SMBus 配置选项可在 SMB0CF 寄存器中设定，包括：

- 超时检测（SCL 低电平超时和/或总线空闲超时）；
- SDA 建立时间和保持时间扩展；
- 从事件使能/禁止；
- 时钟源选择。

2.4.4 SMBus 寄存器

对 SMBus 接口的访问和控制是通过 3 个特殊功能寄存器实现的：配置寄存器 SMB0CF、控制寄存器 SMB0CN 和数据寄存器 SMB0DAT。

1. SMBus 配置寄存器 SMB0CF

SMB0CF 寄存器用于使能 SMBus 主或从方式、选择 SMBus 时钟源和设置 SMBus 时序与超时选项，其各位定义如图 2-61 所示。

R/W	R/W	R/W	R/W	R/W	R/W	R/W	R/W
ENSMB	INH	BUSY	EXTHOLD	SMBTOE	SMBFTE	SMBCS1	SMBCS0
位 7	位 6	位 5	位 4	位 3	位 2	位 1	位 0

复位值：00000000　　　SFR 地址：0xC1　　　SFR 页：所有页

位 7：ENSMB，SMBus 接口使能位，该位使能/禁止 SMBus 接口。当被使能时，SMBus 接口监视 SDA 和 SCL 引脚。

　　　0：禁止 SMBus 接口。

　　　1：使能 SMBus 接口。

位 6：INH，SMBus 接口从方式禁止位。当该位被置 1 时，SMBus 接口不产生从事件中断，相当于将从器件移出总线。主方式中断不受影响。

　　　0：SMBus 接口从方式使能。

　　　1：SMBus 接口从方式禁止。

位 5：BUSY，SMBus 接口忙状态标志位。当正在进行一次传输时，该位由硬件置 1。当检测到停止条件或空闲超时时，该位被清 0。

位 4：EXTHOLD，SDA 建立时间和保持时间扩展允许位，该位控制 SDA 的建立时间和保持时间。

　　　0：禁止 SDA 建立时间和保持时间扩展。

　　　1：允许 SDA 建立时间和保持时间扩展

位 3：SMBTOE，SCL 超时检测允许位，该位使能 SCL 低电平超时检测。当被置 1 时，SMBus 接口在 SCL 为高电平时强制重装载定时/计数器 T3，并允许 T3 在 SCL 为低电平时开始计数。如果 T3 被配置为分割模式，则在 SCL 为高电平时只有 T3 的高字节被重装载。应将 T3 编程为每 25ms 产生一次中断，并使用 T3 中断服务程序对 SMBus 通信复位。

位 2：SMBFTE，空闲超时检测允许位。当该位被置 1 时，如果 SCL 和 SDA 保持高电平的时间超过 10 个 SMBus 时钟周期，总线将被视为空闲。

位 1～0：SMBCS[1:0]，SMBus 时钟源选择位。这两位选择用于产生 SMBus 位速率的时钟源，见表 2-4。

图 2-61　SMBus 配置寄存器 SMB0CF 的定义

当 ENSMB 位被置 1 时，SMBus 的所有主和从事件都被允许。可以通过将 INH 位置 1 来禁止从事件。在从事件被禁止的情况下，SMBus 接口仍然检测 SCL 和 SDA 引脚，但在接收到地址时会发出 NACK（非确认）信号，并且不会产生任何从中断。当 INH 被置位时，在下一个起始条件（START）后所有的从事件都将被禁止（当前传输过程的中断将继续）。

SMBCS[1:0] 位用于选择 SMBus 时钟源（见表 2-4），时钟源只在主方式或空闲超时检测被使能时使用。当 SMBus 接口工作在主方式时，所选择的时钟源的溢出周期决定 SCL 低电平和高电平的最小时间，该最小时间由式（2-4）给出。SMBus 接口可以与其他外设共享该时钟源，前提是该时钟源的定时/计数器能保持运行状态。例如，T1 溢出可以同时用于产生 SMBus 和 UART 波特率。

表 2-4　SMBus 时钟源选择

SMBCS1	SMBCS0	SMBus 时钟源
0	0	定时/计数器 T0 溢出
0	1	定时/计数器 T1 溢出
1	0	定时/计数器 T2 高字节溢出
1	1	定时/计数器 T2 低字节溢出

$$T_{\text{HighMin}} = T_{\text{LowMin}} = \frac{1}{f_{\text{ClockSourceOverflow}}} \tag{2-4}$$

式中，T_{HighMin} 为最小 SCL 高电平时间；T_{LowMin} 为最小 SCL 低电平时间；$f_{\text{ClockSourceOverflow}}$ 为时钟源的溢出频率。

所选择的时钟源应被配置为能产生由式（2-4）所定义的最小 SCL 高电平和低电平时间。当 SMBus 接口工作在主方式时（并且 SCL 不被总线上的任何其他器件驱动或扩展），典型的 SMBus 位速率可由下式估算

$$位速率 = \frac{f_{\text{ClockSourceOverflow}}}{3} \tag{2-5}$$

图 2-62 给出了由式（2-5）定义的典型 SCL 波形。T_{High} 通常为 T_{Low} 的 2 倍。实际的 SCL 输出波形可能会因总线上有其他器件而发生改变（SCL 可能被低速从器件扩展低电平，或被其他参与竞争的主器件驱动为低电平）。当工作在主方式时，位速率不能超过由式（2-4）定义的极限值。

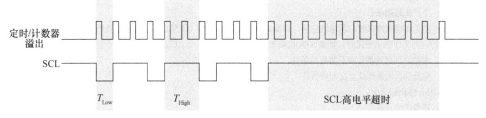

图 2-62　典型 SCL 波形

置 EXTHOLD 位为 1，将扩展 SDA 的最小建立时间和保持时间。最小 SDA 建立时间定义了在 SCL 上升沿到来之前 SDA 的最小稳定时间。最小 SDA 保持时间定义了在 SCL 下降沿过去之后当前 SDA 值继续保持稳定的最小时间。SMBus 规定的最小建立时间和保持时间

分别为 250ns 和 300ns。必要时应将 EXTHOLD 位置 1，以保证最小建立时间和保持时间符合 SMBus 规范。表 2-5 列出了最小 SDA 建立时间和保持时间。当系统时钟大于 10MHz 时，通常需要扩展建立时间和保持时间；当 SCL 工作在大于 100kHz 时，EXTHOLD 位应被清 0。

表 2-5 最小 SDA 建立时间和保持时间

EXTHOLD	最小 SDA 建立时间	最小 SDA 保持时间
0	T_{Low} 为 4 个系统时钟或 1 个系统时钟+软件延时*	3 个系统时钟

*注：发送 ACK 位和所有数据传输中 SDA 的建立时间。软件延时发生在写 SMB0DAT 或 ACK 到 SI 被清除之间。若写 ACK 和清除 SI 发生在同一个写操作，则软件延时为 0。

当 SMBTOE 位被置 1 时，定时/计数器 T3 应被配置为以 25ms 为周期溢出，以检测 SCL 低电平超时。SMBus 接口在 SCL 为高电平时强制重装载 T3，并允许 T3 在 SCL 为低电平时开始计数。应使用 T3 中断服务程序对 SMBus 通信复位，可以通过先禁止然后再重新使能 SMBus 接口来实现。

通过将 SMBFTE 位置 1 来使能 SMBus 空闲超时检测。当该位被置 1 时，如果 SCL 和 SDA 保持高电平的时间超过 10 个 SMBus 时钟周期（见图 2-62），总线将被视为空闲。当检测到空闲超时时，SMBus 接口的响应就如同检测到一个停止条件（产生中断，STO 位被置 1）。

2．SMBus 控制寄存器 SMB0CN

SMB0CN 寄存器用于控制 SMBus 接口和提供状态信息，其各位定义如图 2-63 所示。SMB0CN 中的高 4 位（MASTER、TXMODE、STA 和 STO）组成一个状态向量，可利用该状态向量转移到中断服务程序。MASTER 和 TXMODE 分别指示主/从状态和发送/接收方式。

R/W	R/W	R/W	R/W	R/W	R/W	R/W	R/W
MASTER	TXMODE	STA	STO	ACKRQ	ARBLOST	ACK	SI
位 7	位 6	位 5	位 4	位 3	位 2	位 1	位 0

复位值：00000000   SFR 地址：0xC0（可按位寻址）   SFR 页：所有页

位 7：MASTER，SMBus 主/从标志位，该只读位指出 SMBus 是否工作在主方式。

　　0：SMBus 工作在从方式。

　　1：SMBus 工作在主方式。

位 6：TXMODE，SMBus 发送方式标志位，该只读位指出 SMBus 是否工作在发送器方式。

　　0：SMBus 工作在接收器方式。

　　1：SMBus 工作在发送器方式。

位 5：STA，SMBus 起始标志位。

　　一写 0：不产生起始条件。

　　　　　1：当工作在主方式时，若总线空闲，则发送出一个起始条件（如果总线不空闲，在收到停止条件或检测到超时后再发送起始条件）。当工作在主方式时，如果 STA 位被软件置 1，则在下一个 ACK 周期之后将产生一个重复起始条件。

　　一读 0：未检测到起始条件或重复起始条件。

　　　　　1：检测到起始条件或重复起始条件。

位 4：STO，SMBus 停止标志位。

　　一写 0：不发送停止条件。

　　　　　1：将 STO 置 1，将导致发送一个停止条件（在下一个 ACK 周期之后）。在产生停止条件之后，硬件将 STO 位清 0。如果 STA 位和 STO 位都被置 1，则发送一个停止条件后再发送一个起始条件。

　　一读 0：未检测到停止条件。

　　　　　1：检测到停止条件（在从方式）或挂起（在主方式）。

位 3：ACKRQ，SMBus 确认请求位。当 SMBus 接收到一字节并需要向 ACK 位写 ACK 响应值时，该只读位被硬件置 1。

图 2-63 SMBus 控制寄存器 SMB0CN 的定义

位 2：ARBLOST，SMBus 竞争失败标志位。当发送器在总线竞争中失败时，该只读位被置 1。在从方式时，竞争失败表示发生了总线错误条件。

位 1：ACK，SMBus 确认标志位。该位定义要发出的 ACK 电平和记录接收的 ACK 电平。应在每接收到一字节后写 ACK 位（当 ACKRQ = 1 时），或在每发送一字节后读 ACK 位。

　　0：接收到 NACK 信号（在发送器方式）或将发出 NACK 信号（在接收器方式）。

　　1：接收到 ACK 信号（在发送器方式）或将发出 ACK 信号（在接收器方式）。

位 0：SI，SMBus 中断标志位。当出现表 2-6 列出的条件时，该位被硬件置 1。SI 位只能用软件清 0。当 SI 位被置 1 时，SCL 被保持为低电平，总线状态被冻结。

图 2-63　SMBus 控制寄存器 SMB0CN 的定义（续）

STA 位和 STO 位指示自上次 SMBus 中断以来检测到或产生了一个起始条件（START）或停止条件（STOP）。当 SMBus 工作在主方式时，STA 位和 STO 位还用于产生起始条件和停止条件。当总线空闲时，向 STA 位写 1，将使 SMBus 接口进入主方式并产生一个起始条件。在产生起始条件后，STA 位不能由硬件清除，必须用软件清 0。在主方式时，向 STO 位写 1，将使 SMBus 接口产生一个停止条件，并在下一个 ACK 周期之后结束当前的数据传输。此时，如果 STA 位和 STO 位都被置位，则发送一个停止条件后再发送一个起始条件。

当 SMBus 接口作为接收器时，写 ACK 位定义要发出的 ACK 值；当作为发送器时，读 ACK 位将返回最后一个 ACK 周期的接收值。ACKRQ 位在每接收到一个字节后置位，表示需要写待发出的 ACK 值。当 ACKRQ 置位时，软件应在清除 SI 位之前向 ACK 位写入要发出的 ACK 值。如果在清除 SI 位之前软件未写 ACK 位，接口电路将产生一个 NACK。在向 ACK 位写入后，SDA 将立即出现所定义的 ACK 值，但 SCL 将保持低电平，直到 SI 位被清 0。如果接收的从地址未被确认，则之后的从事件将被忽略，直到检测到下一个起始条件。

ARBLOST 位指示 SMBus 接口是否在一次总线竞争中失败。当接口工作在发送方式时（主或从），可能出现这种情况。当工作在从方式时，出现这种情况表示发生了总线错误条件。在每次 SI 位被清 0 后，ARBLOST 位被硬件清 0。在每次传输的开始和结束、每个字节帧之后或竞争失败时，SI 位被硬件置 1。当 SI 位被置 1 时，SMBus 接口暂停工作，SCL 被保持为低电平，总线状态被冻结，直到 SI 位被软件清 0 为止，详见表 2-6，表中列出了影响 SMB0CN 寄存器中各个位的硬件源。

表 2-6　影响 SMB0CN 寄存器各个位的硬件源

位	在下面情况下被硬件置 1	在下面情况下被硬件清 0
MASTER	产生了起始条件	● 产生了停止条件 ● 在总线竞争中失败
TXMODE	● 产生了起始条件 ● 在一个 SMBus 帧开始之前写了 SMB0DAT	● 检测到起始条件 ● 竞争失败 ● 在一个 SMBus 帧开始之前没写 SMB0DAT
STA	在起始条件后接收到一个地址字节	必须用软件清除
STO	● 在作为从器件被寻址时检测到一个停止条件 ● 因检测到停止条件而导致竞争失败	产生了一个挂起的停止条件
ACKRQ	接收到一字节并需要一个 ACK 值	每个 ACK 周期之后
ARBLOST	● 当 STA 位为 0 时，主器件检测到一个重复起始条件（不希望的重复起始条件） ● 在试图产生一个停止条件或重复起始条件时检测到 SCL 为低电平 ● 在试图发送 1 时检测到 SDA 低电平（ACK 位除外）	每次 SI 位被清除时

位	在下面情况下被硬件置 1	在下面情况下被硬件清 0
ACK	输入的 ACK 值为 0（确认）	输入的 ACK 值为 1（非确认）
SI	● 产生了一个起始条件 ● 竞争失败 ● 发送了一字节并收到一个 ACK/NACK 值 ● 接收到一字节 ● 在起始条件或重复起始条件之后接收到一个从地址字节+R/W ● 接收到一个停止条件	必须用软件清除

3. 数据寄存器 SMB0DAT

SMB0DAT 寄存器保存要发送或刚接收的串行数据字节，其各位的定义如图 2-64 所示。在 SI 位被置 1 时，软件可以安全地读/写数据寄存器。当 SMBus 接口被使能但 SI 位被清 0 时，软件不应访问 SMB0DAT 寄存器，此时接口可能正在对该寄存器中的数据字节进行移入或移出操作。

R/W	R/W	R/W	R/W	R/W	R/W	R/W	R/W
位 7	位 6	位 5	位 4	位 3	位 2	位 1	位 0

复位值：00000000   SFR 地址：0xC2   SFR 页：所有页

位 7~0：SMB0DAT 寄存器保存要发送到 SMBus 接口上的一个数据字节，或刚从 SMBus 接口接收到的一个字节。一旦 SI 位被置 1，CPU 即可读或写该寄存器。只要 SI 位为 1，该寄存器内的串行数据就是稳定的。当 SI 位不为 1 时，系统可能正在移入或移出数据，此时 CPU 不应访问该寄存器。

图 2-64　SMBus 数据寄存器 SMB0DAT 的定义

SMB0DAT 中的数据总是先移出 MSB。在收到一字节后，接收数据的第一位位于 SMB0DAT 的 MSB。在数据被移出的同时，总线上的数据被移入，所以 SMB0DAT 中总是保存最后出现在总线上的数据字节。在竞争失败后，当主发送器变为从接收器时，SMB0DAT 中的数据或地址保持不变。

2.5　SPI 总线

增强型串行外设总线（SPI）是一种同步串行外部器件接口，允许单片机与多个厂商生产的带有标准 SPI 接口的外围器件直接连接，以串行方式双向交换信息，其原理框图如图 2-65 所示。SPI 接口可以作为主器件或从器件工作，可以使用 3 线或 4 线方式，并可在同一 SPI 总线上支持多个主器件和从器件。从选择信号（NSS）可被配置为输入，以选择工作在从方式的 SPI，也可在多主环境中禁止主方式操作，以避免两个以上主器件试图同时进行数据传输时发生 SPI 总线冲突。NSS 可以被配置为片选输出（主方式时），或在 3 线操作时被禁止。在主方式时，可以用其他通用 I/O 引脚选择多个从器件。

SPI 总线的典型应用是单主系统，即只有一个主器件，从器件通常是外围接口器件，如存储器、I/O 接口、A/D 转换器、D/A 转换器、键盘、日历/时钟和显示驱动电路等。

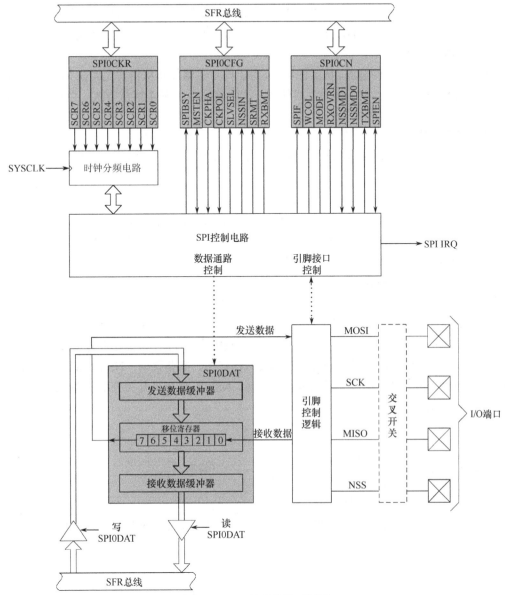

图 2-65 SPI 总线的原理框图

2.5.1 信号说明

SPI 总线包括 4 个信号：MOSI、MISO、SCK、NSS。

1. MOSI（主输出从输入）

MOSI 信号是主器件的输出信号和从器件的输入信号，用于从主器件到从器件的串行数据传输。当 SPI 作为主器件时，该信号是输出信号；当 SPI 作为从器件时，该信号是输入信号。数据传输时最高位在先。当被配置为主器件时，MOSI 由移位寄存器的 MSB 驱动。

2. MISO（主输入从输出）

MISO 信号是从器件的输出信号和主器件的输入信号，用于由从器件到主器件的串行数据传输。当 SPI 作为主器件时，该信号是输入信号；当 SPI 作为从器件时，该信号是输出信号。数据传输时最高位在先。当 SPI 被禁止或工作在 4 线从方式而未被选中时，MISO 引脚应被置于高阻态。当作为从器件工作在 3 线方式时，MISO 总是由移位寄存器的 MSB 驱动。

3. SCK（串行时钟）

SCK 信号总是主器件输出、从器件输入，用于同步主器件和从器件之间在 MOSI 和 MISO 线上的串行数据传输。当 SPI 作为主器件时，产生该信号。在 4 线从方式，当从器件未被选中时（NSS=1），SCK 信号被忽略。

4. NSS（从选择）

NSS 信号的功能取决于 SPI0CN 寄存器中 NSSMD1 和 NSSMD0 位的设置，有 3 种工作方式。

① NSSMD[1:0] = 00：3 线主方式或从方式。SPI 工作在 3 线方式，NSS 被禁止。当作为从器件工作在 3 线方式时，SPI 总是被选择。由于没有选择信号，SPI 工作在 3 线方式时必须是总线唯一的从器件。这种情况用于一个主器件和一个从器件之间的点对点通信。

② NSSMD[1:0] = 01：4 线从方式或多主方式。SPI 工作在 4 线方式，NSS 作为输入。当作为从器件时，NSS 选择从 SPI 器件。当作为主器件时，NSS 信号的负跳变禁止 SPI0 的主器件功能，因此可以在同一 SPI 总线上使用多个主器件。

③ NSSMD[1:0] = 1x：4 线主方式。SPI 工作在 4 线方式，NSS 作为输出。NSSMD0 的设置值决定 NSS 引脚的输出逻辑电平。这种配置只能在 SPI0 作为主器件时使用。

图 2-66 至图 2-68 给出了不同方式下的典型连接图。需要强调，NSSMD[1:0]位的设置影响器件的引脚分配。当工作在 3 线主或从方式时，NSS 不被交叉开关分配引脚。在其他方式，NSS 必须被映射到器件引脚。

图 2-66　多主方式连接图　　　　　图 2-67　3 线单主方式和单从方式连接图

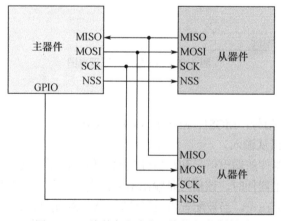

图 2-68　4 线单主方式和 4 线从方式连接图

2.5.2 SPI 工作方式

1. SPI 主方式

SPI 工作于主方式时，总线上的所有数据传输都由 SPI 主器件启动。通过将主方式允许位（MSTEN 位，SPI0CFG.6）置 1，将 SPI 置于主方式。当处于主方式时，向 SPI 数据寄存器（SPI0DAT）写入一字节时是写发送缓冲器。如果 SPI 移位寄存器为空，发送缓冲器中的数据字节被传送到移位寄存器，数据传输开始。SPI 主器件立即在 MOSI 线上串行移出数据，同时在 SCK 上提供串行时钟。在传输结束后，SPIF 位（SPI0CN.7）被硬件置 1。如果中断被允许，则在 SPIF 位置位时将产生一个中断请求。在全双工操作中，当 SPI 主器件在 MOSI 线向从器件发送数据时，被寻址的 SPI 从器件可以同时在 MISO 线上向主器件发送其移位寄存器中的内容。因此，SPIF 位既作为发送完成标志，又作为接收数据准备好标志。从器件接收的数据字节以 MSB 在先的形式传送到主器件的移位寄存器。当一个数据字节被完全移入移位寄存器时，便被传送到接收缓冲器，CPU 通过读 SPI0DAT 读该缓冲器。

当被配置为主器件时，SPI 器件可以工作在下面的 3 种方式之一：多主方式、3 线单主方式和 4 线单主方式。当 NSSMD1（SPI0CN.3）=0 且 NSSMD0（SPI0CN.2）=1 时，是默认的多主方式。在该方式，NSS 是器件的输入，用于禁止主 SPI0，以允许另一主器件访问总线。在该方式，当 NSS 被拉为低电平时，MSTEN（SPI0CFG.6）和 SPIEN（SPI0CN.0）位被清 0，以禁止 SPI 主器件，且方式错误标志位（MODF，SPI0CN.5）被置 1。如果方式错误中断被允许，将产生中断。这种情况下，必须用软件重新使能 SPI。在多主系统中，当器件不作为系统主器件使用时，一般被默认为从器件。在多主方式，可以用通用 I/O 引脚对从器件单独寻址（如果需要）。图 2-66 给出了两个主器件在多主方式下的连接图。

当 NSSMD1（SPI0CN.3）=0 且 NSSMD0（SPI0CN.2）=0 时，SPI 工作在 3 线单主方式。在该方式，NSS 未被使用，也不被交叉开关映射到外部 I/O 引脚。在该方式，应使用通用 I/O 引脚选择要寻址的从器件。图 2-67 给出了一个 3 线主方式主器件和一个从器件的连接图。

当 NSSMD1（SPI0CN.3）=1 时，SPI 工作在 4 线单主方式。在该方式，NSS 被配置为输出引脚，可被用作从选择信号去选中一个 SPI 器件。在该方式，NSS 的输出值由 NSSMD0（SPI0CN.2）用软件控制。可以用通用 I/O 引脚寻址另外的从器件。图 2-68 给出了一个 4 线主方式主器件和两个从器件的连接图。

2. SPI 从方式

当 SPI 被使能而未被配置为主器件时，它将作为 SPI 从器件工作。作为从器件，由主器件控制串行时钟信号（SCK），从 MOSI 引脚移入数据，从 MISO 引脚移出数据。SPI 控制电路中的位计数器对 SCK 的边沿计数。当 8 位数据经过移位寄存器后，SPIF 位被置 1，接收到的字节被传送到接收缓冲器。通过读 SPI0DAT 读取接收缓冲器中的数据。从器件不能启动数据传送，通过 SPI0DAT 预装要发送给主器件的数据。写往 SPI0DAT 的数据是双缓冲的，首先被放在发送缓冲器中。如果移位寄存器为空，发送缓冲器中的数据会立即被传送到移位寄存器。当移位寄存器中已经有数据时，SPI 将在下一次（或当前）SPI 传输的最后一个 SCK 边沿过去后再将发送缓冲器的内容装入移位寄存器。

当被配置为从器件时，SPI 可以工作在 4 线或 3 线方式。当 NSSMD1（SPI0CN.3）=0 且 NSSMD0（SPI0CN.2）=1 时，是默认的 4 线从方式。在 4 线方式时，NSS 被分配 I/O 引脚并被配置为数字输入。当 NSS 为 0 时，SPI 被使能；当 NSS 为 1 时，SPI 被禁止。在 NSS 的下降沿，位计数器被复位。对应每次字节传输，在第一个有效 SCK 边沿到来之前，NSS 信号必须被驱动到低电平至少两个系统时钟周期。图 2-68 给出了两个 4 线方式从器件和一个主器件的连接图。

当 NSSMD1（SPI0CN.3）=0 且 NSSMD0（SPI0CN.2）=0 时，SPI 工作在 3 线从方式。在该方式，NSS 未被使用，也不被交叉开关映射到外部 I/O 引脚。由于在 3 线从方式无法唯一地寻址从器件，所以 SPI 器件必须是总线上唯一的从器件。在 3 线从方式，没有外部手段对位计数器复位以判断是否收到一个完整的字节，只能通过用 SPIEN 位禁止并重新使能 SPI0 来复位位计数器。图 2-67 给出了一个 3 线从器件和一个主器件的连接图。

2.5.3　SPI 中断源

如果 SPI0 中断被允许，在下述 4 个标志位被硬件置 1 时将产生中断，这些标志位都必须由软件清 0。

① 在每次字节传输结束时，SPI 中断标志位 SPIF（SPI0CN.7）被置 1，该标志位适用于所有 SPI 方式。

② 如果在发送缓冲器中的数据尚未被传送到 SPI 移位寄存器时写 SPI0DAT，写冲突标志位 WCOL（SPI0CN.6）被置 1。发生这种情况时，写 SPI0DAT 的操作被忽略，不会对发送缓冲器写入，该标志位适用于所有 SPI 方式。

③ 当 SPI 器件被配置为多主方式的主器件而 NSS 被拉为低电平时，方式错误标志位 MODF（SPI0CN.5）被置 1。当发生方式错误时，SPI0CFG 中的 MSTEN 位和 SPIEN 位被清 0，以禁止 SPI 并允许另一个主器件访问总线。

④ 当 SPI 器件被配置为从器件并且一次传输结束，而接收缓冲器中还保持着上一次传输的数据未被读取时，接收溢出标志位 RXOVRN（SPI0CN.4）被置 1。新接收的字节将不被传送到接收缓冲器，允许前面接收的字节被读取，这将引起溢出的数据字节丢失。

2.5.4　串行时钟时序

使用 SPI 配置寄存器（SPI0CFG）中的时钟控制选择位可以在串行时钟相位和极性的 4 种组合中进行选择。CKPHA 位（SPI0CFG.5）选择两种时钟相位（锁存数据所用的边沿）中的一种。CKPOL 位（SPI0CFG.4）在高电平有效和低电平有效的时钟之间进行选择。主器件和从器件必须被配置为使用相同的时钟相位和极性。在改变时钟相位和极性期间，必须禁止 SPI（通过清除 SPIEN 位，SPI0CN.0）。主方式下数据/时钟的时序关系如图 2-69 所示；从方式下数据/时钟的时序关系如图 2-70 和图 2-71 所示。

SPI 时钟频率寄存器（SPI0CKR）控制主方式的串行时钟频率。当工作于从方式时，该寄存器被忽略。当 SPI 器件被配置为主器件时，最大数据传输率（位/秒）是系统时钟频率的 1/2 或 12.5MHz（取较低的频率）。当 SPI 器件被配置为从器件时，全双工操作的最大数据传输率（位/秒）是系统时钟频率的 1/10，前提是主器件与从器件的系统时钟同步发出 SCK、NSS（在 4 线从方式）和串行输入数据。如果主器件发出的 SCK、NSS 及串行输入数据不同步，则最大数据传输率（位/秒）必须小于系统时钟频率的 1/10。在主器件只发送数据到从器件而不需要接收从器件发出的数据（半双工操作）这一特殊情况下，SPI 从器件接收数据时

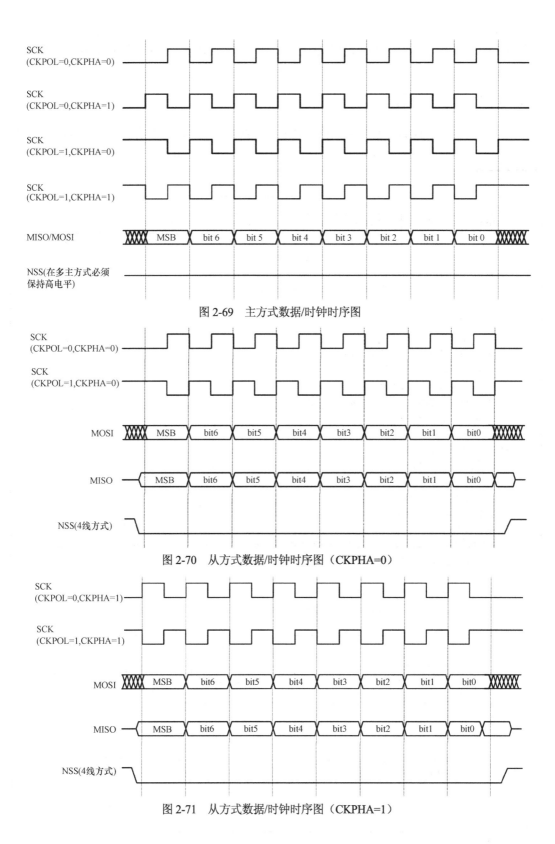

SCK
(CKPOL=0,CKPHA=0)

SCK
(CKPOL=0,CKPHA=1)

SCK
(CKPOL=1,CKPHA=0)

SCK
(CKPOL=1,CKPHA=1)

MISO/MOSI   MSB bit 6 bit 5 bit 4 bit 3 bit 2 bit 1 bit 0

NSS(在多主方式必须
保持高电平)

图 2-69 主方式数据/时钟时序图

SCK
(CKPOL=0,CKPHA=0)

SCK
(CKPOL=1,CKPHA=0)

MOSI   MSB bit6 bit5 bit4 bit3 bit2 bit1 bit0

MISO   MSB bit6 bit5 bit4 bit3 bit2 bit1 bit0

NSS(4线方式)

图 2-70 从方式数据/时钟时序图（CKPHA=0）

SCK
(CKPOL=0,CKPHA=1)

SCK
(CKPOL=1,CKPHA=1)

MOSI   MSB bit6 bit5 bit4 bit3 bit2 bit1 bit0

MISO   MSB bit6 bit5 bit4 bit3 bit2 bit1 bit0

NSS(4线方式)

图 2-71 从方式数据/时钟时序图（CKPHA=1）

的最大数据传输率（位/秒）是系统时钟频率的 1/4，此时假设由主器件发出 SCK、NSS 和串行输入数据与从器件系统时钟同步的情况下。

2.5.5　SPI 相关寄存器

对 SPI 的访问和控制是通过 4 个特殊功能寄存器实现的：配置寄存器 SPI0CFG、控制寄存器 SPI0CN、时钟频率寄存器 SPI0CKR 和数据寄存器 SPI0DAT，它们的定义如图 2-72 至图 2-75 所示。

R	R/W	R/W	R	R	R	R	R
SPIBSY	MSTEN	CKPHA	CKPOL	SLVSEL	NSSIN	SRMT	RXBMT
位 7	位 6	位 5	位 4	位 3	位 2	位 1	位 0

复位值：00000111　　　SFR 地址：0xA1　　　SFR 页：所有页

位 7：SPIBSY，SPI 忙标志（只读）位。

　　　当一次 SPI 传输正在进行时（主或从方式），该位被置 1。

位 6：MSTEN，主方式允许位。

　　　0：禁止主方式，工作在从方式。

　　　1：允许主方式，工作在主方式。

位 5：CKPHA，SPI 时钟相位位，该位控制 SPI 时钟的相位。

　　　0：数据以 SCK 周期的第一个边沿为中心。

　　　1：数据以 SCK 周期的第二个边沿为中心。

位 4：CKPOL，SPI 时钟极性位，该位控制 SPI 时钟的极性。

　　　0：SCK 在空闲状态时处于低电平。

　　　1：SCK 在空闲状态时处于高电平。

位 3：SLVSEL，从选择标志（只读）位。

　　　当 NSS 引脚为低电平时，该位被置 1，表示 SPI 是被选中的从器件。当 NSS 引脚为高电平时（未被选中为从器件），该位被清 0。该位不指示 NSS 引脚的即时值，而是该引脚输入的去噪信号。

位 2：NSSIN，NSS 引脚的即时输入值（只读）位。

　　　该位指示读该寄存器时 NSS 引脚的即时值。该信号未被去噪。

位 1：SRMT，移位寄存器空标志（只在从方式有效，只读）位。

　　　当所有数据都被移入/移出移位寄存器并且没有新数据可以从发送缓冲器读出或向接收缓冲器写入时，该位被置 1。当数据字节被从发送缓冲器传送到移位寄存器或 SCK 发生变化时，该位被清 0。

　　　注：在主方式时，SRMT=1。

位 0：RXBMT，接收缓冲器空（只在从方式有效，只读）位。

　　　当接收缓冲器被读取且没有新数据时，该位被置 1。如果在接收缓冲器中有新数据未被读取，则该位被清 0。

　　　注：在主方式时，RXBMT=1。

图 2-72　SPI 配置寄存器 SPI0CFG 的定义

R/W	R/W	R/W	R/W	R/W	R/W	R/W	R/W
SPIF	WCOL	MODF	RXOVRN	NSSMD1	NSSMD0	TXBMT	SPIEN
位 7	位 6	位 5	位 4	位 3	位 2	位 1	位 0

复位值：00000110　　　SFR 地址：0xF8　　　SFR 页：所有页

位 7：SPIF，SPI 中断标志位。

　　　该位在数据传输结束后被硬件置 1。如果中断被允许，该位置 1 会使 CPU 转到 SPI 中断处理服务程序。该位不能被硬件自动清 0，必须用软件清 0。

位 6：WCOL，写冲突标志位。

　　　该位由硬件置 1（并产生一个 SPI 中断），表示数据传送期间对 SPI 数据寄存器进行了写操作。该位不能被硬件自动清 0，必须用软件清 0。

图 2-73　SPI 控制寄存器 SPI0CN 的定义

位 5：MODF，方式错误标志位。

当检测到主方式冲突（NSS 为低电平，MSTEN＝1，NSSMD[1:0] = 01）时，该位由硬件置 1（并产生一个 SPI0 中断）。该位不能被硬件自动清 0，必须用软件清 0。

位 4：RXOVRN，接收溢出标志位（只适用于从方式）。

当前传输的最后一位已经移入 SPI 移位寄存器，而接收缓冲器中仍保存着前一次传输未被读取的数据时，该位由硬件置 1（并产生一个 SPI 中断）。该位不会被硬件自动清 0，必须用软件清 0。

位 3～2：NSSMD[1:0]，从选择方式位，选择 NSS 的工作方式。

00：3 线从方式或 3 线主方式。NSS 信号不连到 I/O 引脚。

01：4 线从方式或多主方式（默认值）。NSS 总是器件的输入。

1x：4 线单主方式。NSS 信号被分配一个输出引脚并输出 NSSMD0 的值。

位 1：TXBMT，发送缓冲器空标志位。

当新数据被写入发送缓冲器时，该位被清 0。当发送缓冲器中的数据被传送到 SPI 移位寄存器，该位被置 1，表示可以安全地向发送缓冲器写新数据。

位 0：SPIEN，SPI 使能位，该位使能 / 禁止 SPI。

0：禁止 SPI。

1：使能 SPI。

图 2-73　SPI 控制寄存器 SPI0CN 的定义（续）

R/W	R/W	R/W	R/W	R/W	R/W	R/W	R/W
SCR7	SCR6	SCR5	SCR4	SCR3	SCR2	SCR1	SCR0
位 7	位 6	位 5	位 4	位 3	位 2	位 1	位 0

复位值：00000000　　SFR 地址：0xA2　　SFR 页：所有页

位 7～0：SCR[7:0]，SPI 时钟频率位。

当 SPI 器件被配置为主方式时，这些位决定 SCK 输出的频率。SCK 时钟频率是从系统时钟分频得到的，即

$$f_{sck} = \frac{SYSCLK}{2 \times (SPI0CKR + 1)} \quad (0 \leqslant SPI0CKR \leqslant 255)$$

其中，SYSCLK 是系统时钟频率，SPI0CKR 是 SPI0CKR 寄存器中的 8 位值。

例如，如果 SYSCLK=2MHz，SPI0CKR=0x04，则

$$f_{SCK} = \frac{2000000}{2 \times (4 + 1)} = 200 \text{kHz}$$

图 2-74　SPI 时钟频率寄存器 SPI0CKR 的定义

R/W	R/W	R/W	R/W	R/W	R/W	R/W	R/W
位 7	位 6	位 5	位 4	位 3	位 2	位 1	位 0

复位值：00000000　　SFR 地址：0xA3　　SFR 页：所有页

位 7～0：用于发送和接收 SPI 数据。在主方式下，向 SPI0DAT 写入数据时，数据被放到发送缓冲器并启动发送；读 SPI0DAT 时，返回接收缓冲器的内容。

图 2-75　SPI 数据寄存器 SPI0DAT 的定义

2.5.6　小结

SPI 的工作方式有 3 线、4 线和主器件、从器件方式，最常用的是 3 线/4 线单主单从和单主多从方式，C8051F360 被设为主器件，外设为从器件。

只有主器件可以控制 SPI 的信号，在 3 线中可以不用或用通用 I/O 引脚控制从器件的使能。C8051F360 作为主器件时，向从器件发送数据的最大速率会快于从器件读取数据的速率。为了简单起见，一般数据传输率设置为不大于系统时钟的 1/10。

SPI 发送和接收格式均采用高位数据先发送或接收、低位数据最后发送或接收，与异步串行接口（UART）正好相反。

第3章 C8051F360的模拟外设

3.1 模拟外设的组成

C8051F360的模拟外设由以下部分组成。

① 1个21通道10位最高采样频率为200ksps的A/D转换器，其中包括可编程多路模拟开关，用于单通道方式或差分方式选择；温度传感器，其输出可以作为A/D转换器的输入，以监测芯片的温度及电源电压。

② 1个10位电流输出方式的D/A转换器，最大输出电流可设置为0.5mA、1mA和2mA。

③ 2个电压比较器。每个比较器上升沿和下降沿的回差电压和响应时间均可编程。

3.2 10位A/D转换器（ADC0）

C8051F360的A/D转换器（ADC0）集成了两个具有23输入选择的模拟多路选择开关（统称AMUX0）和一个200ksps的10位逐次逼近寄存器型ADC，ADC中集成了采样保持电路和可编程窗口检测器。AMUX0、数据转换方式及窗口检测器均可由程序通过特殊功能寄存器进行配置，如图3-1所示。ADC0可工作在单通道方式或差分方式，可以被配置用于测量P1.0～P3.4、内部温度传感器输出或V_{DD}相对于P1.0～P3.4、V_{REF}或GND的电压值。当ADC0控制寄存器（ADC0CN）中的AD0EN位被置1时，ADC0才可使用；当AD0EN位为0时，ADC0处于低功耗关断方式。

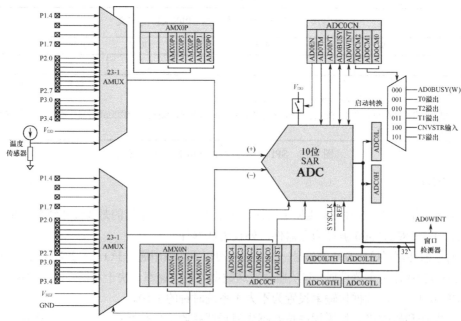

图3-1 C8051F360内部ADC0原理框图

3.2.1 模拟多路选择开关

ADC0 可以工作在单通道方式或差分方式。AMUX0 选择 A/D 转换器的正、负输入通道信号的来源。正输入通道信号可来源于 I/O 引脚、片内温度传感器或电源电压（V_{DD}）中的任何一个，负输入通道信号可来源于 I/O 引脚、V_{REF} 或 GND 中的任何一个。当 GND 被选择为负输入通道信号时，ADC0 工作在单通道方式；当选择除 GND 以外的输入信号作为负输入通道信号时，ADC0 工作在差分方式。ADC0 的输入通道由寄存器 AMX0P 和 AMX0N 选择（见图 3-1）。

正输入通道选择寄存器 AMX0P 的定义如图 3-2 所示，负输入通道选择寄存器 AMX0N 的定义如图 3-3 所示。

R	R	R	R/W	R/W	R/W	R/W	R/W
—	—	—	AMX0P4	AMX0P3	AMX0P2	AMX0P1	AMX0P0
位 7	位 6	位 5	位 4	位 3	位 2	位 1	位 0

复位值：00000000　　SFR 地址：0xBB　　SFR 页：所有页

位 7～5：未用。读=000b，写=忽略。

位 4～0：AMX0P[4:0]，ADC0 正输入通道选择位。

AMX0P[4:0]	ADC0 正输入通道	AMX0P[4:0]	ADC0 正输入通道
00000～00011	保留	01110	P2.6
00100	P1.4	01111	P2.7
00101	P1.5	10000	P3.0
00110	P1.6	10001	P3.1
00111	P1.7	10010	P3.2
01000	P2.0	10011	P3.3
01001	P2.1	10100	P3.4
01010	P2.2	10101～11101	保留
01011	P2.3	11110	温度传感器
01100	P2.4	11111	V_{DD}
01101	P2.5		

图 3-2　ADC0 正输入通道选择寄存器 AMX0P 的定义

R	R	R	R/W	R/W	R/W	R/W	R/W
—	—	—	AMX0N4	AMX0N3	AMX0N2	AMX0N1	AMX0N0
位 7	位 6	位 5	位 4	位 3	位 2	位 1	位 0

复位值：00000000　　SFR 地址：　0xBA　　SFR 页：所有页

位 7～5：未用。读=000b，写=忽略。

位 4～0：AMX0N[4:0]，ADC0 负输入通道选择位。

当 GND 被选择为负输入通道信号时，ADC0 工作在单通道方式；对于所有其他负输入通道信号，ADC0 工作在差分方式。

AMX0N[4:0]	ADC0 负输入通道	AMX0N[4:0]	ADC0 负输入通道
00000～00011	保留	01110	P2.6
00100	P1.4	01111	P2.7
00101	P1.5	10000	P3.0
00110	P1.6	10001	P3.1
00111	P1.7	10010	P3.2
01000	P2.0	10011	P3.3
01001	P2.1	10100	P3.4
01010	P2.2	10101～11101	保留
01011	P2.3	11110	V_{REF}
01100	P2.4	11111	V_{DD}
01101	P2.5		

图 3-3　ADC0 负输入通道选择寄存器 AMX0N 的定义

3.2.2 ADC0 数据输出格式

当 A/D 转换完成后，得到的 10 位数据分高、低字节分别存放在 ADC0H 和 ADC0L 寄存器中。转换数据在 ADC0H:ADC0L 中的存放有左对齐（Left-justified）和右对齐（Right-justified）两种格式，具体由 AD0LJST 位（ADC0CF.2）的设置决定。

当工作在单通道方式时，转化码为 10 位无符号整数，所测量的输入范围为 $0 \sim V_{REF} \times 1023/1024$。左对齐时，ADC0H:ADC0L 中右边未用的数据位被置 0；右对齐时，ADC0H:ADC0L 中左边未用的数据被置 0，见表 3-1。

表 3-1　单通道输入时数据输出格式

输入电压（单通道）	右对齐 ADC0H:ADC0L	左对齐 ADC0H:ADC0L
$V_{REF} \times 1023/1024$	0x03FF	0xFFC0
$V_{REF} \times 512/1024$	0x0200	0x8000
$V_{REF} \times 256/1024$	0x0100	0x4000
0	0x0000	0x0000

当工作在差分方式时，转化码为 10 位有符号二进制补码，所测量的输入范围为 $-V_{REF} \sim V_{REF} \times 511/512$。左对齐时，ADC0H:ADC0L 中右边未用的数据位被置 0；右对齐时，ADC0H:ADC0L 中左边未用的数据位用于符号扩展，见表 3-2。

表 3-2　差分输入时数据输出格式

输入电压（差分）	右对齐 ADC0H:ADC0L	左对齐 ADC0H:ADC0L
$V_{REF} \times 511/512$	0x01FF	0x7FC0
$V_{REF} \times 256/512$	0x0100	0x4000
0	0x0000	0x0000
$-V_{REF} \times 256/512$	0xFF00	0xC000
$-V_{REF}$	0xFE00	0x8000

被选择为 ADC0 输入的引脚必须被配置为模拟输入，并且应被交叉开关跳过。要将一个 I/O 引脚配置为模拟输入，应将 PnMDIN 寄存器中的对应位置 0。为了使交叉开关跳过一个 I/O 引脚，应将 PnSKIP 寄存器中的对应位置 1，具体参见 2.1 节。

3.2.3　ADC0 的工作方式

ADC0 的最高转换速度为 200ksps。ADC0 的转换时钟由系统时钟分频获得，分频系数由 ADC0CF 寄存器的 AD0SC 位决定（转换时钟=系统时钟/（AD0SC+1），$0 \leqslant AD0SC \leqslant 31$）。

1. 转换启动方式

ADC0 共有 6 种 A/D 转换启动方式，由 ADC0CN 寄存器中的 ADC0 转换启动方式选择位（AD0CM[2:0]）的状态决定。转换触发源包括：

- 写 1 到 ADC0CN 的 AD0BUSY 位；
- 定时/计数器 T0 溢出（定时的连续转换）；
- 定时/计数器 T2 溢出；
- 定时/计数器 T1 溢出；
- CNVSTR 输入信号的上升沿（外部信号控制）；

● 定时/计数器 T3 溢出。

向 AD0BUSY 写 1 方式提供了用程序控制 ADC0 转换的能力。AD0BUSY 位在转换期间被置 1，转换结束后复 0。AD0BUSY 位的下降沿触发中断（当被允许时）并置位 ADC0CN 中的中断标志（AD0INT）。当工作在查询方式时，可通过查询 AD0INT 位确定 A/D 转换是否完成。当 AD0INT 位为 1 时，ADC0 数据寄存器（ADC0H:ADC0L）中的转换结果有效。当使用 T2 溢出或 T3 溢出作为转换源时，如果 T2 或 T3 工作在 8 位方式，使用 T2/T3 的低字节溢出；如果 T2/T3 工作在 16 位方式，则使用 T2/T3 的高字节溢出。

CNVSTR 输入引脚在 C8051F360 中为 P0.7 引脚。当使用 CNVSTR 输入作为 ADC0 转换源时，相应的引脚应被交叉开关跳过。为使交叉开关跳过某个引脚，应将寄存器 PnSKIP 中的对应置 1。

2. 采样方式

每次 ADC0 转换之前，都必须有 1 个最小的采样保持时间，以保证转换结果准确。ADC0CN 寄存器中的 AD0TM 位控制 ADC0 的采样方式。在默认状态，ADC0 输入被连续采样（转换期间除外）。当 AD0TM 位被置 1 时，ADC0 工作在低功耗方式，每次转换前有 3 个 SAR 时钟的采样时间（采样发生在转换启动信号有效之后）。在低功耗方式下，使用 CNVSTR 信号作为转换启动源时，只有在 CNVSTR 输入为低电平时采样；从 CNVSTR 的上升沿开始转换，如图 3-4 所示。当器件处于低功耗停机或休眠方式时，可以禁止采样。

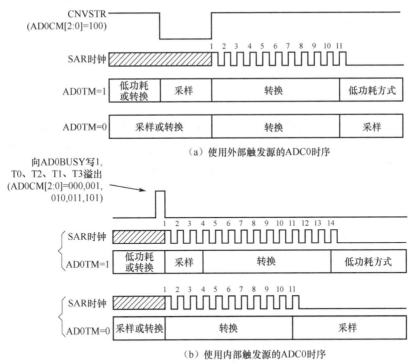

（a）使用外部触发源的ADC0时序

（b）使用内部触发源的ADC0时序

图 3-4　10 位 ADC0 采样和转换时序示例

3. 建立时间

当 ADC0 输入配置发生改变时（AMUX0 的选择发生变化），在进行一次精确的转换之前，需要有一个最小的跟踪时间。该跟踪时间由 AMUX0 的电阻、ADC0 采样电容、外部信号源电阻及所要求的转换精度决定。在低功耗方式，每次转换需要用 3 个 SAR 时钟跟踪。对于大多数应用，3 个 SAR 时钟可以满足最小跟踪时间的要求。

图 3-5 给出了单通道和差分方式下的 ADC0 等效输入电路，这两种电路的时间常数相等。对于给定的转换精度（SA），所需要的 ADC0 建立时间可以由式（3-1）估算。当测量温度传感器的输出或 V_{DD}（相对于 GND）时，R_{TOTAL} 减小为 R_{MUX}。

$$t = \ln\left(\frac{2^n}{SA}\right) \times R_{TOTAL}C_{SAMPLE} \tag{3-1}$$

式中，SA 是转换精度，用 LSB 的分数表示（如转换精度 0.25 对应 1/4 LSB）；t 为所需要的建立时间，以秒为单位；R_{TOTAL} 为 AMUX0 的电阻与外部信号源电阻之和；n 为 ADC0 的分辨率。

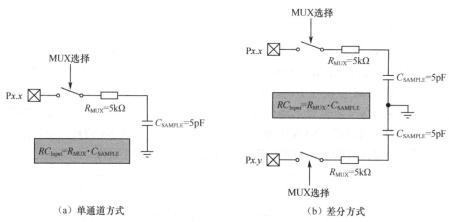

（a）单通道方式　　　　　　　　　　（b）差分方式

图 3-5　ADC0 等效输入电路

3.2.4　ADC0 相关寄存器

除已介绍的正输入通道选择寄存器 AMX0P 和负输入通道选择寄存器 AMX0N 外，与 ADC0 相关的寄存器还包括 ADC0 配置寄存器 ADC0CF、ADC0 数据字高字节寄存器 ADC0H、ADC0 数据字低字节寄存器 ADC0L、ADC0 控制寄存器 ADC0CN，其定义如图 3-6 至图 3-9 所示。

R/W	R/W	R/W	R/W	R/W	R/W	R/W	R/W
AD0SC4	AD0SC3	AD0SC2	AS0SC1	AS0SC0	AD0LJST	—	—
位 7	位 6	位 5	位 4	位 3	位 2	位 1	位 0

复位值：11111000　　　SFR 地址：0xBC　　　SFR 页：所有页

位 7～3：AD0SC[4:0]，逐次逼近寄存器（SAR）时钟周期选择位。

　　ADC0 的转换速度取决于 SAR 的时钟频率。ADC0 每次转换需要 10 个 SAR 时钟。ADC0 的最高转换速度为 200kbps，对应 SAR 时钟信号频率为 2MHz。SAR 时钟信号由系统时钟分频获得，分频值由寄存器中 AD0SC[4:0] 决定。假设 SYSCLK 为系统时钟频率，CLK_{SAR} 为 SAR 的时钟频率，则

$$ADC0SC = \frac{SYSCLK}{CLK_{SAR}}$$

位 2：AD0LJST，ADC0 左对齐选择位。

　　　　0：ADC0H:ADC0L 中的数据为右对齐。

　　　　1：ADC0H:ADC0L 中的数据为左对齐。

位 1～0：未用。读=00b，写=忽略。

图 3-6　ADC0 配置寄存器 ADC0CF 的定义

R/W	R/W	R/W	R/W	R/W	R/W	R/W	R/W
位 7	位 6	位 5	位 4	位 3	位 2	位 1	位 0

复位值：00000000   SFR 地址：0xBE   SFR 页：所有页

位 7~0：ADC0 数据字高字节。

  AD0LJST=0 时：位 7~2 为位 1 的符号扩展位，位 1~0 为 10 位 ADC0 数据的高 2 位。

  AD0LJST=1 时：位 7~0 是 10 位 ADC0 数据的高 8 位。

图 3-7　ADC0 数据字高字节寄存器 ADC0H 的定义

R/W	R/W	R/W	R/W	R/W	R/W	R/W	R/W
位 7	位 6	位 5	位 4	位 3	位 2	位 1	位 0

复位值：00000000   SFR 地址：0xBD   SFR 页：所有页

位 7~0：ADC0 数据字低字节。

  AD0LJST=0 时：位 7~0 是 10 位 ADC0 数据的低 8 位。

  AD0LJST=1 时：位 7~6 是 10 位 ADC0 数据的低 2 位，位 5~0 的读出值总为 0。

图 3-8　ADC0 数据字低字节寄存器 ADC0L 的定义

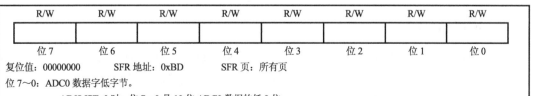

R/W	R/W	R/W	R/W	R/W	R/W	R/W	R/W
AD0EN	AD0TM	AD0INT	AD0BUSY	AD0WINT	AD0CM2	AD0CM1	AD0CM0
位 7	位 6	位 5	位 4	位 3	位 2	位 1	位 0

复位值：00000000   SFR 地址：0xE8（可按位寻址）   SFR 页：所有页

位 7：AD0EN，ADC0 使能位。

  0：ADC0 禁止。ADC0 处于低功耗停机状态。

  1：ADC0 使能。ADC0 处于活动状态，可以进行数据转换。

位 6：AD0TM，ADC0 采样方式位。

  0：正常方式。当 ADC0 被使能时，除转换期间外，一直处于采样方式。

  1：低功耗方式。由 AD0CM[2:0]定义采样方式（见下面的说明）。

位 5：AD0INT，ADC0 转换结束中断标志位。

  0：自最后一次将该位清 0 后，ADC0 还没有完成一次数据转换。

  1：ADC0 完成了 1 次数据转换。

位 4：AD0BUSY，ADC0 忙标志位。

  一读 0：ADC0 转换结束或当前不再进行数据转换。AD0INT 在 AD0BUSY 的下降沿被置 1。

     1：ADC0 正在进行数据转换。

  一写 0：无作用。

     1：若 AD0CM[2:0]＝000b，则启动 ADC0 转换。

位 3：AD0WINT，ADC0 窗口检测器中断标志位。

  0：自该标志最后一次被清 0 以来，未发生 ADC0 窗口检测器匹配。

  1：发生了 ADC0 窗口检测器匹配。

位 2~0：AD0CM[2:0]，ADC0 转换启动方式选择位。

  当 AD0TM=0 时

    000：向 AD0BUSY 写 1 时，启动 ADC0 转换。

    001：T0 溢出启动 ADC0 转换。

    010：T2 溢出启动 ADC0 转换。

    011：T1 溢出启动 ADC0 转换。

    100：外部 CNVSTR 输入信号的上升沿启动 ADC0 转换。

    101：T3 溢出启动 ADC0 转换。

    11x：保留。

图 3-9　ADC0 控制寄存器 ADC0CN 的定义

当 AD0TM = 1 时

  000：向 AD0BUSY 写 1 时启动跟踪，持续 3 个 SAR 时钟后开始转换。

  001：T0 溢出启动跟踪，持续 3 个 SAR 时钟后开始转换。

  010：T2 溢出启动跟踪，持续 3 个 SAR 时钟后开始转换。

  011：T1 溢出启动跟踪，持续 3 个 SAR 时钟后开始转换。

  100：ADC0 只在 CNVSTR 输入为低电平时跟踪，在 CNVSTR 的上升沿开始转换。

  101：T3 溢出启动跟踪，持续 3 个 SAR 时钟后开始转换。

  11x：保留。

图 3-9 ADC0 控制寄存器 ADC0CN 的定义（续）

3.2.5 窗口检测器

  窗口检测器持续监测 ADC0 输出与用户编程的极限值，当检测到满足越限条件时，通知 CPU。这种方式在中断驱动的系统中非常有效，不仅可以节省代码空间和 CPU 带宽，还可以提供实时响应。窗口检测器中断标志（ADC0CN 寄存器中的 AD0WINT 位）也可用于查询方式。ADC0 下限（大于）数据字寄存器（ADC0GTH:ADC0GTL）和 ADC0 上限（小于）数据字寄存器（ADC0LTH:ADC0LTL）中保持比较值。窗口检测器中断标志既可以在测量数据位于用户编程的极限值以内时有效，也可以在测量数据位于用户编程的极限值以外时有效，这取决于 ADC0GT 和 ADC0LT 寄存器的编程值。

  窗口检测器寄存器的数据格式（左/右对齐，有符号/无符号）必须与当前的 ADC0 配置格式（左/右对齐，单通道/差分）相同。相关寄存器的定义如图 3-10 至图 3-13 所示。

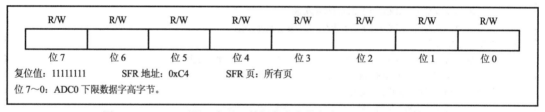

图 3-10 ADC0 下限（大于）数据字高字节寄存器 ADC0GTH 的定义

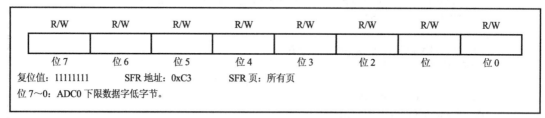

图 3-11 ADC0 下限（大于）数据字低字节寄存器 ADC0GTL 的定义

R/W	R/W	R/W	R/W	R/W	R/W	R/W	R/W
位 7	位 6	位 5	位 4	位 3	位 2	位 1	位 0

复位值：00000000 SFR 地址：0xC6 SFR 页：所有页

位 7～0：ADC0 上限数据字高字节。

图 3-12 ADC0 上限（小于）数据字高字节寄存器 ADC0LTH 的定义

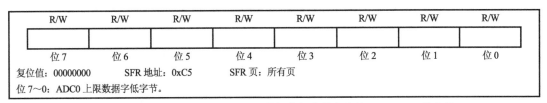

R/W	R/W	R/W	R/W	R/W	R/W	R/W	R/W
位 7	位 6	位 5	位 4	位 3	位 2	位 1	位 0

复位值：00000000　　　SFR 地址：0xC5　　　SFR 页：所有页

位 7～0：ADC0 上限数据字低字节。

图 3-13　ADC0 上限（小于）数据字低字节寄存器 ADC0LTL 的定义

3.2.6　应用举例

1. 单通道方式下的窗口检测器举例

图 3-14 给出了单通道方式下数据右对齐窗口比较的两个例子。图 3-14（a）使用的极限值为：ADC0LTH:ADC0LTL=0x0080（128d）和 ADC0GTH:ADC0GTL=0x0040（64d）；图 3-14（b）使用的极限值为：ADC0LTH:ADC0LTL=0x0040 和 ADC0GTH:ADC0GTL= 0x0080。工作在单通道方式，转换码是 10 位无符号整数，对应的电压范围为 0～V_{REF}×1023/1024。对于图 3-14（a），如果 ADC0 转换结果数据字位于由 ADC0GTH:ADC0GTL 和 ADC0LTH: ADC0LTL 定义的范围之内（0x0040 < ADC0H:ADC0L < 0x0080），则将产生 AD0WINT 中断。对于图 3-14（b），如果 ADC0 转换结果数据字位于由 ADC0GT 和 ADC0LT 定义的范围之外（ADC0H:ADC0L < 0x0040 或 ADC0H:ADC0L > 0x0080），则将产生 AD0WINT 中断。图 3-15 给出了使用相同比较值的单通道方式下数据左对齐窗口比较的例子。

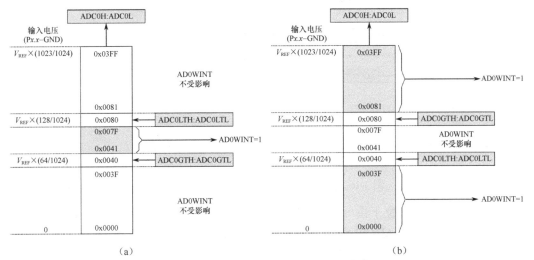

|（a）| |（b）|

图 3-14　窗口比较示例（单通道方式右对齐数据）

2. 差分方式下的窗口检测器举例

图 3-16 给出了差分方式下数据右对齐窗口比较的两个例子。图 3-16（a）使用的极限值为：ADC0LTH:ADC0LTL=0x0040(+64d)和 ADC0GTH:ADC0GTL=0xFFFF(-1d)；图 3-16（b）使用的极限值为：ADC0LTH:ADC0LTL=0xFFFF(-1d)和 ADC0GTH:ADC0GTL =0x0040 (+64d)。工作在差分方式，转换码是 10 位有符号整数（补码），对应的电压范围为-V_{REF}～V_{REF}×511/512。对于图 3-16（a），如果 ADC0 转换结果数据字（ADC0H:ADC0L）位于由 ADC0GTH: ADC0GTL 和 ADC0LTH:ADC0LTL 定义的范围之内（0xFFFF(-1d) <ADC0H:ADC0L< 0x0040(+64d)），则会产生一个 AD0WINT 中断。对于图 3-16（b），如果 ADC0 转换结果数据

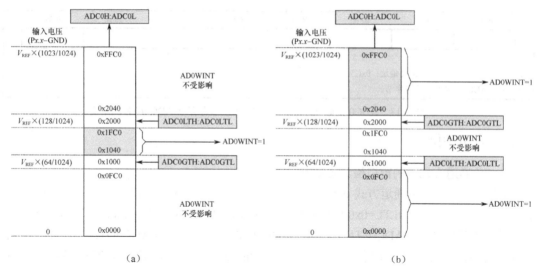

图 3-15　窗口比较示例（单通道方式左对齐数据）

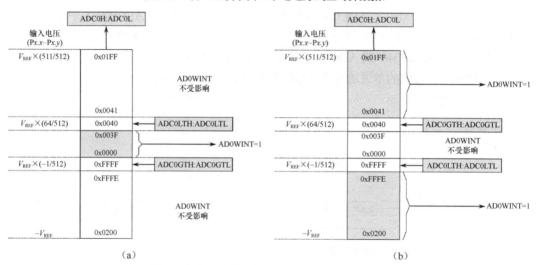

图 3-16　窗口比较示例（差分方式右对齐数据）

字（ADC0H:ADC0L）位于由 ADC0GT 和 ADC0LT 定义的范围之外（ADC0H:ADC0L<0xFFFF(-1d)或 ADC0H:ADC0L>0x0040(+64d)），则会产生一个 AD0WINT 中断。图 3-17 给出了使用相同比较值的差分方式下数据左对齐窗口比较的例子。

3.2.7　例程

C8051F360 内部 A/D 转换例程见附录 B。例程中涉及的单片机系统硬件设计及底层模块见 5.2 节。例程通过定时器中断（TT1 中断服务），每 0.5ms 启动 A/D 转换，在 A/D 转换完成时触发中断（ADC0INT 中断服务），将转换结果送到 C8051F360 的内部 D/A 转换器，可以在 D/A 输出引脚用示波器检测到与 A/D 转换输入相似的波形。读者重点学习与 A/D 转换相关的底层函数：A/D 转换初始化函数 ADC_INIT()、定时器中断服务 hasTT1_INIT0()和 A/D 转换中断服务函数 ADC0INT()。

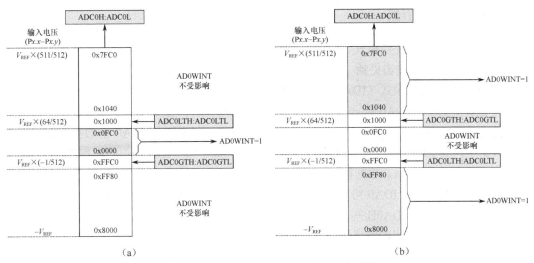

图 3-17　窗口比较示例（差分方式左对齐数据）

3.3　10 位电流模式的 DAC（IDA0）

3.3.1　DAC 的工作过程

C8051F360 内部包含一个 10 位电流模式的 D/A 转换器（IDA0）。IDA0 的最大输出电流可以设置为 0.5mA、1mA 或 2mA，可以通过 IDA0 控制寄存器中的 IDA0EN 位使能或禁止 IDA0。当 IDA0EN 位被置 0 时，IDA0 被禁用；当 IDA0EN 位被置 1 时，IDA0 被使能，其输出引脚为 P0.4 引脚。此时，该引脚的数字输出驱动器和弱上拉被自动禁止，引脚被连到 IDA0 的输出，内部的带隙偏置发生器为其提供基准电流。当使用 IDA0 时，P0SKIP 寄存器中的位 1 应被置 1，以使 P0.4 引脚的交叉开关跳过 DAC 引脚。

8 位 CPU 将 10 位数据分时送入 DAC0H、DAC0L 16 位寄存器，在适当的时候（取决于更新模式）再同时送入 10 位锁存器，经 R-$2R$ 电阻网络输出模拟电流信号。IDA0 的原理框图如图 3-18 所示。

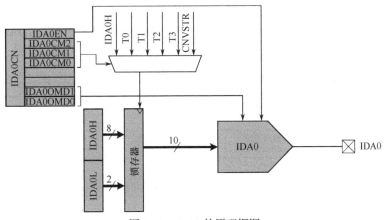

图 3-18　IDA0 的原理框图

3.3.2　IDA0 输出更新

IDA0 有 3 种输出更新模式。

1. On-Demand 输出更新

IDA0 的默认更新模式（IDAC0[6:4]=111）为 On-Demand 模式，即写 IDA0H 更新模式。此时，更新发生在写 IDA0 数据寄存器高字节（IDA0H）时。在该模式下，写 IDA0L 时数据被保持，在写 IDA0H 之前 IDA0 的输出不会发生变化。如果要向 IDA0 的数据寄存器写 10 位的数据字，则 10 位数据字写入低字节（IDA0L）和高字节（IDA0H）数据寄存器。在执行完对 IDA0H 的写操作后，数据被锁存到 IDA0，因此，在需要 10 位分辨率的情况下，应先写 IDA0L，再写 IDA0H。IDA0 可用于 8 位方式，此时要将 IDA0L 初始化为一个所希望的数值（通常为 0x00），只对 IDA0H 写入。

2. 基于定时器溢出的输出更新

在用定时器溢出时启动 D/A 转换，转换发生时间与 CPU 无关。与此类似，IDA0 的输出也可以用定时器溢出事件触发更新。该特性在给定采样频率产生输出波形的系统中非常有用，可以避免中断延迟时间和指令执行时间变化对 IDA0 输出时序的影响。当 IDA0CM 位（IDA0CN[6:4]）被设置为 000、001、010 或 011 时，写入两个 IDA0 数据寄存器（IDA0L 和 IDA0H）的数据被保持，直到相应的定时器溢出事件（分别为 T0、T1、T2 或 T3）发生时，IDA0H:IDA0L 的内容才被复制到 IDA0 输入锁存器，允许 IDA0 输出变为新值。

3. 基于 CNVSTR 边沿的输出更新

IDA0 还可以被配置为在外部 CNVSTR 信号的上升沿、下降沿或两个边沿进行输出更新。当 IDA0CM 位（IDA0CN[6:4]）被设置为 100、101 或 110 时，写入两个 IDAC 数据寄存器（IDA0L 和 IDA0H）的数据被保持，直到 CNVSTR 引脚输入信号的边沿发生。IDA0CM 位的具体设置决定 IDA0 输出更新发生在 CNVSTR 的上升沿、下降沿或在两个边沿都发生更新。当相应的边沿发生时，IDA0H:IDA0L 的内容被复制到 IDA0 输入锁存器，允许 IDAC 输出变为新值。

3.3.3　IDA0 输出字格式

IDA0 数据寄存器（IDA0H 和 IDA0L）中的数据是左对齐的，即 IDA0 输出数据字的高 8 位被映射到 IDA0H 的位 7～位 0，而 IDAC 输出数据字的低 2 位被映射到 IDA0L 的位 7 和位 6。图 3-19 所示为 IDA0 数据字的格式。

IDA0H								IDA0L							
D9	D8	D7	D6	D5	D4	D3	D2	D1	D0						

输入数据字 (D9~D0)	输出电流 IDA0OMD[1:0]=1x	输出电流 IDA0OMD[1:0]=01	输出电流 IDA0OMD[1:0]=00
0x000	0mA	0mA	0mA
0x001	1/1024×2mA	1/1024×1mA	1/1024×0.5mA
0x200	512/1024×2mA	512/1024×1mA	512/1024×0.5mA
0x3FF	1023/1024×2mA	1023/1024×1mA	1023/1024×0.5mA

图 3-19　IDA0 数据字的格式

IDA0 的满量程输出电流由 IDA0OMD 位（IDA0CN[1:0]）选择。默认情况下，IDA0 的满量程输出电流被设置为 2mA。通过配置 IDA0OMD 位，还可以将满量程输出电流设置为 0.5mA 或 1mA。

3.3.4 IDA0 相关寄存器

IDA0 相关寄存器的定义如图 3-20 至图 3-22 所示。

R/W	R/W	R/W	R/W	R	R	R/W	R/W
IDA0EN		IDA0CM		—	—		IDA0OMD
位 7	位 6	位 5	位 4	位 3	位 2	位 1	位 0

复位值：01110010　　　SFR 地址：0xB9　　　SFR 页：所有页

位 7：IDA0EN，IDA0 使能位。

　　　　0：IDA0 禁止。

　　　　1：IDA0 使能。

位 6～4：IDA0CM[2:0]，IDA0 输出更新源选择位。

　　　　000：T0 溢出触发 DAC 输出更新。

　　　　001：T1 溢出触发 DAC 输出更新。

　　　　010：T2 溢出触发 DAC 输出更新。

　　　　011：T3 溢出触发 DAC 输出更新。

　　　　100：CNVSTR 的上升沿触发 DAC 输出更新。

　　　　101：CNVSTR 的下降沿触发 DAC 输出更新。

　　　　110：CNVSTR 的两个边沿触发 DAC 输出更新。

　　　　111：写 IDA0H 触发 DAC 输出更新（默认）。

位 3～2：未用。读=00b；写=忽略。

位 1～0：IDA0OMD[1:0]，IDA0 输出方式选择位。

　　　　00：0.5mA 满量程输出电流。

　　　　01：1.0mA 满量程输出电流。

　　　　1x：2.0mA 满量程输出电流（默认）。

图 3-20　IDA0 控制寄存器 IDA0CN 定义

R/W	R/W	R/W	R/W	R/W	R/W	R/W	R/W
位 7	位 6	位 5	位 4	位 3	位 2	位 1	位 0

复位值：00000000　　　SFR 地址：0x97　　　SFR 页：所有页

位 7～0：10 位 IDA0 数据字的高 8 位。

图 3-21　IDA0 数据字高字节寄存器 IDA0H 定义

R/W	R/W	R/W	R/W	R/W	R/W	R/W	R/W
		—	—	—	—	—	—
位 7	位 6	位 5	位 4	位 3	位 2	位 1	位 0

复位值：00000000　　　SFR 地址：0x96　　　SFR 页：所有页

位 7～6：10 位 IDA0 数据字的低 2 位。

位 5～0：未用。读 = 000000b，写 = 忽略。

图 3-22　IDA0 数据字低字节寄存器 IDA0L 定义

3.3.5 例程

C8051F360 内部 D/A 转换例程见附录 C。例程中涉及的单片机系统硬件设计及底层模块见 5.2 节。例程通过主程序控制 D/A 转换输出正弦波,由于波形数值采用 8 位数据,因此仅送 IDA0H 寄存器(高 8 位),IDA0L 寄存器恒为 0,每个周期为 256 点,采用 256 次循环输出。读者可以修改程序,采用定时器中断周期性输出 D/A 转换数据,通过控制定时时间间隔改变输出信号的频率,也可以通过改变波形表数据实现任意波形。读者重点学习与 D/A 转换相关的底层函数:D/A 转换初始化函数 DAC_INIT() 和 D/A 转换数据输出的主程序。

3.4　电压基准

C8051F360 的电压基准可以配置为连接到外部电压基准电路、内部电压基准电路或电源电压 V_{DD}(见图 3-23)。电压基准控制寄存器 REF0CN 中的 REFSL 位用于选择基准源。选择使用外部或内部电压基准电路时,REFSL 位应被置 0;选择 V_{DD} 作为基准源时,REFSL 应被置 1。

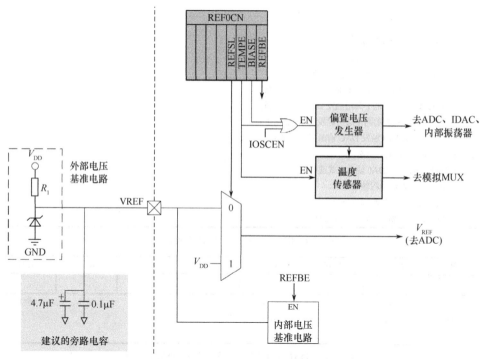

图 3-23　电压基准原理框图

REF0CN 寄存器中的 BIASE 位用于控制内部偏置电压发生器。ADC、温度传感器、内部振荡器和 IDAC 都要使用偏置电压发生器提供的偏置电压。当这些部件中的任何一个被使能时,BIASE 位被自动置 1,也可以通过向 REF0CN 中的 BIASE 位写 1 使能偏置电压发生器。

内部电压基准电路包含一个 1.2V 的带隙电压基准发生器和一个两倍增益的输出缓冲放大器。通过将 REF0CN 寄存器中的 REFBE 位置 1,实现将内部电压基准电路驱动输出到 VREF 引脚。VREF 引脚对地的负载电流应小于 200μA。当使用内部电压基准电路时,建议在 VREF 引脚和 GND 之间接 0.1μF 和 4.7μF 的旁路电容。如果不使用内部电压基准,REFBE 位应被清 0。

C8051F360 的 P0.3 引脚可用作外部 V_{REF} 的输入和内部 V_{REF} 的输出。当使用外部电压基准电路或内部电压基准时,该引脚应被配置为模拟输入并被交叉开关跳过。为了将该引脚配置为模拟输入，应将 P0MDIN 寄存器的相应位置 0。为使交叉开关跳过该引脚，应将 P0SKIP 寄存器的相应位置 1。REF0CN 中的 TEMPE 位用于使能/禁止温度传感器。当被禁止时，温度传感器为默认的高阻状态，此时对温度传感器的任何 ADC0 测量结果都是无意义的。

电压基准控制寄存器 REF0CN 的定义如图 3-24 所示。

R	R	R	R	R/W	R/W	R/W	R/W
—	—	—	—	REFSL	TEMPE	BIASE	REFBE
位 7	位 6	位 5	位 4	位 3	位 2	位 1	位 0

复位值：00000000   SFR 地址：0xD1   SFR 页：所有页

位 7~4：未用。读=0000b，写=忽略。

位 3：REFSL，电压基准选择位，该位选择电压基准源。

    0：VREF 引脚作为电压基准。

    1：V_{DD} 作为电压基准。

位 2：TEMPE，温度传感器使能位。

    0：内部温度传感器关闭。

    1：内部温度传感器工作。

位 1：BIASE，内部偏置电压发生器使能位。

    0：内部偏置电压发生器关闭。

    1：内部偏置电压发生器工作。

位 0：REFBE，内部基准缓冲器使能位。

    0：内部基准缓冲器被禁止。

    1：内部基准缓冲器被使能。内部电压基准电路被驱动到 VREF 引脚。

图 3-24　电压基准控制寄存器 REF0CN 的定义

第4章 开发工具简介

数字系统设计主要涉及基于 C8051F360 单片机的软硬件设计、基于 FPGA 器件的逻辑设计。本章简要介绍以上设计中用到的开发工具，读者可自行参考相关手册及资料以进一步深入学习。

4.1 单片机集成开发环境简介

C8051 系列单片机的开发环境可以使用 Keil μVision 或 Silabs IDE，其中 Keil μVision 可用于 C8051 系列的各种单片机、非 C8051 系列的各种单片机及 ARM 处理器等，具有较广泛的通用性。Silabs IDE 只能应用于 C8051 系列单片机的开发，且本身不带编译器，使用上有一定的局限性。

Keil μVision 是美国 Keil 公司的产品，集编辑、编译、仿真调试等功能于一体，具有当前典型嵌入式处理器开发的流行界面。目前，常用的版本是 Keil μVision3，较新的版本是 Keil μVision5，本书主要介绍 Keil μVision3。它支持世界上几十家公司的数百种嵌入式处理器，支持汇编、C 语言程序的开发。

4.1.1 扩展对 C8051F360 的支持

标准的 Keil μVision 是不直接支持 C8051F 系列单片机的开发的。下面以 Keil μVision3 为例，在安装完成后，必须安装 C8051F 系列单片机的调试驱动程序 SiC8051F_uv3（该程序可到 Silicon Laboratories 官方网站下载），如图 4-1 所示，必须指定安装到 Keil μVision3 所在的目录。使用 Windows10 系统时，建议"以管理员身份运行"安装驱动程序。

图 4-1 C8051F 系列单片机调试驱动程序的安装

4.1.2 建立工程及源代码文件

安装完成后，可以新建一个 C51 的工程项目：Project→New→μVision Project，如图 4-2 所示。在选择 CPU 时，选 Silicon Laboratories, Inc.下面的 C8051F360，如图 4-3 所示。如无法找到该单片机，则是因为没有正确安装 C8051F 调试驱动程序。输入项目文件夹及项目名后，在选择"Copy Standard 8051 Startup Code to Project Folder and Add File to Project?"时，一般应选"否（N）"，之后即建立了一个新工程项目。

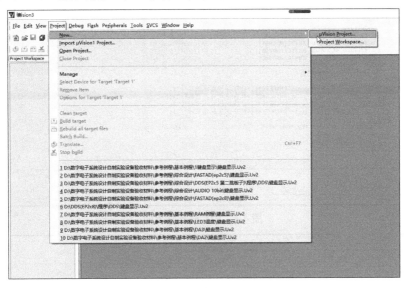

图 4-2　新建项目

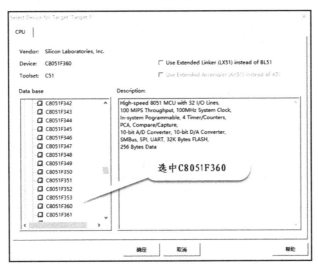

图 4-3　选择单片机（C8051F360）

单击菜单 File→New 命令，建立新的源代码文件。用户输入源代码后，单击菜单 File→Save 命令后，提示输入文件名。如果是汇编语言的源代码，则以.asm 为文件的类型名（如1.asm）；如果是 C 语言的源代码，则以.c 为文件的类型名（如 1.c）。之后将按语法格式显示源代码（注释、常数、运算符等以不同颜色显示），如图 4-4 所示。

建立的源代码文件必须与工程相关联，选中图 4-4 中左侧窗口中的"Source Group 1"文件夹后右击鼠标，选中其中的"Add Files to Group 'Source Group1'"选项，如图 4-5 所示。选中前述保存的源代码文件（如 1.c），单击"Add"按钮，即完成了源代选项文件与工程的关联，如图 4-6 所示。

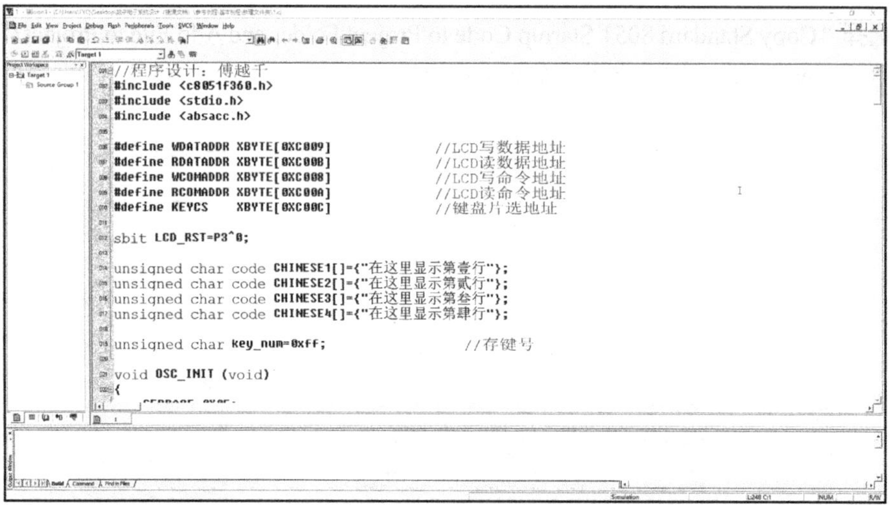

图 4-4　源代码文件界面

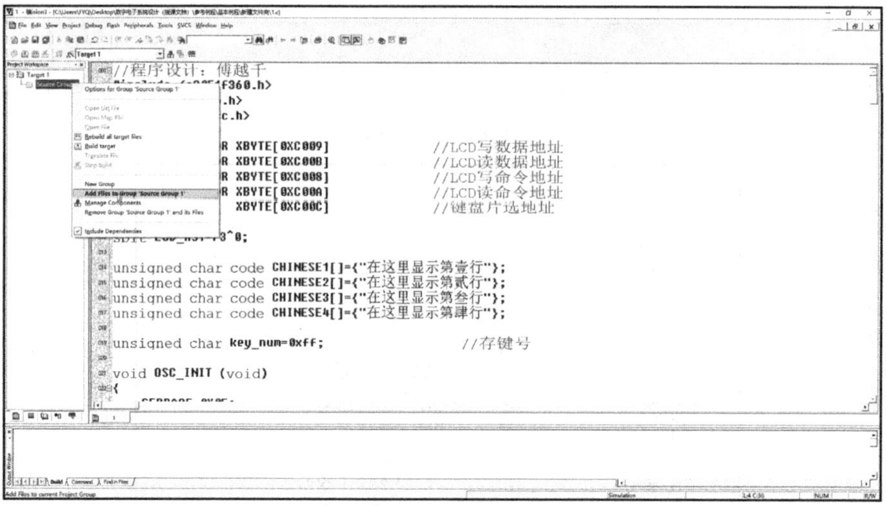

图 4-5　源代码文件与工程关联

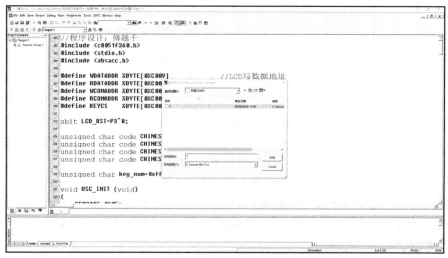

图 4-6　选中关联的源代码文件

4.1.3 编译工程

工程的编译是正确生成目标文件的关键，要完成这一任务需要进行一些基本设置。在Project菜单的下拉选项中，单击"Options for Target 'Target 1'"选项，弹出如图4-7所示界面。

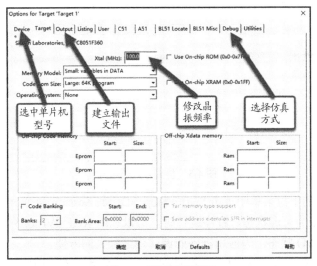

图4-7　编译设置界面

工程的编译设置内容较多，多数可以采用默认设置，但有些内容必须确认或修改。这些内容主要包括：

① Device标签，用于单片机型号的选择，例如选择C8051F360等。

② Target标签，用于晶振频率的设置。该设置与软件模拟仿真（Simulator）有关，如果采用硬件调试，则此项无须设置。

③ Output标签，勾选输出文件选项Creat HEX File。

④ Debug标签，用于软件模拟方式与硬件仿真方式的选择。

这些配置完成后，就可以进行编译了。在Project菜单的下拉选项中，单击"Rebuild all target files"选项，系统进行编译，并提示编译信息。如果有语法错误，则在下面信息框中显示错误原因及行号，进行修改后重新编译，直至无错并生成目标文件。此时在该工程的文件夹下会找到新生成的文件，如1.HEX。

4.1.4 仿真调试

程序错误一般包括语法错误和逻辑错误。编译完成仅仅表示程序没有语法错误，是程序调试的第一步。要排除程序中的逻辑错误，一般要通过仿真调试。仿真调试可以分为两大类：一类是软件模拟方式；另一类是硬件仿真方式。前者无须硬件仿真器，但无法仿真目标系统的实时功能，常用于算法调试；后者需要硬件仿真器，它可以仿真目标系统的实时功能，常用于应用系统的硬件调试。

图4-7中的Debug标签可以设置仿真方式。如果采用软件模拟方式，则选中左侧的"Use Simulator"选项；如果选择C8051F360的硬件仿真方式，则在右侧"Settings"按钮前的下拉框中选择"Silicon Laboratories C8051Fxxx"选项（如果找不到该选项，一般是因为未正确安

装 C8051F 的调试驱动程序），如图 4-8 所示。

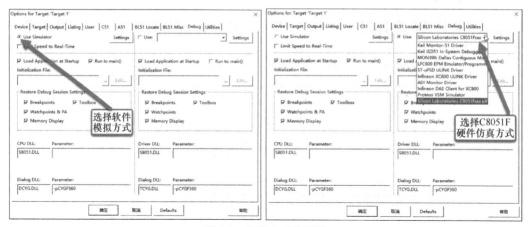

图 4-8　仿真方式的设置

在 Debug 菜单的下拉菜单中单击 Start→Stop→Debug Session 命令，会使 Debug 菜单下的 Run、Step 等选项成为可选状态。程序运行时，可以利用 Keil μVision3 的调试功能在窗口中观察变量、端口的 I/O 状态，为应用程序的调试带来极大的方便。

采用硬件仿真方式时，其硬件连接参见图 1-3，系统需要有 USB 调试适配器（如 U-EC6 等），每次单击 Debug→Start Debug Session 命令时，会将程序通过 USB 调试适配器烧写到 C8051F360 单片机中，且断电保存。

4.2　C8051F 系列单片机的图形化配置软件

C8051F 系列单片机比 MCS-51 单片机提供了更多的内部资源，要使用这些内部资源，必须对这些资源进行初始化，即对相关的特殊功能寄存器写入初始化参数。如前面章节所述，由于新增资源较多，需要对照特殊功能寄存器定义对不同资源进行初始化设置，这对编程有一定的困难。为解决以上问题，Silicon Laboratories 公司提供了图形化配置软件。

下载 ConfigAndConfig2Install.exe 后安装 Configuration Wizard2，如图 4-9 所示。

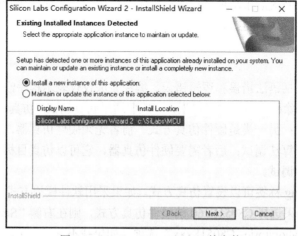

图 4-9　Configuration Wizard2 的安装

安装完成后运行 Configuration Wizard2，单击 File→New 命令，选择具体单片机系列及型号，如图 4-10 所示，如选用 C8051F360，单击"OK"按钮，自动建立一个空的 C 语言初始化函数 Init_Device(void)，如图 4-11 所示。在 Options→Code Format 菜单中可以选择 C 或 ASM，也可建立汇编（ASM）初始化程序。

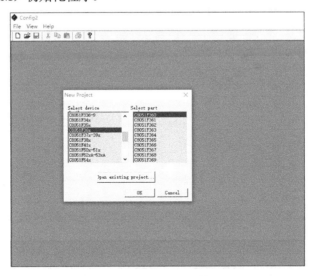

图 4-10 选择单片机系列及型号

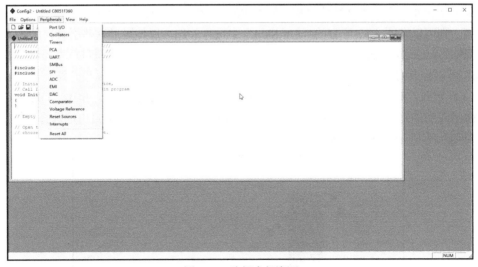

图 4-11 选择内部资源

在 Peripherals 菜单中可以初始化资源，包括 Port I/O（I/O 端口设置）、Oscillators（振荡器）、Timers（定时/计数器）、PCA（可编程定时/计数器阵列）、UART（异步串行接口）、SMBus、SPI、ADC（A/D 转换器）、EMI（外部数据存储器接口）、DAC（D/A 转换器）、Comparator（比较器）、Voltage Reference（电压基准）、Reset Sources（复位源）和 Interrupts（中断）等 14 类所有 C8051F360 单片机的内部资源，如图 4-11 所示。

下面以 I/O 端口初始化为例进行说明。假设系统需要用到异步串行接口 UART0（含串行数据发送引脚 TX0 和串行数据接收引脚 RX0）、SPI 串行总线接口 SPI0（含 MISO、MOSI、

SCK 和 NSS 4 个引脚）、SMBus 总线（含 SDA、SCL 2 个引脚）及需对外部脉冲进行计数的定时/计数器 Timer0（T0 为外部脉冲输入引脚）。可以勾选图 4-12 左侧的 UART0、SPI0、SMBus、Timer0 即可，此时按照选用的 I/O 端口，自动设置对应的引脚（见表 4-1），对应的初始化参数在图中下方进行提示，即图 4-12 中下方的 XBR0=0x07，XBR1=0x10。

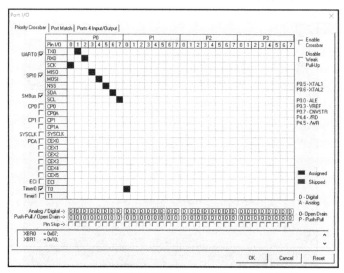

图 4-12　未设置引脚跳过时的 I/O 端口图形化设置

如果某种原因需要跳过某些引脚，例如 P0.3～P0.7 引脚有其他用途，不能作为上述接口的引脚，则可以在图 4-12 下方的 "Pin Skip" 中进行勾选，以便跳过这些引脚，如图 4-13 所示。另外，"Analog/Digital" 可以控制对应引脚用于模拟量（A）还是数字量（D），"Push-Pull/Open Drain" 可以控制对应引脚在数字输出时内部是推拉式输出（P）还是漏极开路输出（O）。如图 4-13 设置时，对应的参数在图 4-13 下方提示，其引脚对应见表 4-1。单击 "OK" 按钮后，可直接生成初始化代码，如图 4-14 所示。需要强调，引脚并不能完全自由地选择，例如改变SCK 的输出引脚是无法实现的。

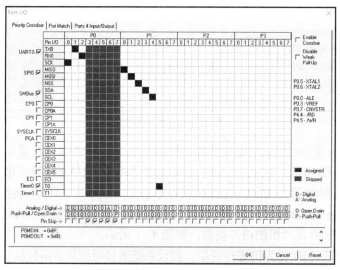

图 4-13　设置引脚跳过时的 I/O 端口图形化设置

表 4-1　I/O 设置举例对比

接口名	引脚名	未设置跳过时引脚	设置跳过后引脚
UART0	TX0	P0.1	P0.1
	RX0	P0.2	P0.2
SPI0	SCK	P0.0	P0.0
	MISO	P0.3	P1.0
	MOSI	P0.4	P1.1
	NSS	P0.5	P1.2
SMBus	SDA	P0.6	P1.3
	SCL	P0.7	P1.4
Timer0	T0	P1.0	P1.5

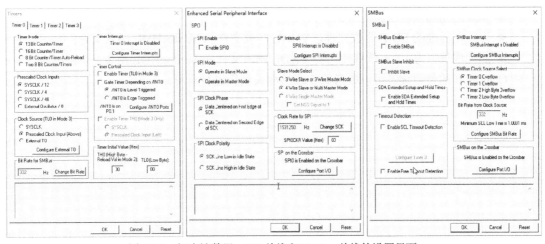

图 4-14　自动生成的初始化代码

Configuration Wizard2 图形化界面能使用户更好、更快地配置单片机的所有资源，用户可以根据不同图形化界面进行设置，并生成初始化代码。如图 4-15 所示为定时/计数器、SPI 总线和 SMBus 总线的设置界面。

图 4-15　定时/计数器、SPI 总线和 SMBus 总线的设置界面

4.3 CPLD/FPGA 设计软件 Quartus II

单片机的程序驱动特征在人机对话和控制系统设计中具有很强的优势，但在高速数字系统应用中，由于受到最小指令执行周期的限制，却存在先天缺陷。在高速数字系统设计中，可以采用单片机与 CPLD/FPGA 相结合方式，由单片机完成人机对话、系统控制及参数计算，CPLD/FPGA 根据参数实现高速数字逻辑。

目前，广泛采用 Xilinx 和 Altera（2015 年已被 Intel 公司收购）公司的 CPLD/FPGA 芯片。Quartus II 是 Altera 公司的综合性 CPLD/FPGA 开发软件。它支持原理图、VHDL、VerilogHDL 及 AHDL 等多种设计输入形式，内嵌自有的综合器及仿真器，可以完成从设计输入到硬件配置的完整 PLD 设计流程。

在学习本书之前，读者有必要精通一种硬件设计语言，如 VHDL、VerilogHDL 或 AHDL 等。设计复杂高速数字系统时，利用现成的 IP 核（Intellectual Property Core）可以有效提高设计效率，Quartus II 支持 Altera 的 IP 核，包含 LPM/MegaFunction 宏功能模块库，用户可以充分利用成熟的模块，简化设计的复杂性，从而加快设计速度。

Quartus II 的更新非常快，主要是增加新功能和对新器件的支持，常规功能主要包括：

- 可利用原理图、结构框图、VerilogHDL、AHDL 和 VHDL 完成电路描述，并将其保存为设计实体文件；
- 芯片（电路）平面布局连线编辑；
- LogicLock 增量设计方法，用户可建立并优化系统，然后添加对原始系统的性能影响较小或无影响的后续模块；
- 功能强大的逻辑综合工具；
- 完备的电路功能仿真与时序逻辑仿真工具；
- 定时/时序分析与关键路径延时分析；
- 可使用 SignalTap II 逻辑分析工具进行嵌入式的逻辑分析；
- 支持软件源文件的添加和创建，并将它们链接起来生成编程文件；
- 使用组合编译方式可一次完成整体设计流程；
- 自动定位编译错误；
- 高效的期间编程与验证工具；
- 可读入标准的 EDIF 网表文件、VHDL 网表文件和 VerilogHDL 网表文件；
- 能生成第三方 EDA 软件使用的 VHDL 网表文件和 VerilogHDL 网表文件。

Quartus II 的使用读者可以参考第 5 章的相关例程进行学习。

第5章 实验平台概述

5.1 总体框架

数字系统设计实验平台以高速 SoC 单片机 C8051F360 和 FPGA EP2C8T144 为核心,主要包括 9 个模块,如图 5-1 所示,其主要配置见表 5-1。

图 5-1　数字系统设计实验平台

表 5-1　数字系统设计实验平台的主要配置

型号	名称	主要配置	备注
EZ-001	MCU 模块	SoC 单片机 C8051F360、CPLD 芯片 EPM3064ATC44	
EZ-002	FPGA 模块	EP2C8T144、串行配置芯片、JTAG 和 AS 配置接口	
EZ-003	LCD 和键盘模块	HS12864 中文液晶(含中文字库)和 16 个按键	
EZ-004	8 位高速 A/D 模块	30MHz 8 位 A/D 转换器 ADS930、信号调理电路	
EZ-005	10 位高速 D/A 模块	双路 100MHz 10 位 D/A 转换器 THS5651、差分放大电路、反相放大电路	
EZ-006	数码显示和温度检测模块	4 位数码管、LED 显示器、DS1624 温度传感器	
EZ-007	大容量 SRAM 模块	512K×8 位 SRAM 芯片 IS61WV5128	
EZ-008	音频放大滤波模块	拾音器、放大电路、4 阶有源带通滤波器	做在一块电路板 EZ-0809 上
EZ-009	音频滤波功放模块	4 阶有源带通滤波器(300Hz～3.4kHz)、音频功放 LM386、8Ω/0.5W 扬声器	

数字系统设计实验平台的 9 个模块可以单独或多个组合使用，主要可完成下列实验项目，见表 5-2。

表 5-2 数字系统设计实验平台可开设的项目（部分）

实 验 类 型	实验项目	使用模块
基本设计	数字频率计设计	EZ-001、EZ-006
	键盘 LCD 显示接口设计	EZ-001、EZ-003
	可校时数字钟设计	EZ-001、EZ-003
	多路数据采集系统设计	EZ-001、EZ-003
	温度采集及显示	EZ-001、EZ-006
综合设计	高速数据采集系统	EZ-001、EZ-002、EZ-003、EZ-004
	双路 DDS 信号发生器	EZ-001、EZ-002、EZ-003、EZ-005
	数字化语音存储与回放系统	EZ-001、EZ-003、EZ-007、EZ-008、EZ-009

通过基本设计项目，可培养学生对单片机系统、数字电子系统（单片机和 FPGA 综合）的基本设计、调试能力，掌握基本的单片机程序设计技能，熟悉基于工程设计开发环境。通过高速数据采集系统、双路 DDS 信号发生器和数字化语音存储与回放系统等综合设计项目，可培养学生的应用、设计和创新能力。

5.2 MCU 模块（EZ-001）

MCU 模块是数字系统设计实验平台的核心模块，其原理框图如图 5-2 所示，其电路原理图如图 5-3 所示。C8051F360 是 Silicon Laboratories 公司推出的 100MHz 的混合信号 8 位微控制器，该微控制器采用的高性能 CIP-51 内核指令系统与 MCS-51 单片机指令系统完全兼容。C8051F360 包括 1 组双周期 16×16 位乘加器（MAC）、1 个精度为 2% 的内部振荡器和 32KB 的 Flash ROM，拥有可配置式 I/O 引脚和各种通信外设，包括 UART、SPI 和 SMBus。C8051F360 还含有 1 组线性 10 位 200ksps SAR A/D 转换器和 10 位 D/A 转换器，可用来提供测量与控制功能。

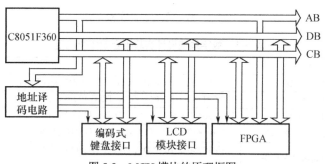

图 5-2 MCU 模块的原理框图

采用 CPLD 器件 EPM3064ATC44 实现编码式键盘接口和地址译码电路。编码式键盘接口的功能是将实验平台上的 4×4 矩阵式键盘转化为 4 位键值并向单片机发出中断信号，单片机响应中断读入键值；地址译码电路用于产生外围模块的片选信号。由于 CPLD 内部逻辑可以根据实际需要在系统修改，提高了系统设计的灵活性。

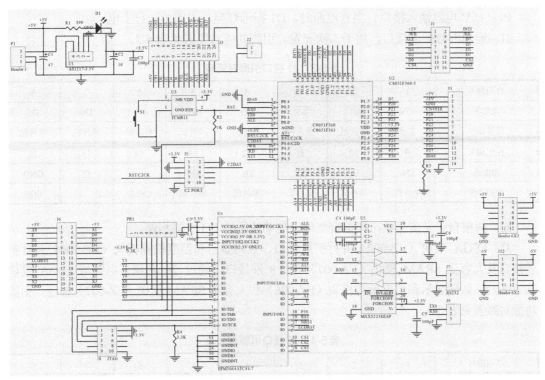

图 5-3　MCU 模块（EZ-001）的电路原理图

单片机内部带有调试控制硬件，调试时只需配接 U-EC6 仿真适配器和计算机，就可在 Keil C51 环境中调试。

5.2.1　接口说明

MCU 模块的元器件排列图如图 5-4 所示，各接口说明如下。

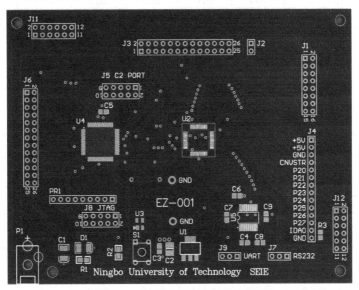

图 5-4　MCU 模块的元器件排列图

P1：+5V 电源输入接口。当有电源时，D1 指示灯亮，说明模块已上电。

J1：通用并行扩展接口，用于二次开发。引脚功能对照表见表 5-3。

表 5-3　J1 接口引脚对照表

J1 引脚号	1	2	3	4	5	6	7	8
功能名	+5V	$\overline{INT1}$	$\overline{WR}$	$\overline{RD}$	ALE	D7	D6	D5
连接器件	电源	单片机	单片机	单片机	单片机	单片机	单片机	单片机
J1 引脚号	9	10	11	12	13	14	15	16
功能名	D4	D3	D2	D1	D0	$\overline{CS2}$	空	GND
连接器件	单片机	单片机	单片机	单片机	单片机	CPLD		电源

J2：两根自定义信号线，根据需要可以与单片机的 I/O 引脚相连。

J3：FPGA 模块（EZ-002）并行扩展接口、数码显示和温度检测模块（EZ-006）并行扩展接口及大容量 SRAM 模块（EZ-007）并行扩展接口，通过 26 芯扁平电缆与 FPGA 模块（EZ-002）、数码显示和温度检测模块（EZ-006）和大容量 SRAM 模块（EZ-007）相连。引脚功能对照表见表 5-4。

表 5-4　J3 接口引脚对照表

J3 引脚号	1	2	3	4	5	6	7	8
功能名	+5V	GND	$\overline{CS1}$	CS3	D0	D1	D2	D3
连接器件	电源	电源	CPLD	CPLD	单片机	单片机	单片机	单片机
J3 引脚号	9	10	11	12	13	14	15	16
功能名	D4	D5	D6	D7	P32	P33	ALE	A8
连接器件	单片机	单片机	单片机	单片机	单片机	单片机	单片机	单片机
J3 引脚号	17	18	19	20	21	22	23	24
功能名	A9	A10	A11	A12	A13	$\overline{INT1}$	$\overline{WR}$	$\overline{RD}$
连接器件	单片机	单片机	单片机	单片机	单片机	单片机	单片机	单片机
J3 引脚号	25	26						
功能名	S1	S2						
连接器件	J2	J2						

J4：C8051F360 单片机的模拟量、数字量 I/O 接口，其功能可通过软件设定，如 A/D 转换外部启动信号 CNVSTR、数字量 I/O、D/A 转换器输出 IDA0、A/D 转换器模拟量输入、SMBus 总线、SPI 总线等，部分引脚可作为二次开发的扩展接口。引脚功能对照表见表 5-5。

表 5-5　J4 接口引脚对照表

J4 引脚号	1	2	3	4	5	6	7	8
功能名	+5V	+5V	GND	CNVSTR	P20	P21	P22	P23
连接器件	电源	电源	电源	单片机	单片机	单片机	单片机	单片机
J4 引脚号	9	10	11	12	13	14		
功能名	P24	P25	P26	P27	IDA0	GND		
连接器件	单片机	单片机	单片机	单片机	单片机	电源		

J5：C8051F360 单片机 C2 调试接口，用于连接 U-EC6 仿真适配器。

J6：键盘显示接口，通过 26 芯扁平电缆与 LCD 和键盘模块（EZ-003）相连。引脚功能对照表见表 5-6。

表 5-6   J6 接口引脚对照表

J6 引脚号	1	2	3	4	5	6	7	8
功能名	+5V	+5V	A0	A1	E	D0	D1	D2
连接器件	电源	电源	单片机	单片机	CPLD	单片机	单片机	单片机
J6 引脚号	9	10	11	12	13	14	15	16
功能名	D3	D4	D5	D6	D7	空	LCDRST	空
连接器件	单片机	单片机	单片机	单片机	单片机		CPLD	
J6 引脚号	17	18	19	20	21	22	23	24
功能名	Y3	Y2	Y1	Y0	X0	X1	X2	X3
连接器件	CPLD	CPLD	CPLD	CPLD	CPLD	CPLD	CPLD	CPLD
J6 引脚号	25	26						
功能名	GND	GND						
连接器件	电源	电源						

J7：异步串行通信接口，用于 RS-232 异步串行通信。

J8：CPLD（EPM3064ATC44）在系统编程接口，用于修改 CPLD 的内部逻辑。

J9：异步串行通信接口，用于单片机之间互联（未转换为标准 RS-232 电平）。

J11、J12：电源输入，与底板连接时，提供电源输入（此时无须再由 P1 接口输入电源）。

5.2.2　设计与应用

1. C8051F360 单片机 I/O 端口的功能定义

如前面章节所述，C8051F360 单片机有 5 个并行 I/O 端口 P0～P4，其使用方法与 MCS-51 单片机有不同之处，主要体现在 I/O 端口的功能可通过内部交叉开关灵活设置。交叉开关设置的参数及代码可使用 Silicon Laboratories 公司的 Configuration Wizard2 软件，该软件以图形选择界面方式配制初始化接口的功能并给出对应的代码，免除了对特殊功能寄存器的记忆，提高了工作效率（具体参见 4.2 节）。MCU 模块中 C8051F360 单片机的 P0～P4 口的典型功能定义见表 5-7。

表 5-7   MCU 模块中 C8051F360 单片机的 P0～P4 口的典型功能定义

引脚名称	信号名	功能	引脚名称	信号名	功能
P0.0	ALE	地址锁存信号	P2.0	ADCin	A/D 模拟量输入
P0.1	TX0	异步串行通信	P2.1	未定义	
P0.2	RX0		P2.2	未定义	A/D 模拟量输入或其他特殊功能输入
P0.3	VREF	D/A、A/D 参考电压	P2.3	未定义	
P0.4	IDA0	D/A 模拟量输出	P2.4	未定义	
P0.5	$\overline{INT0}$	键盘中断	P2.5	未定义	
P0.6	$\overline{INT1}$	外部中断	P2.6	未定义	
P0.7	CNVSTR	A/D 外部启动信号	P2.7	未定义	

引脚名称	信号名	功能	引脚名称	信号名	功能
P1.0	A0/D0	数据/地址总线低 8 位	P3.0	P30	LCD 模块软件复位
P1.1	A1/D1		P3.1	SYSCLK	键盘接口时钟信号
P1.2	A2/D2		P3.2	P32	GPIO，连接到 J2
P1.3	A3/D3		P3.3	P33	
P1.4	A4/D4		P3.4	A8	地址总线
P1.5	A5/D5		P3.5	A9	
P1.6	A6/D6		P3.6	A10	
P1.7	A7/D7		P3.7	A11	
P4.0	A12	地址总线	P4.5	$\overline{RD}$	读/写控制信号
P4.1	A13		P4.6	$\overline{WR}$	
P4.2	A14				
P4.3	A15				

2. C8051F360 内部资源初始化

C8051F360 的内部资源可根据系统要求自行配置。以下是 C8051F360 内部主要资源的典型初始化参考程序，可完成表 5-7 对应的初始化。

（1）I/O 端口初始化

根据表 5-7 定义的功能，I/O 端口初始化程序如下：

```
void IO_INIT(void)
{
    SFRPAGE=0X0F;
    P0MDIN=0Xe7;        //P0.3~P0.4 设置为模拟量输入
    P0MDOUT=0X83;       //P0.0、P0.1、P0.7 设置为推拉式输出
    P0SKIP=0XF9;        //P0.0、P0.3~P0.7 被交叉开关跳过

    P1MDIN=0XFF;        //P1 设置为数字量输入
    P1MDOUT=0XFF;       //P1 设置为推拉式输出
    P1SKIP=0XFF;        //P1 被交叉开关跳过

    P2MDIN=0XFE;        //P2.0 设置为模拟量输入
    P2MDOUT=0XFE;       //P2.0 设置为漏极开路输出
    P2SKIP=0XFF;        //P2 被交叉开关跳过

    P3MDIN=0XFF;        //P3 设置为数字量输入
    P3MDOUT=0XFF;       //P3 设置为推拉式输出
    P3SKIP=0XFD;        //P3.1 不被交叉开关跳过，用于 SYSCLK 输出

    P4MDOUT=0XFF;       //P4 设置为推拉式输出

    XBR0=0X09;          //使能 UART，SYSCLK
    XBR1=0XC0;          //禁止弱上拉，允许交叉开关
    SFRPAGE=0X0;
}
```

I/O 端口初始化包括下面步骤：

①使用端口输入方式寄存器 PnMDIN，选择所有端口的输入模式（模拟或数字）。用于电压比较器、A/D 模拟量输入、D/A 输出、外部晶振输入、外部参考电压输入对应的引脚必须设置为模拟量输入。②使用端口输出方式配置寄存器 PnMDOUT，选择所有端口的输出模式（漏极开路还是推拉式输出）。一般模拟量输入引脚、数字量输入引脚需要漏极开路输出的 I/O 引脚，需设置为漏极开路输出。③使用端口跳过寄存器 PnSKIP，选择需要跳过的 I/O 引脚。④使用 XBRn 选择内部数字资源。⑤使能交叉开关（XBRAE=1）。

（2）内部振荡器初始化

MCU 模块中的单片机 C8051F360 采用内部高频振荡器，其标称频率为 24.5MHz，精度为 2%。通过校准，频率为 24MHz，二分频得到 12MHz 的系统时钟。系统时钟再 8 分频（1.5MHz）从 P3.1 引脚送出，作为键盘接口电路的时钟，函数 void OSC_INIT (void)完成该初始化功能。

```
void OSC_INIT (void)
{
    SFRPAGE=0X0F;
    OSCICL=OSCICL+4;        //内部振荡器频率校准
    OSCICN=0XC2;            //允许内部振荡器，频率除以 2 作为 SYSCLK
    CLKSEL=0X30;            //系统时钟选择内部振荡器，SYSCLK/8
    SFRPAGE=0;
}
```

（3）外部数据存储器接口初始化

C8051F360 单片机的 EMIF 接口采用引脚复用模式（引脚定义可参考表 5-7），即数据总线和地址总线低 8 位是复用的，低 8 位地址需要通过外接地址锁存器获取。并行总线的高 8 位地址分成两部分，A8～A13 送 MCU 模块的并行总线扩展接口，A14～A15 送 CPLD 内部的地址译码器产生片选信号。地址译码器产生的片选信号除了用于键盘显示接口的片选，还提供两根片选信号线 $\overline{CS1}$ 和 $\overline{CS2}$ 用于扩展外部设备。函数 void XRAM_INIT(void)将 I/O 端口设置成上述通用并行总线，其 I/O 引脚对应关系参见表 5-7。

```
void XRAM_INIT(void)
{
    SFRPAGE=0X0F;
    EMI0CF=0X07;           //设置数据总线与地址总线低 8 位复用
    SFRPAGE=0;
}
```

（4）D/A 转换器初始化

C8051F360 内部的 D/A 转换器属于电流输出型，其满量程输出电流可设置成 0.5mA、1.0mA、2.0mA（具体参见 3.3 节）。函数 void DAC_INIT(void)将 D/A 转换器的满量程输出电流设置成 2.0mA。通过 1kΩ 电阻（图 5-3 中的 R_3）将电流转换成电压，由此，D/A 转换器的输出电压范围为 0～2V。

```
void DAC_INIT(void)
{
    IDA0CN=0XF2; //IDA0 使能，写 IDA0H 触发 DAC 输出更新，2mA 满量程输出
}
```

（5）A/D 转换器初始化

A/D 转换器的初始化内容包括基准电压源选择、模拟信号输入端选择、数据格式的选择、转换时钟的设置，具体可参照 3.2 节内容。函数 void ADC_INIT(void)将内部 A/D 转换器设置为采用 VDD 为基准电源，单端输入方式（信号输入引脚为 P2.0），数据格式为左对齐，写入 AD0BUSY 即启动 A/D 转换。如果需要采用其他方式，则可根据 3.2 节内容修改相应参数实现。

```
void ADC_INIT(void)
{
    REF0CN=0x08;        //VDD 为基准电源
    AMX0P=0X08;         //正输入通道接 P20
    AMX0N=0X1F;         //负输入通道接 GND
    ADC0CF=0X5C;        //左对齐
    ADC0CN=0X80;        //写 AD0BUSY 启动 A/D 转换
}
```

（6）外部中断初始化

C8051F360 设置了两个外部中断源 $\overline{INT0}$ 和 $\overline{INT1}$。INT0 用于键盘中断请求，通过 J6 接口与 EZ-003 模块连接，当按键有效时，$\overline{INT0}$ 产生下降沿，C8051F360 响应中断，通过中断服务程序读取键值。$\overline{INT1}$ 用于外部设备的中断请求，通过 J3 接口连接。函数 void INT0_INIT(void)实现外部中断的初始化，可对照 1.6 节对参数做相应修改。

```
void INT0_INIT(void)
{
    IT01CF=0X65;        //选择 P0.5 为 INT0，选择 P0.6 为 INT1
    IT0=1;              // INT0 下降沿触发
    IT1=1;              // INT1 下降沿触发
}
```

（7）定时/计数器初始化

C8051F360 内部有 4 个 16 位定时/计数器，T0、T1 的使用与 MCS-51 单片机完全相同，T2、T3 的使用参见 2.2 节。函数 void TIMER_INIT(void)给出了定时/计数器的典型应用，读者可以根据 2.2 节进行必要修改，实现各种应用。

```
void TIMER_INIT(void)
{
    TMOD=0x11;          //T0、T1 方式 1
    CKCON=0;            //系统时钟 12 分频
    TL0=0X78;
    TH0=0XEC;           //10ms
    TL1=0X0C;
    TH1=0XFE;           //0.5ms
    TMR2CN=0X04;        //16 位自动重装载
    TMR2RLL=0XF0;       //10ms
    TMR2RLH=0XD8;
    TMR3CN=0X0C;        //双 8 位自动重装载，系统时钟 12 分频
    TMR3RLL=0XE0;       //定时 100μs
    TMR3RLH=0XFF;
```

```
        TR0=1;                      //启动 T0
        TR1=1;                      //启动 T1
    }
```

（8）中断系统初始化

C8051F360 共有 16 个中断源，具体请参阅 1.6 节，可根据需要允许或禁止各中断。其中，$\overline{INT0}$ 为键盘中断，在使用 EZ-003 模块的系统中，必须允许该中断，其他中断可以按实际需要设置为允许或禁止。函数 void INT_INIT(void)仅允许 $\overline{INT0}$，读者可以对相应位置 1 开启对应的中断。

```
    void INT_INIT(void)
    {
        EX0=1;                      //INT0，键盘
        PX0=0;                      //INT0 为低优先级
        ET0=0;                      //屏蔽 T0，=1 开中断
        ET1=0;                      //屏蔽 T1，=1 开中断
        ET2=0;                      //屏蔽 T2，=1 开中断
        EIE1=0;                     //屏蔽 ADC 中断，=0x08 开中断
        ES0=0;                      //屏蔽 UART，=1 开中断
        EA=1;                       //中断总允许
    }
```

（9）PCA 初始化

PCA 初始化主要用于设置看门狗定时器的工作状态。

```
    void PCA——INIT(void)
    {
    PCA0CN=0x40;                    //允许 PCA
    PCA0MD=0x00;                    //禁止看门狗定时器
    }
```

以上初始化程序实质是对一些相关的特殊功能寄存器（SFR）设置初值。在编写初始化程序时，应注意以下几点。

由于 C8051F360 的 SFR 比 MCS-51 单片机多，MCS-51 单片机指令无法识别增加的 SFR，为此 C8051F360 厂商提供了所有 SFR 及相应位的地址定义文件，用户只需在程序前面加"#include<C8051F360.inc>"语句即可。

由于 SFR 的数量较多，C8051F360 采用了 SFR 分页机制，允许将很多 SFR 映射到 80H～FFH 内部存储器地址空间。C8051F360 使用两个 SFR 页：0 和 F 页。使用 SFR 页面寄存器 SFRPAGE 扩展了 SFR 页。在设计初始化程序时，要先确定 SFR 所在的页（参照第 1～3 章中各 SFR 的定义），再对相应寄存器设置初始化参数。

C8051F360 执行以上初始化函数后，实现表 5-7 所示的状态，之后就可以与 MCS-51 单片机一样使用了。

3. CPLD 内部逻辑功能

MCU 模块采用 CPLD（EPM3064ATC44）实现地址译码器、LCD 模块接口、编码式键盘接口等功能，简化了硬件电路，实现了硬件电路可在系统修改。CPLD 内部设计顶层原理图如图 5-5 所示。

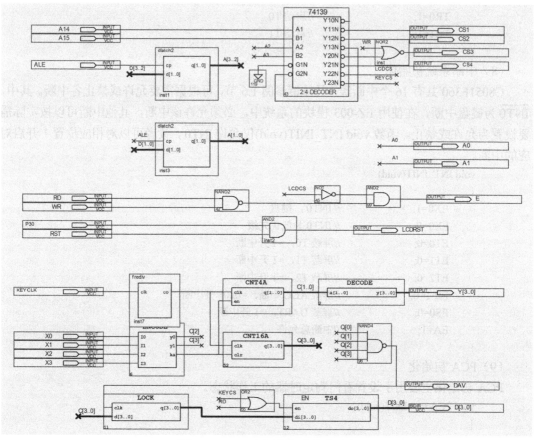

图 5-5　CPLD 内部设计顶层原理图

（1）地址译码器的设计

地址译码器为单片机系统提供外围模块的片选信号。C8051F360 的外部数据存储器和 I/O 端口统一编址，地址空间为 0000H～FFFFH，共 64KB。设计地址译码器时，应合理安排外部数据存储器的 I/O 端口的地址空间。如图 5-5 所示，dlatch2 模块为两位数据锁存器，实现两位地址/数据分离（系统采用低 8 位的地址/数据复用总线），其内部逻辑的 VHDL 代码如下：

```
library ieee;
use ieee.std_logic_1164.all;
use ieee.std_logic_unsigned.all;

entity dlatch2 is
port(
    cp:in std_logic;
    d:in std_logic_vector(1 downto 0);
     q:out std_logic_vector(1 downto 0)
     );
end dlatch2;
architecture one of dlatch2 is
begin
    process(cp,d)
```

```
begin
    if (cp='1')then
        q<=d;
    end if;
end process;

end;
```

两位地址/数据复用总线 D3 和 D2 信号经 inst1（dlatch2 模块）分离（ALE 作锁存时钟）后获得稳定的地址信号 A3 和 A2。74139 为双 2-4 译码器，对 A15、A14、A3、A2 进行译码，根据图 5-5，各片选信号的地址见表 5-8，说明如下。

$\overline{CS1}$：J3 接口片选信号，低电平有效，地址范围为 4000H～7FFFH；

$\overline{CS2}$：J1 接口片选信号，低电平有效，地址范围为 8000H～BFFFH；

CS3：J3 接口片选信号，与单片机 $\overline{WR}$ 复合，仅在外部 RAM 写操作时有效，高电平有效，地址范围为 C000H～C003H；

LCDCS：LCD 模块片选信号，地址范围为 C008H～C00BH；

KEYCS：键盘接口片选信号，地址范围为 C00CH～C00FH。

如果需改变译码地址或有效电平，则可修改 CPLD 器件的内部逻辑，本设计可用于大部分例程，在用于数码显示和温度检测模块（EZ-006）时需要对 $\overline{CS1}$ 输出复合 $\overline{WR}$ 信号，并改为高电平有效，类似于图 5-5 中的 CS3 信号。

表 5-8　地址译码器片选信号的地址

A15	A14	A13~A4	A3	A2	A1	A0	地址范围	标识	有效电平
0	1	×	×	×	×	×	4000H~7FFFH	$\overline{CS1}$	低电平
1	0	×	×	×	×	×	8000H~BFFFH	$\overline{CS2}$	低电平
1	1	×	0	0	×	×	C000H~C003H	CS3	$\overline{WR}=0$，高电平
1	1	×	0	1	×	×	C008H~C00BH	LCDCS	低电平
1	1	×	1	1	×	×	C00CH~C00FH	KEYCS	低电平

（2）LCD 模块接口设计

LCD 采用 HS12864，其 8 位数据读/写时序如图 5-6 所示。从读/写时序可以看出，RS 与 R/W 同时有效，稍过片刻（图中 T_R），E 信号电平变为高电平。E 信号为 HS12864 的片选信号，无论是读操作还是写操作，E 信号必须为高电平。在 RS、R/W、E 有效期间，HS12864 将数据送到总线（写）或从总线获取数据（读）。

HS12864 作为单片机的外部设备，单片机通过 MOVX 指令对 HS12864 内部寄存器进行读/写操作。为了正确地交换数据，C8051F360 的外部存储器读/写时序必须与 HS12864 的读/写时序配合。根据表 5-7 所示的 C8051F360 的外部数据存储器接口配置，在进行读/写时，C8051F360 的 P1 口先送低 8 位地址，然后 $\overline{WR}$（单片机写操作）或 $\overline{RD}$（单片机读操作）信号有效，因此可用低 8 位地址线中的 A1、A0 作为 HS12864 的 R/W、RS。E 信号为高电平有效，在时序上滞后于 RS、R/W 信号。在 C8051F360 的外部数据存储器读/写时序中，$\overline{WR}$ 和 $\overline{RD}$ 信号有效，滞后于低 8 位地址，这刚好可利用 $\overline{WR}$ 和 RD 信号通过与非门得到 E 信号。为了避免单片机在访问其他外设时对 HS12864 产生不必要的读/写操作，E 信号的产生电路中加一片选信号 LCDCS，如图 5-5 所示。

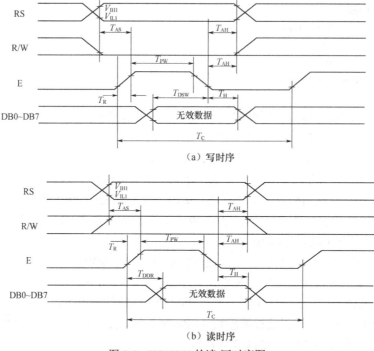

图 5-6　HS12864 的读/写时序图

A0 作为 LCD 模块的 RS 信号，用于选择 HS12864 的数据寄存器或命令寄存器；A1 作为 LCD 模块的 R/W 信号，用于选择数据的传送方向，即读还是写。单片机对 LCD 模块只有 4 种操作：读命令寄存器、读数据寄存器、写命令寄存器、写数据寄存器。无论是数据寄存器还是指令寄存器，对单片机来说都属于外部数据存储器。为了使单片机能够访问这些寄存器，必须确定这些寄存器的地址。根据图 5-5 所示的原理图，可以得到 HS12864 内部寄存器地址，见表 5-9。

表 5-9　HS12864 内部寄存器地址

A15	A14	A13~A4	A3	A2	A1	A0	地址范围	地址标识	有效电平
1	1	×	1	0	0	0	C008H	WCOMADDR	写命令寄存器
1	1	×	1	0	0	1	C009H	WDATADDR	写数据寄存器
1	1	×	1	0	1	0	C00AH	RCOMADDR	读命令寄存器
1	1	×	1	0	1	0	C00BH	RDATADDR	读数据寄存器

LCDRST 是 LCD 模块的复位信号，低电平有效，由 P30 和 RST（来自专用复位电路 TCM811）相与产生。由此，LCD 模块既可以用 TCM811 复位（上电复位和手动复位），也可以用软件控制 P3.0 引脚复位。

（3）编码式键盘接口设计

图 5-5 的下半部分为 4×4 接口逻辑，其中 X3～X0 为行输入（对 CPLD 器件为输入端口）、Y3～Y0 为列输出（对 CPLD 器件为输出端口），KEYCLK 为键盘接口的时钟信号，C8051F360 内部时钟分频后由 P3.1 引脚输出获得。KEYCLK 经 inst7（frediv 模块）分频后，获得低频时钟，用作两个加法计数模块 CNT4A 和 CNT16A 的时钟。frediv 模块的 VHDL 语言实现如下，实现 1024 分频输出。

```
library ieee;
use ieee.std_logic_1164.all;
use ieee.std_logic_unsigned.all;

entity frediv is
port(
        clk:in std_logic;
         co:out std_logic
        );
end frediv;
architecture one of frediv is
signal q:std_logic_vector(9 downto 0);

begin
        process(clk)
        begin
            if (clk'event and clk='1')then
                if (q="1111111111") then
                    q<="0000000000";
                else
                    q<=q+1;
                end if;
        end if;
            end process;
    process(q)
    begin
     if (q(9)='1') then
     co<='1';
     else
     co<='0';
     end if;
     end process;

        end;
```

键盘扫描电路由 2 位二进制计数器 CNT4A 和 2 线-4 线译码器 DECODE 构成,用于产生键盘列扫描信号 Y0~Y3。CNT4A 在时钟信号的作用下进行加法计数,其输出信号通过 DECODE 产生 4 路列扫描信号 Y0~Y3(CNT4 和 DECODE 构成顺序信号发生器)。ka 为按键检测信号,由编码模块 ENCODE 的输入信号 I3、I2、I1 和 I0 相与获得,即 ka=I3I2I1I0。当有按键按下时,ka 为低电平,使 CNT4 停止计数(通过控制 CNT4 的 en 端实现),扫描电路停止扫描,闭合键所在的列扫描信号保持为低电平,直到按键松开。此时编码器 ENCODE 输出 2 位二进制编码 C3、C2 确定了闭合键在哪一行,C1、C0 确定闭合键在哪一列,即 C3~C0 实际上计数闭合键的 4 位键值。

当按键刚刚闭合时,会产生机械抖动。由于 ka=I3I2I1I0,按键的机械抖动将体现在按键检测信号 ka 上。图 5-7 所示就是按键闭合过程中 ka 的输出波形。从波形图中可以看出,按键闭合之处,ka 出现了多次抖动,按键稳定闭合后,ka 输出稳定的低电平。由于抖动的持续时间一般小于 10ms，因此只要检测到 ka 低电平持续时间大于 10ms，就可以认为按键已稳定闭合。只有按键稳定闭合后才认为键值有效，从而消除抖动。

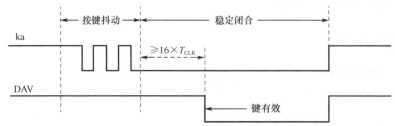

图 5-7　按键闭合时 ka 的典型输出波形

按键是否稳定闭合是通过一个具有异步清零和保持功能的十六位计数器 CNT16A 来检测的。将按键检测信号 ka 作为 CNT16A 的清零信号，当没有按键按下时，ka 为高电平，CNT16A 一直处于清零状态；当按键闭合时，ka 变为低电平，CNT16A 在时钟信号的作用下计数。其时钟信号由 KEYCLK（1.5MHz）经 inst7（frediv 模块）分频约为 1.5kHz（周期为 0.67ms），则只有按键闭合时间超过 10.6ms 时，CNT16A 的计数值才能由 0 计到 15 并保持。可见，只要 CNT16A 的计数值达到 15（图 5-5 中 Q3Q2Q1Q0=1111），就可以认为按键已稳定闭合。将 CNT16A 的输出状态相与非得到按键有效信号 DAV，即 DAV=$\overline{Q3Q2Q1Q0}$。当按键稳定闭合时，按键有效信号 DAV 将产生由高到低的跳变，说明键值有效。当按键松开后，ka 恢复为高电平，CNT16A 的状态回到 0，DAV 恢复为高电平，一次按键编码过程结束。由于按键的消抖是通过 CNT16A 实现的，CNT16A 也称为消抖计数器。

键值寄存器（LOCK 模块）用于在 DAV 的下降沿时将 4 位键值存入寄存器，其作用有两个：一是用于缓存，避免单片机来不及响应而引起键值丢失；二是确保将按键稳定闭合时的键值保存。

TS4 模块为 4 位键值的三态缓冲，只有片选信号 KEYCS（地址范围为 C00CH～C00FH）的外部数据存储器读操作（其使能端 EN=KEYCS+RD）时，才能将键值数据 D3～D0 输出到引脚，由单片机的数据总线读入。

（4）CNT4A 模块的 VHDL 代码

```
library ieee;
use ieee.std_logic_1164.all;
use ieee.std_logic_unsigned.all;
entity CNT4A is
port(
    clk:in std_logic;
    en:in std_logic;
    q:buffer std_logic_vector(1 downto 0)
    );
end CNT4A;
architecture one of CNT4A is
begin
    process(clk,en)
    begin
    if (clk'event and clk='1')then
```

```
                    if(en='1')then
                        if (q=3) then
                            q<="00";
else
q<=q+1;
                        end if;
                    end if;
        end if;
        end process;
    end;
```

（5）DECODE 模块的 VHDL 代码

```
library ieee;
use ieee.std_logic_1164.all;
use ieee.std_logic_unsigned.all;

entity Decode is
port(
        a:in std_logic_vector(1 downto 0);
        y:out std_logic_vector(3 downto 0)
        );
end Decode;

architecture one of Decode is
begin
        y(0)<='0' when a=0 else '1';
y(1)<='0' when a=1 else '1';
y(2)<='0' when a=2 else '1';
y(3)<='0' when a=3 else '1';
end;
```

（6）ENCODE 模块的 VHDL 代码

```
library ieee;
use ieee.std_logic_1164.all;
use ieee.std_logic_unsigned.all;

entity Encode is
port(I0,I1,I2,I3 :in BIT;
        y0,y1,ka :out BIT );
end Encode;

architecture one of Encode is
  begin
        y1<=(I0 and I1 and ( not I2)) or (I0 and I1 and (not I3));
        y0<=(I0 and ( not I1)) or (I0 and I2 and (not I3));
            ka<=I0 and I1 and I2 and I3;
        end ;
```

（7）CNT16A 模块的 VHDL 代码

```
library ieee;
use ieee.std_logic_1164.all;
use ieee.std_logic_unsigned.all;

entity CNT16A is
port(
      clk:in std_logic;
      clr:in std_logic;
      q:buffer std_logic_vector(3 downto 0)
      );
end CNT16A;
architecture one of CNT16A is
begin
      process(clk,clr)
      begin
            if (clk'event and clk='1') then
  if(clr='1') then
            q<="0000";
    elseif (q=15) then
                  q<="1111";
            else
                  q<=q+1;
            end if;
      end if;
      end process;
      end;
```

（8）LOCK 模块的 VHDL 代码

```
library ieee;
use ieee.std_logic_1164.all;
use ieee.std_logic_unsigned.all;

entity lock is
port(
      clk:in std_logic;
      d:in std_logic_vector(3 downto 0);
q:out std_logic_vector(3 downto 0)
      );
end lock;
architecture one of lock is
begin
      process(clk,d)
      begin
      if (clk'event and clk='0')then
            q<=d;
            end if;
```

```
                end process;
        end;
```

（9）TS4 模块的 VHDL 代码

```
        library ieee;
        use ieee.std_logic_1164.all;
        use ieee.std_logic_unsigned.all;

        entity ts4 is
        port(
                en:in std_logic;
                di:in std_logic_vector(3 downto 0);
                do:out std_logic_vector(3 downto 0)
                );
        end ts4;
        architecture one of ts4 is
        begin
                process(en,di)
                begin
                    if en='0' then
                        do<=di;
                    else
                        do<="ZZZZ";
                    end if;
                end process;
        end;
```

4．MCU 模块与 FPGA 模块、数码显示和温度检测模块及大容量 SRAM 模块的连接

MCU 模块的 J3 接口主要用于与 FPGA 模块（EZ-002）、数码显示和温度检测模块（EZ-006）、大容量 SRAM 模块（EZ-007）相连，通过 26 芯扁平电缆直接连接。J3 接口的信号线包括数据线（D0～D7）、地址线（A8～A13）、读/写线（$\overline{RD}$、$\overline{WR}$）、片选线（CS1、$\overline{CS2}$）、地址锁存信号 ALE、外部中断 $\overline{INT1}$ 等，还有两根用户自定义信号线 S1、S2。为了减少信号线的数量，J3 接口中不包括低 8 位地址 A0～A7，而通过在 FPGA 模块内部或大容量 SRAM 模块中设置一个 8 位地址锁存器得到。

单片机初始化及键盘和 LCD 模块的例程，参见附录 A。

5.3 FPGA 模块（EZ-002）

FPGA 模块以 Cyclone II 系列（性能对照见表 5-10）的 EP2C8T144 为核心芯片，采用 TQFF 封装，适合手工焊接，与 EP2C5T144 的大部分引脚兼容（仅第 26、27、80、81 引脚不兼容），读者可根据实际情况互换。根据 EP2C8T144 配置数据大小，串行配置芯片使用 EPCS4。

表 5-10 Cyclone II 系列 FPGA 性能对照表

特征	EP2C5	EP2C8	EP2C20	EP2C35	EP2C50	EP2C70
LEs	4608	8256	18752	33216	50528	68416
M4K RAM 块	26	36	52	105	129	250

特征	EP2C5	EP2C8	EP2C20	EP2C35	EP2C50	EP2C70
总比特数	119808	165888	239616	483840	594432	1152000
嵌入式乘法器	13	18	26	35	86	150
PLLs	2	2	4	4	4	4
最多 I/O 引脚	158	182	315	475	450	622

5.3.1 设计与应用

FPGA 模块的原理框图如图 5-8 所示，主要由 FPGA 芯片、串行配置芯片、配置接口、电源电路和通用 I/O 扩展接口等组成。

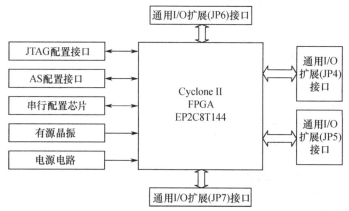

图 5-8 FPGA 模块的原理框图

FPGA 模块设置了 JTAG 和 AS 两种配置接口，一般在调试阶段使用 JTAG 配置接口，调试完成后可以用 AS 配置接口将逻辑设计写入串行配置芯片以固化设计。

Cyclone II 系列 FPGA 需要 VCCIO 和 VCCINT 两个工作电源。VCCINT 为内核提供电源，电压范围为 1.2～1.5V；VCCIO 为 I/O 端口提供电源，电压为 3.3V。VCCIO 和 VCCINT 由低压差电源芯片 ASM1117-1.2V 和 ASM1117-3.3V 提供。

FPGA 模块将所有的 I/O 引脚均连接到 4 个 I/O 扩展接口，用于外部扩展。其元器件排列如图 5-9 所示。FPGA 模块可与数码显示模块（EZ-006）配合使用，实现数字频率计和数字秒表设计项目；与 MCU 模块（EZ-001）和 10 位高速 D/A 模块（EZ-005）配合使用，可以构成双路 DDS 信号发生器等项目；与 MCU 模块（EZ-001）和 8 位高速 A/D 模块（EZ-004）配合使用，可以构成高速数据采集系统项目。

各接口说明如下。

JP1：5V 电源输入接口。当 FPGA 模块与 MCU 模块（EZ-001）相连时，电源通过 JP7 接口提供。当模块接入实验平台的底板时，由底板提供电源，JP1 接口不需要输入外部电源。

JP2：AS 配置接口。

JP3：JTAG 配置接口。

JP4、JP5：通用 I/O 扩展接口。可与 8 位高速 A/D 模块（EZ-004）或 10 位高速 D/A（EZ-005）模块相连，也可用于二次开发。引脚对照表见表 5-11、表 5-12。

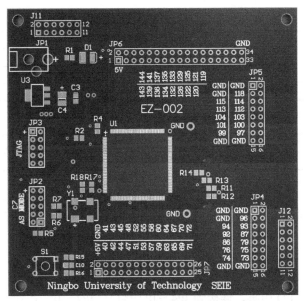

图 5-9　FPGA 模块的元器件排列图

表 5-11　JP4 接口引脚对照表

JP4 引脚号	1	2	3	4	5	6	7	8
FPGA 引脚号	GND	GND	GND	118	115	114	113	112
JP4 引脚号	9	10	11	12	13	14	15	16
FPGA 引脚号	104	103	101	100	99	97	GND	GND

表 5-12　JP5 接口引脚对照表

JP5 引脚号	1	2	3	4	5	6	7	8
FPGA 引脚号	GND	GND	GND	96	94	93	92	87
JP5 引脚号	9	10	11	12	13	14	15	16
FPGA 引脚号	86	79	76	75	74	73	GND	GND

JP6：通用 I/O 扩展接口，用于二次开发。引脚对照表见表 5-13。

表 5-13　JP6 接口引脚对照表

JP6 引脚号	1	2	3	4	5	6	7	8
FPGA 引脚号	+5V	空	空	空	空	空	143	144
JP6 引脚号	9	10	11	12	13	14	15	16
FPGA 引脚号	139	141	136	137	134	135	132	133
JP6 引脚号	17	18	19	20	21	22	23	24
FPGA 引脚号	126	129	122	125	120	121	空	119
JP6 引脚号	25	26	27	28	29	30	31	32
FPGA 引脚号	空	空	空	空	空	空	空	空
JP6 引脚号	33	34						
FPGA 引脚号	空	GND						

JP7：通用 I/O 扩展接口，可与 MCU 模块（EZ-001）相连，也可用于二次开发。引脚对照表见表 5-14。

表 5-14　JP7 接口引脚对照表

JP7 引脚号	1	2	3	4	5	6	7	8
FPGA 引脚号	+5V	GND	40	41	42	43	44	45
JP7 引脚号	9	10	11	12	13	14	15	16
FPGA 引脚号	47	48	51	52	53	55	57	58
JP7 引脚号	17	18	19	20	21	22	23	24
FPGA 引脚号	59	60	63	64	65	67	69	70
JP7 引脚号	25	26						
FPGA 引脚号	71	72						

外部有源晶振产生的 50MHz 脉冲信号由 21（CLK0）、22（CLK1）引脚输入 FPGA 器件。通过 FPGA 的内部锁相环 PLL，可以将外部时钟信号转换为不同频率的时钟信号。

5.3.2　电路设计

FPGA 模块电路原理图如图 5-10 所示。EP2C8T144 共 144 个引脚，这些引脚可分为以下几种类型：第 1 类为 I/O 引脚，连接到 JP4～JP7 接口。JP4～JP7 在功能上有所区分，JP7 主要用于与单片机的并行总线相连，以构成单片机+FPGA 的综合电子系统，也可与数码显示和温度检测模块（EZ-006）接口，实现 FPGA+数码管显示的 FPGA 电子系统；JP4 和 JP5 主要用于 8～10 位高速 A/D 转换器或 D/A 转换器的扩展控制；JP6 可以用于其他二次开发。第 2 类为编程引脚，这些引脚用于 JTAG 配置接口（JP3）、AS 配置接口（JP2）、串行配置芯片 EPCS4I8（U2），S1 为 FPGA 复位按键，通过手动复位可以启动一次 AS 模式配置，将串行配置芯片 EPCS4I8 中的数据读入 FPGA 内部 SRAM 中。第 3 类为全局时钟输入引脚，EP2C8T144 共有 8 个专用时钟输入引脚 CLK0～CLK7，其中 CLK0 和 CLK1 均与 50MHz 外部有源晶振相连，

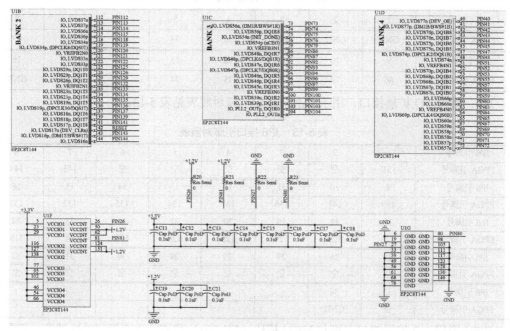

（a）EP2C8T144 引脚接口图

图 5-10　FPGA 模块的电路原理图

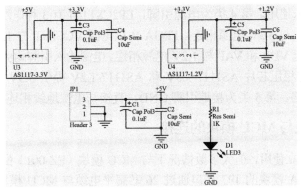

（b）FPGA 模块电源电路图

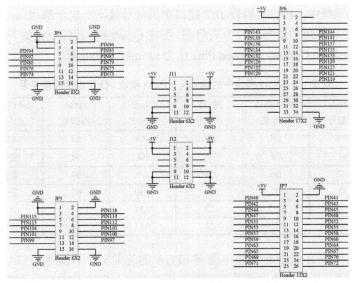

（c）FPGA 模块外部 I/O 扩展接口原理图

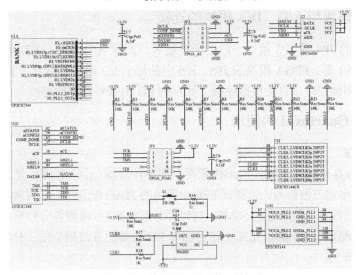

（d）FPGA 模块配置芯片及接口原理图

图 5-10　FPGA 模块的电路原理图（续）

CLK2～CLK7 引脚未使用。第 4 类为电源引脚，EP2C8T144 有 3 种电源输入引脚，FPGA 的 I/O 端口电源 VCCIO 与 3.3V 电源相连，FPGA 内核电源 VCCINT 与 1.2V 电源相连，FPGA 内部锁相环 PLL 电源 VDP 和 VAP 与 1.2V 电源相连。电源输入引脚均旁加 0.1μF 瓷片去耦电容。采用两片电压差稳压芯片 AS1117-3.3V 和 AS1117-1.2V 提供 3.3V 和 1.2V 电源。D1 和 R1 构成电源指示电路。第 5 类为接地引脚 GND，直接与电源地线相连接。

5.3.3 FPGA 模块与 MCU 模块的连接

FPGA 模块可独立使用，但大多数情况下与 MCU 模块（EZ-001）配合使用，以构成各种高速数字系统。FPGA 模块的 JP7 接口通过 26 芯扁平电缆与 MCU 模块的 J3 接口连接。当 FPGA 模块与 MCU 模块相连时，MCU 模块中的信号与 FPGA 模块 I/O 引脚的对应关系见表 5-15。在实际系统中，FPGA 模块 JP7 接口中的信号线不一定全部用到，为了不影响单片机的正常工作，应将未用的信号线设为高阻态，可在 Quartus II 软件中做如下设置：Assignment→Device→Device&Pin Option，Unused Pins 选为 as input tristated。

表 5-15 MCU 模块中的信号与 FPGA 模块 I/O 引脚的对应关系

MCU 模块信号名	FPGA 引脚号	MCU 模块信号名	FPGA 引脚号	MCU 模块信号名	FPGA 引脚号	MCU 模块信号名	FPGA 引脚号
$\overline{CS1}$	40	D4	47	ALE	57	A13	65
CS3	41	D5	48	A8	58	$\overline{INT1}$	67
D0	42	D6	51	A9	59	$\overline{WR}$	69
D1	43	D7	52	A10	60	$\overline{RD}$	70
D2	44	P3.2	53	A11	63	S1	71
D3	45	P3.3	55	A12	64	S1	72

使用时，先用 USB-Blaster 下载电缆将 FPGA 的配置文件下载到 FPGA 芯片中，然后调试单片机中的程序，观察系统运行是否正常，如不正常，修改 FPGA 设计或单片机程序。

5.3.4 FPGA 模块与 A/D、D/A 模块的连接

FPGA 模块的 JP4 或 JP5 接口一般用于扩展 8 位高速 A/D 模块（EZ-004）或 10 位高速 D/A 模块(EZ-005）等。FPGA 模块的 JP5、JP6 中的每个 I/O 端口都标有与 FPGA 芯片连接的 I/O 引脚号。引脚锁定时，直接根据底板上标定的 I/O 引脚号锁定即可。

5.3.5 测试及 Quartus II 的使用

1．测试原理

利用 Quartus II 软件在 FPGA 内部配置两个简单计数器（分频电路），使 FPGA 的每个 I/O 引脚产生不同频率的方波信号，以测试 FPGA 模块的 JTAG 配置接口、时钟电路、I/O 引脚工作是否正常。外部有源晶振产生的 50MHz 时钟经分频电路后，得到各分频频率并输出到各 I/O 引脚，用示波器测试 I/O 引脚，正常工作时相邻 I/O 引脚的方波频率按二分频递减。

2．测试方法

（1）建立工作文件夹即设计项目

Quartus II 软件把一个设计看作一个项目（Project），在设计之前，一般需要为项目建立一

个文件夹，该文件夹将被 Quartus II 默认为工作库（Work Library）。在给文件夹命名时，请勿出现中文字符或空格，只能使用英文字母（非全角字符）和数字，长度控制在 8 个字符之内。针对 FPGA 模块测试电路的逻辑设计，可在 D 盘建立一个文件夹，取名为 test，路径为 D:/test。

打开 Quartus II 软件（以 11.0 版本为例），选择 File→New Project Wizard 命令，在出现的对话框中单击"Next"按钮，打开新建项目对话框。图中第一栏指示项目文件夹名，输入"D:/test"；第二栏为项目名称，一般采用顶层设计名作为项目名；第三栏为顶层设计实体名。这里项目名和顶层设计实体名均设为 test，如图 5-11 所示。设置完成后，单击"Next"按钮，出现一个将现有设计文件加入项目的对话框，如果是全新设计，则尚没有已设计的文件，直接单击"Next"按钮，出现选择目标器件对话框，在"Family"栏中选择"Cyclone II"，然后在"Target device"选项中选中"Specific device selected in 'Available devices' list"，根据 FPGA 模块所使用的 FPGA 芯片选择 EP2C8T144C8，如图 5-12 所示。

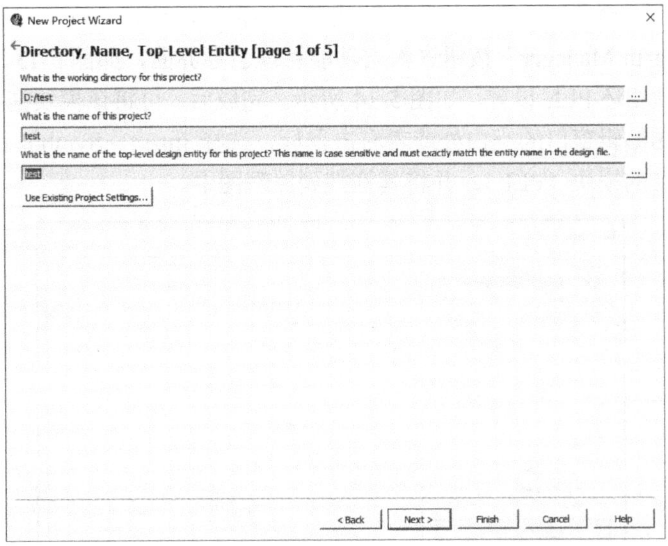

图 5-11　新建项目 test

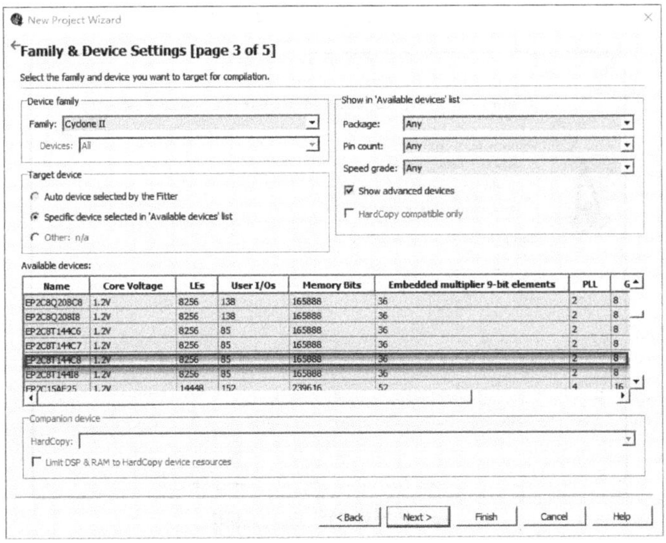

图 5-12　选择目标器件

选定目标器件后，单击"Next"按钮，出现用于选择仿真器和综合器类型的对话框，一般选择 Quartus II 自带的仿真器和综合器，无须选择，直接单击"Next"按钮，系统列出项目相关的设置情况，单击"Finish"按钮完成本项目的设置。

（2）输入测试电路逻辑设计

测试电路主要由锁相环 PLL 和 64 位二进制加法计数器（分频器）组成。外部有源晶振产生的 50MHz 信号由 FPGA 芯片的 22 引脚输入后，经内部锁相环 4/5 分频获得 40MHz 信号，分配到两个 64 位计数器，其分频后的信号从指定 I/O 引脚输出。锁相环和计数器均通过 Quartus II 自带元器件库中的宏功能模块定制得到。

选择 File→New→Device Design File→Block Diagram/Schematic File 命令，打开空白的原理图编辑窗口。

构建锁相环 PLL，将 50MHz 外部晶振频率分频获得 40MHz（c0 输出）和 50MHz（c1 输出）输出。双击原理图编辑窗口的空白处或者右击鼠标，选择 Insert→Symbol 命令，单击"MegaWizard Plug-In Manager"按钮进入宏功能管理引导界面，如图 5-13 所示。按要求设置适当参数，完成锁相环 PLL 设置，如图 5-14 所示。完成后，可将该模块拖拽到原理图中。也可再次双击原理图编辑窗口的空白处或者右击鼠标，选择 Insert→Symbol 命令，在 Name 对话框中选择已建立的模块（PLL），并将其拖拽到原理图中。

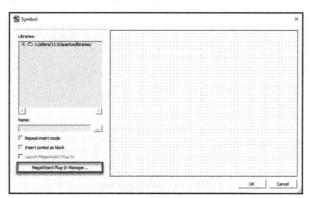

图 5-13　宏功能管理引导界面

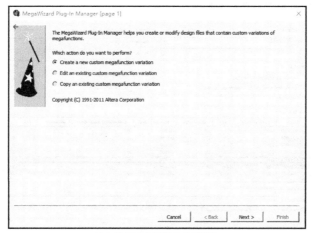

（a）选择建立新的宏功能模块

图 5-14　PLL 模块构建

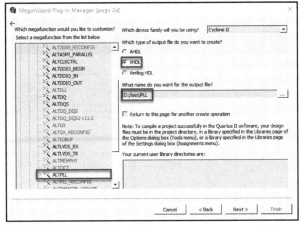

（b）设置目标器件类别、宏功能模块的语言、文件夹和文件名

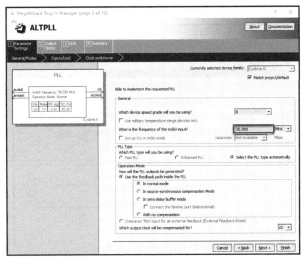

（c）设置输入时钟频率

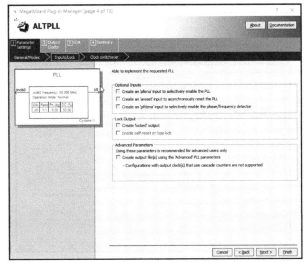

（d）设置输入、输出功能引脚

图 5-14　PLL 模块构建（续）

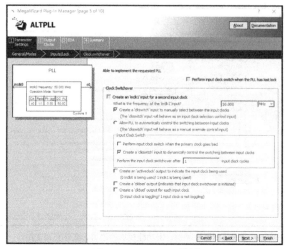

（e）Clock Switchover 设置

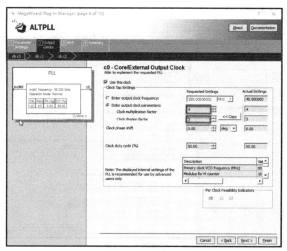

（f）c0 输出时钟参数设置

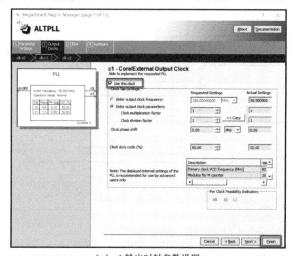

（g）c1 输出时钟参数设置

图 5-14　PLL 模块构建（续）

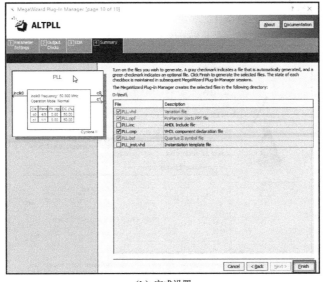

（h）完成设置

图 5-14　PLL 模块构建（续）

　　获取 64 位加法计数器。双击原理图编辑窗口的空白处或者右击鼠标选择 Insert→Symbol 命令，打开元器件选择页面。该页面列出了 Quartus Ⅱ 自带的元器件库（c:/altera/11.0/quartus/libraries/），包含宏功能库（megafunctions）、其他元器件库（others）和基本元器件库（primitives）。在元器件库中选择 Megafunctions→Arithmetic→lpm_counter 命令，进入计数器宏功能模块对话框，如图 5-15 所示。单击 "OK" 按钮，在出现的对话框中，描述语言类型选择 "VHDL"，输出文件名为 "D:/test1/count64"，如图 5-16 所示。单击 "Next" 按钮，进入 count64 的参数设置，如图 5-17 所示。count64 计数器的功能比较简单，可以直接单击 "Finish" 按钮完成计数器模块 count64 的创建。此时，count64 的元件符号出现在原理图编辑窗口中。

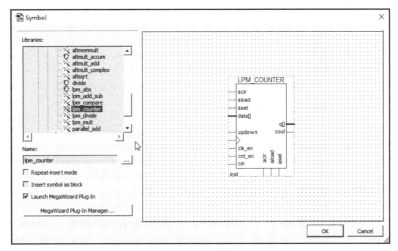

图 5-15　计数器宏功能模块 lpm_counter

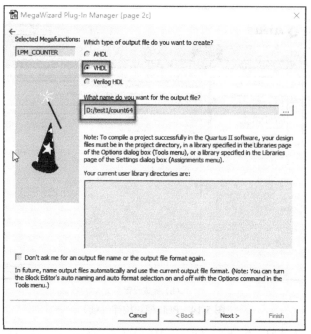

图 5-16　设置宏功能模块的描述语言类型和文件名

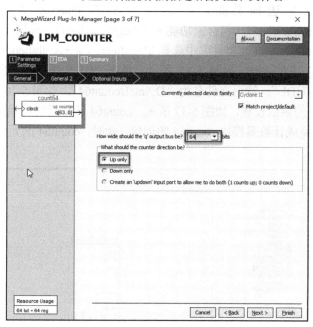

图 5-17　将 count64 选择为 64 位加法计数器

　　测试电路中需要两个完全相同的 count64，只要按住 Ctrl 键，拖动 count64 元器件符号即可复制。将输入（INPUT）和输出（OUTPUT）引脚从基本元器件库（primitives）找出并放入原理图编辑窗口，合理布局原理图。各元器件之间添加连线，将鼠标指针移到元器件引脚附近，等鼠标指针由箭头变为十字图标，按住鼠标左键并拖动鼠标，即可画线。原理图中有粗线和细线之分，粗线表示总线（多根信号线的集合），细线表示单根信号线，在画完线后，单击线并右击鼠标，在弹出菜单中选择 Bus Line 和 Node Line，可以转换线的类型。给输入、输出引脚命名，双击输入、输出引脚的命名区，变成黑色后输入引脚名即可。如果连线较多，为保持原理图简洁，可采用标号的方法，同名的标号均连接在一起（如图 5-18 中所有的 A0 均连接在一起）。一般先在引脚处引出一定长度的线（粗线或细线），将鼠标指针移到该线上单击，以选中待设置标号的线（此时线变为蓝色），直接在键盘上输入标号名称即可。测试电路的原理图如图 5-18 所示。

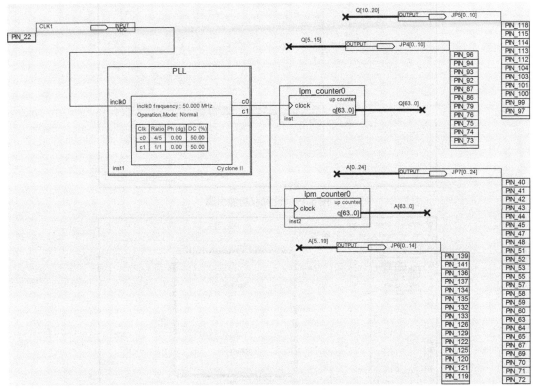

图 5-18　测试电路的原理图

选择 File→Save 命令，保存原理图文件，将文件（文件名为 test.dbf）存入项目文件夹。

（3）项目编译

选择 Project→Set as top_Level_Entity 命令，将 test.dbf 设置为顶层文件。由于 EP2C8T144 的 76 引脚为双功能引脚（既可作为 nCEO，也可作为 I/O 引脚），在编译之前，必须将其设置为 I/O 引脚。方法是：选择 Assignment→Device 命令，在出现的对话框中单击"Device &Pin Option"按钮，进入如图 5-19 所示对话框。单击"Dual-Purpose Pins"选项，在"nCEO"栏中选择"Use as regular I/O"，然后单击"OK"按钮。

选择 Processing→Start Compilation 命令，对项目进行编译。

（4）引脚锁定

将测试电路的输入、输出引脚与具体的 FPGA 芯片（EP2C8T144）引脚对应。选择 Assignments→Pin Planner 命令，打开引脚锁定对话框，如图 5-20 所示。双击"Location"栏中的空白处，在出现的下拉列表中选择对应端口的信号名的器件引脚号（如 CLK1 锁定在 FPGA 的 PIN_22 引脚）。用相同方法，依次把所有计数器输出锁定到相应的引脚。

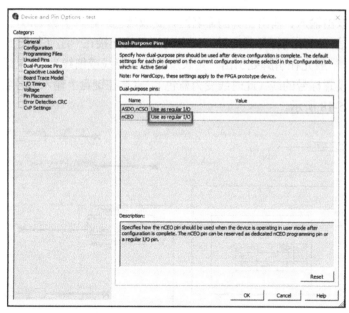

图 5-19 设置双功能引脚

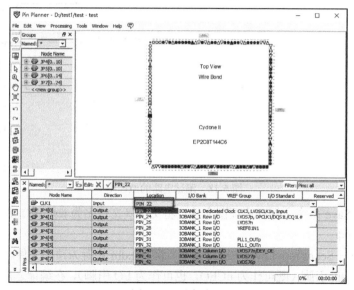

图 5-20 引脚锁定

（5）编程下载

用 USB-Blaster 下载电缆将 PC 与 FPGA 模块的 JTAG 接口连接，同时对 FPGA 模块加上 5V 电源。选择 Tools→Programmer 命令，进入下载和编程对话框，如图 5-21 所示。

在图 5-21 中单击左上方的"Hardware Setup"按钮，选择 USB-Blaster。在编程模式"Mode" 中选择"JTAG"，并勾选"Program/Configure"。如果没有下载文件（图中 test.sof 没出现），单击左侧的"Add File"按钮，找到要下载的文件 test.sof。单击"Start"按钮，当下载进度条显示 100%时，下载完成。

下载完成后，用示波器逐个检测 JP4～JP7 接口的 I/O 引脚信号，正常时应观察到 128 种（64 种为 50MHz 分频获得，64 种为 40MHz 分频获得）不同频率的方波信号。

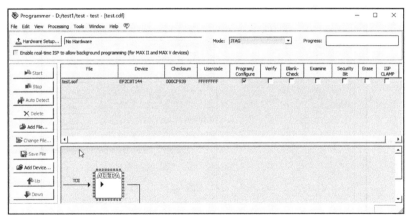

图 5-21 JTAG 下载和编程

5.3.6 FPGA 的配置

使用 JTAG 模式对 FPGA 编程，配置数据直接送入 FPGA 内部 SRAM，下载速度快，但掉电后 SRAM 数据丢失，仅适用于调试阶段。当调试完成后，必须将配置数据下载到串行配置芯片。其实现方法有两种：一是通过 AS 接口直接将配置数据下载到串行配置芯片中；二是利用 JTAG 接口对串行配置芯片进行间接配置。对于 FPGA 模块，两种方法均可使用。

1. 通过 AS 接口配置

该方式与通过 JTAG 对 FPGA 编程方式基本相似，打开如图 5-21 所示界面，在"Mode"下拉列表中选择"Active Serial Programming"，在左侧单击"Add File"按钮，选择 test.pof，勾选"Program/Configure""Verify""Blank-Check"，最后单击"Start"按钮。当下载进度条显示 100%时，下载完成，如图 5-22 所示。双击图 5-22 中 Device 下方的配置芯片（图中 EPCS4 处），可以弹出串行配置芯片选择对话框，选择串行配置芯片，如图 5-23 所示。

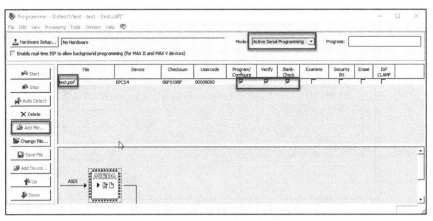

图 5-22 AS 下载和编程

2. JTAG 间接模式编程配置器件

FPGA 模块（EZ-002）具有 AS 接口，可以通过该接口直接将设计逻辑写入串行配置芯片。对有些 FPGA 模块，为节省资源，未提供 AS 接口，则可以利用 JTAG 接口对串行配置芯片进行间接配置操作，其步骤说明如下。

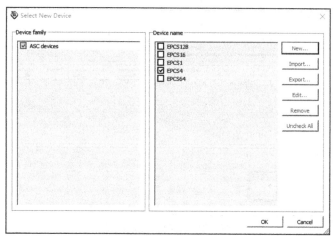

图 5-23　选择串行配置芯片

进行文件转化,生成*.jic 文件。选择 File→Convert Programming File 命令,出现如图 5-24 所示的对话框。在"Programming file type"下拉列表中选择输出文件类型为"JTAG Indirect Configuration File〔.jic〕"(JTAG 间接配置文件类型),在"Configuration device"下拉列表中选择串行配置芯片型号(EZ-002 为 EPCS4),在"File name"中输入生成的文件名(如 test.jic)。

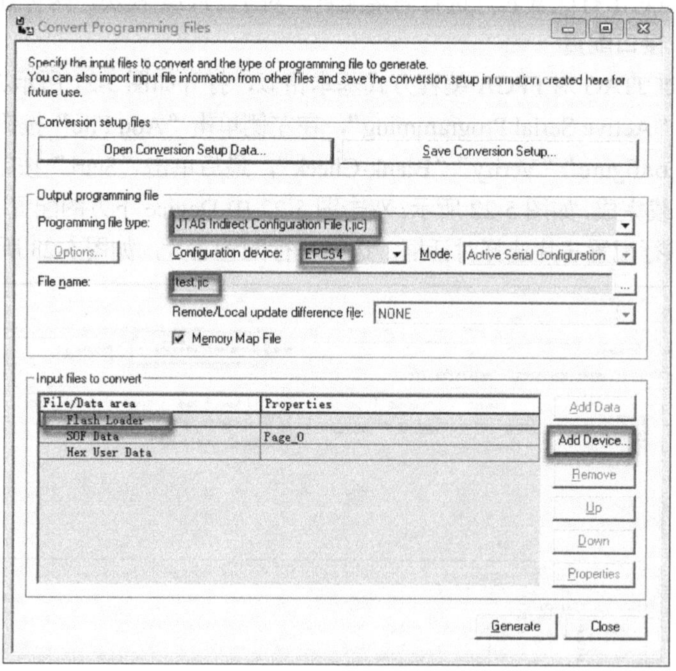

图 5-24　设定 JTAG 间接编程文件

选择"Input files to convert"栏中的"Flash Loader",再单击此栏右侧的"Add Device"按钮,在图 5-25 所示的"Select Devices"窗口的左侧选择目标器件的系列 Cyclone II,然后在右侧选择具体器件 EP2C8。

选择"Input files to convert"栏中的"SOF Data",再单击此栏右侧的"Add File"按钮,选择 SOF 文件(已编译生成的 test.sof),如图 5-26 所示。

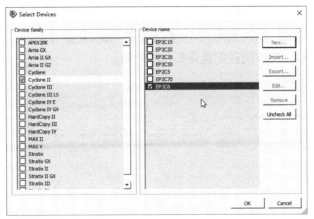

图 5-25 选择目标器件

图 5-26 选择 SOF 文件

如果设计文件容量较大，则可以对文件进行压缩转换。选择图 5-26 中"Input files to convert"栏中的 test.sof 文件，单击右侧的"Properties"按钮，在弹出的对话框中选中"Compression"复选框，如图 5-27 所示。最后单击图 5-27 中的"Generate"按钮，即可转换生成间接编程配置文件 test.jic。

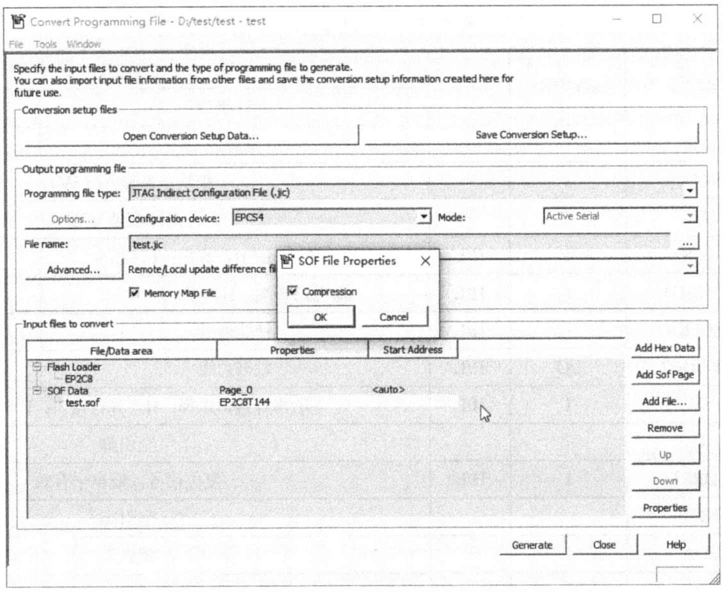

图 5-27 压缩 SOF 文件

通过 JTAG 间接写入串行配置芯片。选择 Tools→Programmer 命令，选择 JTAG 模式，单击左侧的"Add File"按钮，加入 JTAG 间接配置文件（如 test.jic），如图 5-28 所示。单击"Start"按钮，即可编程下载。JTAG 间接配置需要几秒时间。

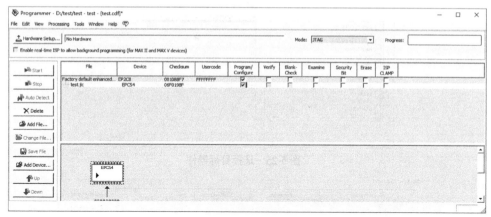

图 5-28　用 JTAG 模式对串行配置器件 EPCS4 进行间接配置

5.4　LCD 和键盘模块（EZ-003）

5.4.1　设计原理

LCD 和键盘模块（EZ-003）主要用于与 MCU 模块接口，提供中文或图形的液晶显示和 16 个键盘输入。EZ-003 模块中 LCD 采用 HS12864 液晶显示模块（内含中文字库），其 I/O 接口功能见表 5-16。EZ-003 模块中 P2 接口通过扁平线与 MCU 模块（EZ-001）的 J6 接口连接即可使用，其电路原理图如图 5-29 所示，设计原理已在 MCU 模块（EZ-001）中介绍，请参见 5.2 节。

表 5-16　HS12864 液晶显示模块接口功能表

引脚号	名称	I/O 方向	电平	功能描述	
				并行接口	串行接口
1	GND	I	—	电源地	
2	VCC	I	—	模块电源输入（5V）	
3	Vo	I	—	对比度调节端	
4	RS（CS）	I	H/L	寄存器选择端：H，数据；L，指令	片选，低电平有效
5	R/W（SID）	I	H/L	读/写选择端：H，读；L，写	串行数据线
6	E（SCLK）	I	H/L	使能信号	串行时钟输入
7-14	DB0~DB7	I/O	H/L	数据总线	空
15	PSB	I	H/L	并/串行接口选择：H，并行接口；L 串行接口	
16	NC			空引脚	
17	LCDRST	I	H/L	复位信号，低电平有效	
18	NC			空引脚	
19	LEDA	I	—	背光正	
20	LEDK	I	—	背光负	

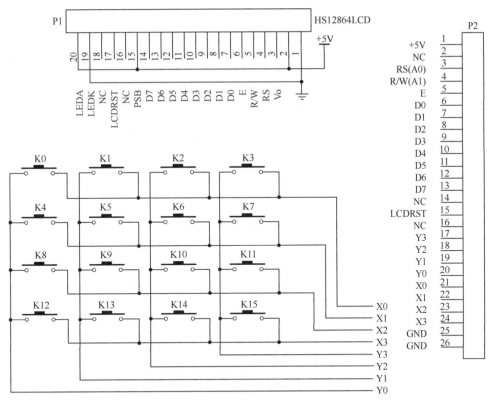

图 5-29　EZ-003 模块的电路原理图

5.4.2　HS12864 简介

在编写 LCD 显示程序之前，需要了解 LCD 模块的内部字库、用户可访问的内部 RAM 和控制指令。

1. HS12864 内置 3 种类型的字库

① 汉字字库。HS12864 提供 8192 个 16×16 点阵的中文字形，汉字字形点阵数据存放在 2MB 的中文字形 ROM（CGROM）中。

② 西文字符字库。HS12864 提供 128 个 16×8 点阵的西文字形，其点阵数据存放在 16KB 半宽字形 ROM（HCGROM）中。

③ 自造汉字字库。为了显示汉字字库中没有的生僻汉字或特殊符号，允许用户自行设计 4 个 16×16 点阵的汉字或符号。将每个自造汉字的 32B 点阵数据存入 CGRAM，即可建立一个自造汉字。

2. HS12864 内置 3 种不同类型的 RAM

① 显示数据 RAM（Display Data RAM，DDRAM）。HS12864 内含 32×16 位 DDRAM，每个单元可存储 16 位二进制编码信息。将不同的编码写入地址的 DDRAM，就可以在不同位置显示对应字符。16 位国标码（范围为 A1A1H～F7FFH）写入 DDRAM，就显示 16×16 点阵的中文字符，写入时先写高 8 位，后写低 8 位。将 ASCII 码（范围为 02H～7FH）写入 DDRAM，就显示对应的西文字符。每个单元可连续写 2 字节（共 16 位）的 ASCII 码，即一个汉字显示位置可显示两个西文字符（物理上汉字为 16×16 点阵，西文为 16×8 点阵）。

将 0000H、0002H、0004H、0006H 这 4 种 16 位编码写入 DDRAM，就可以显示 4 个不同的自造汉字（存放在 CGRAM 中的自造字形）。

DDRAM 的存储单元地址与汉字或字符在显示屏的显示位置一一对应，其地址与对应显示位置关系如图 5-30 所示。

—	第1字	第2字	第3字	第4字	第5字	第6字	第7字	第8字
第一行	80H	81H	82H	83H	84H	85H	86H	87H
第二行	90H	91H	92H	93H	94H	95H	96H	97H
第三行	88H	89H	8AH	8BH	8CH	8DH	8EH	8FH
第四行	98H	99H	9AH	9BH	9CH	9DH	9EH	9FH

图 5-30　DDRAM 地址与显示位置关系

② 自造汉字库 RAM（Character Generator RAM，CGRAM）。HS12864 内含 64×16 位的 CGRAM，用于存放 4 个自造汉字点阵数据。4 个自造汉字的字符编码分别为 0000H、0002H、0004H 和 0006H。DDRAM 内容、CGRAM 地址和 CGRAM 内容的对照关系如图 5-31 所示。

DDRAM字符码 B15~B14	B3	B2	B1	B0	B5	B4	B3	B2	B1	B0	D15	D14	D13	D12	D11	D10	D9	D8	D7	D6	D5	D4	D3	D2	D1	D0
0	×	0	0	×	0	0	0	0	0	0	0	0	0	0	0	1	0	0	0	1	1	0	0	0	0	0
							0	0	0	1	1	1	1	1	1	1	1	0	0	1	0	0	0	0	0	0
							0	0	1	0	0	0	0	1	0	0	0	0	0	1	0	0	0	1	0	0
							0	0	1	1	0	0	0	1	0	0	0	0	1	1	1	1	1	1	1	0
							0	1	0	0	0	0	0	1	0	0	1	0	1	0	0	0	0	1	0	0
							0	1	0	1	0	0	1	1	1	1	1	0	1	0	0	0	0	1	0	0
							0	1	1	0	0	0	1	1	0	0	1	0	1	0	0	1	0	0	0	0
							0	1	1	1	1	0	1	0	1	0	1	0	1	0	0	1	0	0	0	0
							1	0	0	0	0	0	1	0	0	1	0	0	0	1	0	0	0	1	0	0
							1	0	0	1	0	0	1	0	0	1	0	0	0	1	0	0	0	1	0	0
							1	0	1	0	0	0	1	0	0	1	0	0	0	1	0	0	0	1	0	0
							1	0	1	1	0	0	1	1	1	1	0	0	0	1	0	0	0	1	0	0
							1	1	0	0	0	0	1	0	0	1	0	0	1	0	0	0	0	1	0	0
							1	1	0	1	0	0	0	0	0	0	0	1	0	0	0	0	0	0	0	0
							1	1	1	0	0	0	0	0	0	0	1	0	0	0	0	0	0	0	0	0
							1	1	1	1	0	0	0	0	0	0	0	0	0	0	0	0	0	0	0	0
0	×	0	1	×	0	1	0	0	0	0	0	0	1	1	0	0	0	0	0	0	0	0	1	1	0	0
							0	0	0	1	0	0	1	0	1	0	0	0	0	0	0	1	0	0	0	0
							0	0	1	0	0	1	0	1	1	0	1	0	0	1	0	0	1	0	0	0
							0	0	1	1	1	0	1	1	0	1	0	0	1	1	0	0	1	0	0	0
							0	1	0	0	1	1	1	1	1	1	1	0	1	1	1	0	1	0	0	0
							0	1	0	1	0	0	1	1	1	1	1	0	0	1	0	0	1	0	0	0
							0	1	1	0	0	0	1	0	0	0	0	0	0	1	0	0	1	0	0	0
							0	1	1	1	0	0	1	0	0	0	0	0	0	1	0	0	0	0	0	0
							1	0	0	0	0	0	1	1	1	1	1	0	0	1	0	0	0	0	0	0
							1	0	0	1	0	0	1	0	0	0	0	0	0	1	0	0	0	0	0	0
							1	0	1	0	0	0	1	0	0	0	0	0	0	1	0	0	0	0	0	0
							1	0	1	1	0	1	1	1	1	1	1	1	0	0	0	1	1	0	0	0
							1	1	0	0	1	0	0	0	0	0	0	0	1	0	0	1	0	0	0	0
							1	1	0	1	1	0	1	1	1	1	1	1	0	0	1	1	1	0	0	0
							1	1	1	0	1	0	1	0	0	0	0	0	1	0	0	1	0	0	0	0
							1	1	1	1	0	0	0	0	0	0	0	0	0	0	0	0	0	0	0	0

图 5-31　DDRAM 内容、CGRAM 地址和 CGRAM 内容的对照关系

③ 图形显示 RAM（Graphic Display RAM，GDRAM）。HS12864 提供 64×32 字节的GDRAM（由扩充指令设定 GDRAM 地址），最多可以控制 256×64 点阵的二维绘图缓冲空间，在更改 GDRAM 时，由扩充指令设置 GDRAM 地址：先垂直地址后水平地址（连续 2 字节的数据来定义垂直和水平地址），再 2 字节的数据给 GDRAM（先高 8 位后低 8 位）。GDRAM通过水平地址和垂直地址寻址。GDRAM 的显示坐标如图 5-32 所示。

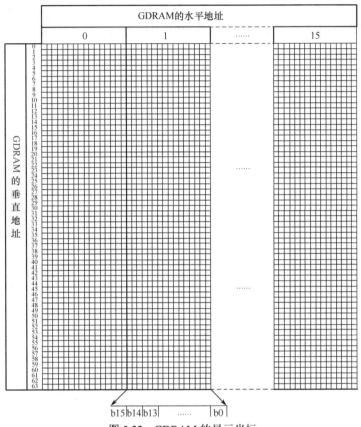

图 5-32　GDRAM 的显示坐标

3. HS12864 的指令集

在 LCD 上显示字母、汉字和图形，就是通过单片机向上述 3 种 RAM 写入数据。传送数据需通过 HS12864 的指令完成。

HS12864 提供 18 条指令，分为基本指令集和扩充指令集。RE 是基本指令集和扩充指令集的控制位，当变更 RE 的状态后，之后的指令维持在最后的状态，除非再次变更 RE 的状态。使用相同指令集时，无须重新设置 RE。基本指令集和扩充指令集分别见表 5-17 和表 5-18，RE 设置可以通过表 5-17 中的"功能设定"指令和表 5-18 中的"扩充功能设定"指令实现。在接收命令前，MCU 必须先确定 HS12864 处于非忙状态，即通过基本命令集中的"读忙标志和地址"命令读取 BF=0，才能接收新的命令。如果在送出一条指令前不检查 BF，则需延时一段时间（一般 0.1ms 以上），以确保上一条指令执行完毕。

表 5-17　HS12864 的基本指令集（RE=0）

指令名称	控制信号		控制代码							
	RS	R/W	D7	D6	D5	D4	D3	D2	D1	D0
清除显示	0	0	0	0	0	0	0	0	0	1
地址归位	0	0	0	0	0	0	0	0	1	×
进入设定点	0	0	0	0	0	0	0	1	I/D	S
显示开关设置	0	0	0	0	0	0	1	D	C	B
移位控制	0	0	0	0	0	1	S/C	R/L	×	×
功能设定	0	0	0	0	1	DL	×	0/RE	×	×
设定 CGRAM 地址	0	0	0	1	A5	A4	A3	A2	A1	A0
设定 DDRAM 地址	0	0	1	A5	A4	A3	A2	A1	A0	
读忙标志和地址	0	1	BF	A6	A5	A4	A3	A2	A1	A0
写数据到 RAM	1	0	显示数据							
读显示 RAM 数据	1	1	显示数据							

表 5-18　HS12864 的扩充指令集（RE=1）

指令名称	控制信号		控制代码							
	RS	R/W	D7	D6	D5	D4	D3	D2	D1	D0
待命模式	0	0	0	0	0	0	0	0	0	1
卷动地址或 RAM 地址选择	0	0	0	0	0	0	0	0	1	SR
反白显示	0	0	0	0	0	0	0	1	R1	R0
睡眠模式	0	0	0	0	0	0	1	SL	×	×
扩充功能设定	0	0	0	0	1	DL	×	1/RE	G	0
设置 GDRAM 地址	0	0	1	0	0	0	A3	A2	A1	A0
				A6	A5	A4	A3	A2	A1	A0

（1）基本指令集说明

● 清除显示

将 DDRAM 填满"20H"（空格）代码，并且设定 DDRAM 的地址计数器（AC）为 00H；更新设置进入设定点，将 I/D 设为 1，游标右移，AC 加 1。

● 地址归位

设定 DDRAM 的地址寄存器为 00H，并且将游标移到开头原点位置。该指令并不改变 DDRAM 的内容。

● 进入设定点

指定在显示数据的读取与写入时，设定游标的移动方向及指定显示的移位。当 I/D＝1 时，游标右移，DDRAM 地址计数器（AC）加 1；当 I/D＝0 时，游标左移，DDRAM 地址计数器（AC）减 1。

● 显示开关设置

初始值为 08H，控制整体显示开关、游标开关、游标位置显示反白开关。D=1，整体显示开；D=0，整体显示关，但是不改变 DDRAM 内容。C=1，游标显示开；C=0，游标显示关。B=1，游标位置显示反白开，将游标所在地址上的内容反白显示；B=0，正常显示。

●（游标或显示）移位控制

初始值为 0001xxxxB（x=0,1）。设定游标的移动与显示的移位控制位 S/C 和 R/L，该命令不改变 DDRAM 的内容。

S/C	R/L	方向	AC 值
0	0	游标向左移动	AC=AC-1
0	1	游标向右移动	AC=AC+1
1	0	显示向左移动，游标跟着移动	AC=AC
1	1	显示向右移动，游标跟着移动	AC=AC

● 功能设定

初始值为 0011x0xxB（x=0,1）。DL=1，8 位 MCU 接口；DL=0，4 位 MCU 接口。RE=1，使用扩充指令集；RE=0，使用基本指令集。同一指令的动作不能同时改变 DL 和 RE，需先改变 DL，再改变 RE，才能确保设置正确。

● 设定 CGRAM 地址

设定 CGRAM 地址到地址计数器（AC），AC 范围为 00H～3FH，需确认扩充指令集中 SR=0（卷动位置或 RAM 地址选择）。

● 设定 DDRAM 地址

设定 DDRAM 地址到地址计数器（AC）。

● 读忙标志和地址

读忙标志（BF）以确认内部指令是否完成。BF=1，表示忙；BF=0，表示空。该指令同时读出地址计数器（AC）的值。

● 写数据到 RAM

写入数据到内部 RAM（DDRAM/CGRAM/GDRAM）。显示数据写入后，会使 AC 值改变，每个 RAM（CGRAM，DDRAM）地址都可以连续写入 2 字节的显示数据，当写入第二个字节时，地址计数器（AC）的值自动加一。

● 读显示 RAM 数据

从内部 RAM（DDRAM/CGRAM/GDRAM）读取数据。读取数据后，会使 AC 值改变。设定 RAM（CGRAM，DDRAM）地址后，先要空读（Dummy Read）一次后才能读取到正确的显示数据，第二次读取不需要空读，除非重新设置了 RAM 地址。

（2）扩充指令集说明

● 待命模式

进入待命模式，执行其他指令都可以结束待命模式；该指令不能改变 RAM 的内容。

● 卷动位置或 RAM 地址选择

初始值为 02H。SR=1 时，允许输入垂直卷动地址；SR=0，允许设定 CGRAM 地址。

● 反白显示

选择两行中的任意一行进行反白显示，并可决定反白与否。R0 初始值为 0，第一次执行时为反白显示，再次执行时为正常显示。通过 R0 选择要进行反白处理的行：R0=0，第一行；R0=1，第二行。由于 HS12864 的一、三行连在一起，二、四行连在一起，因此用户对第一行执行反白显示操作时，第三行必然也反白显示。

● 睡眠模式

SL=1，脱离睡眠模式；SL=0，进入睡眠模式。

● 扩充功能设定

DL=1，8 位 MPU；DL=0，4 位 MPU。RE=1，扩充指令集；RE=1，基本指令集。G=1，

绘图显示开启；G=0，绘图显示关闭。同一指令的动作不能同时改变 RE 及 DL、G，需先改变 DL 或 G 再改变 RE，才能确保设置正确。

● 设定 GDRAM 地址

设定 GDRAM 地址到地址计数器（AC），先设置垂直位置再设置水平位置（连续写入 2 字节数据来完成垂直与水平坐标的设置）。垂直地址范围为 AC6～AC0，水平地址范围为 AC3～AC0。

5.4.3 HS12864 底层程序设计

LCD 显示程序由一系列底层基础操作子函数组成，现说明如下。

1．头文件及物理地址定义

LCD 和键盘底层程序相关的头文件及物理地址定义如下：

```
#include <c8051f360.h>
#include <stdio.h>
#include <absacc.h>

#define WDATADDR XBYTE[0XC009]          //LCD 写数据地址
#define RDATADDR XBYTE[0XC00B]          //LCD 读数据地址
#define WCOMADDR XBYTE[0XC008]          //LCD 写命令地址
#define RCOMADDR XBYTE[0XC00A]          //LCD 读命令地址
#dcfinc KEYCS XBYTE[0XC00C]            //键盘片选地址

sbit LCD_RST=P3^0;

unsigned char code CHINESE1[]={"在这里显示第一行"};
unsigned char code CHINESE2[]={"在这里显示第二行"};
unsigned char code CHINESE3[]={"在这里显示第三行"};
unsigned char code CHINESE4[]={"在这里显示第四行"};

unsigned char key_num=0xff;                    //存键号，全局变量
```

2．LCD 复位函数

通过程序控制 LCD 复位。

```
void LCD_REST(void)
{
    int i;
    LCD_RST=0;
    for(i=0;i<255;i++);
    LCD_RST=1;
}
```

3．向 LCD 写一个命令

函数入口参数 command 为命令代码，参见表 5-17 和表 5-18，程序如下：

```
void LCD_WC(unsigned char command)             //LCD 写命令
{
    unsigned char a;
    while(a=RCOMADDR&0X80);
```

```
        WCOMADDR=command;
    }
```

4. LCD 初始化函数

```
    void LCD_INIT(void)                  //LCD 初始化
    {
        LCD_WC(0X30);                    //设为基本命令集
        LCD_WC(0X01);
        LCD_WC(0X02);                    //将 DDRAM 填满 20H，并设定 DDRAM 地址计数器为 0
        LCD_WC(0X0C);                    //开整体显示
    }
```

5. 向 LCD 写 1 字节数据

函数入口参数 d 为待写入的数据，程序如下：

```
    void LCD_WD(unsigned char d)             //LCD 写数据
    {
        while(RCOMADDR&0X80);
        WDATADDR=d;
    }
```

6. 向 LCD 输出字符串

函数入口参数 x 为首字符的 DDRAM 地址，用于控制字符串显示的起始位置；temp[]为待显示的字符串，必须以\0 结束。

```
    void LCD_HZ(unsigned char x,unsigned char temp[])    //显示一行字符
    {
    int i=0;
    LCD_WC(x);                                    //x 代表位置，=0x80 对应左上角
    while(temp[i]!=0)
        {
            LCD_WD(temp[i]);
            i++;
        }
    }
```

7. 向 LCD 输出 1 个字符

函数入口参数 x 为首字符的 DDRAM 地址，用于控制字符串显示的起始位置；temp 为待显示的字符的编码，仅输出 1 个字符。

```
    void LCD_BYTE(unsigned char x,unsigned char temp)    //显示一行字符
    {
    LCD_WC(x);                                    //x 代表位置，=0x80 对应左上角
    LCD_WD(temp);
    }
```

8. LCD 清屏

```
    void LCD_CLR(void)                           //LCD 清屏
    {
        LCD_WC(0X01);
    }
```

9. 键盘中断

当键值有效时，键盘接口电路将向单片机发出 $\overline{INT0}$ 中断申请，键盘必须允许 $\overline{INT0}$ 中断，

参见 1.6 节中断系统初始化部分。单片机可以通过外部中断服务程序读取键值到全局变量 key_num。用户可以通过读取全局变量 key_num 获取键值，如果 key_num 值为 0xFF，则没有收到按键；如果有按键，则 key_num 保存键值，其值为 00H～0FH，对应 16 个按键。用户程序在接收按键后应将 key_num 设置为 0xFFH，以撤销已处理的按键。键盘中断服务程序如下：

```
void KEY_INIT0(void) interrupt 0
{
    key_num=KEYCS&0x0f;
}
```

关于键盘及 LCD 显示例程可参考附录 A，图形显示可参见 6.3 节和附录 H。

5.5　8 位高速 A/D 模块（EZ-004）

高速 A/D 模块由 A/D 转换器和信号调理电路组成。信号调理电路完成对输入模拟信号的放大、滤波、直流电平位移，满足 A/D 转换器对输入模拟信号的要求。信号调理电路应依据 A/D 转换器对输入模拟信号的要求进行设计，可以根据 A/D 器件手册提供的参考设计完成。

5.5.1　主要技术指标

将模拟信号转换为数字信号本质上是模拟信号时间离散化和幅度数字化的过程。通常，时间离散化由采样保持电路实现，幅度数字化由 A/D 转换器实现。随着芯片集成度的提高，多数 A/D 转换芯片将采样保持电路集成在芯片内部。对 A/D 转换器的选择主要考虑以下方面的技术指标。

1．转换速率

A/D 转换速率取决于模拟信号的采样频率。采样频率必须满足采样定理，即采样频率至少是被测信号最高频率的 2 倍以上。例如，针对音频系统设计，一般认为人耳听力的频率范围为 20Hz～20kHz，其采样频率是最高频率的 2 倍，即 40kHz，故 CD 品质的工业标准采用 44.1kHz 为采样频率；对于电话品质，其处理的是语音信号，频率范围在 3.4kHz 以内，故采样频率可选择 8kHz 左右。EZ-004 模块中采用 ADS930 器件，其采样频率为 30MHz，最高可处理 15MHz 以下的模拟信号。

2．量化位数

A/D 转换过程中不可避免地存在量化误差，量化误差取决于量化位数。n 位的 A/D 转换器，其量化误差为 $1/2^{n+1}$。位数越多，量化误差越小。高质量的 CD 采用 16 位转换器，EZ-003 模块采用 8 位 A/D 转换器。

3．输入信号的电压范围

A/D 转换器对输入模拟信号的电压范围有严格的要求，输入模拟信号电压只有在 A/D 转换器的满量程输入电压范围，才能得到线性的数字量。另外，被测信号的电压最大值在满量程时才能得到所有量化位数的精度。例如，A/D 转换器的满量程电压为 5V，量化位数为 8 位。实际输入电压最大值为 5V 时，量化位数 8 位全部有效；如果实际输入电压最大值为 2.5V，则实际量化位数只有 7 位，因为最高位量化结果恒为 0，将浪费 A/D 转换器的量化位数，降低测量精度。

4．参考电压

A/D 转换的过程就是不断将被测模拟信号的电压与参考电压 V_{REF} 相比较的过程，参考电压的准确度和稳定度与转换精度直接相关。一般选用芯片内部含有参考电压源的 A/D 转换器，可以简化电路设计，否则应采用外部基准电压源作为参考电压。

5．逻辑接口及电平

A/D 转换器工作时一般由单片机或 FPGA 控制，因此，选择 A/D 转换器时，应考虑接口的方便性和逻辑电平的兼容性。EZ-004 模块采用 Cyclone II 系列 FPGA 对 A/D 转换器进行控制，由于 Cyclone II 系列 FPGA 为 3V 器件，因此，应采用与 3V 器件兼容的 A/D 转换器。

5.5.2　ADS930 简介

EZ-004 模块选用 TI 公司生产的 8 位、30MHz 高速 A/D 转换器 ADS930。该芯片采用 3～5V 电源电压、流水线结构，内部含有采样保持器和参考电压源，其内部功能框图及引脚图如图 5-33 所示，引脚功能见表 5-19，内部参考电压源电路如图 5-34 所示。ADS930 的内部参考电压源提供 1.75V 和 1.25V 两路固定参考电压，并分别从 LpBy 和 LnBy 引脚输出。在使用时，LpBy 和 LnBy 引脚应接 0.01μF 的旁路电容，以消除高频噪声。1.75V 的参考电压通过电阻分压后得到 1.5V 的参考电压，从 CM 引脚输出。LpBy 引脚和 LnBy 引脚输出的参考电压经过内部缓冲，可提供 1mA 的驱动能力。ADS930 的内部参考电压源除了给 A/D 转换器提供电压基准，还可以为外部电路提供偏置电压。

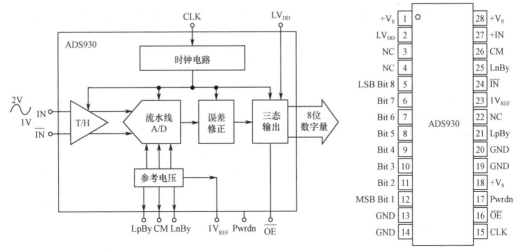

图 5-33　ADS930 的内部功能框图及引脚图

表 5-19　ADS930 引脚功能表

引脚号	名称	功能	引脚号	名称	功能
1	+V$_S$	模拟电压源	8	Bit 5	数据位（D4）
2	LV$_{DD}$	数字电压源	9	Bit 4	数据位（D3）
3	NC	空引脚	10	Bit 3	数据位（D2）
4	NC	空引脚	11	Bit 2	数据位（D1）
5	Bit 8（LSB）	数据位（D7）	12	Bit 1（MSB）	数据位（D0）
6	Bit 7	数据位（D6）	13	GND	模拟地
7	Bit 6	数据位（D5）	14	GND	模拟地

引脚号	名称	功能	引脚号	名称	功能
15	CLK	转换时钟输入	22	NC	空引脚
16	$\overline{\text{OE}}$	数据输出使能	23	1V_{REF}	1V 参考电压输出
17	Pwrdn	低功耗控制端	24	$\overline{\text{IN}}$	模拟信号反相输入端
18	+V_S	模拟电压源	25	LnBy	负阶梯旁路端
19	GND	模拟地	26	CM	共模电压输出端
20	GND	模拟地	27	+IN	模拟信号输入端
21	LpBy	正阶梯旁路端	28	+V_S	模拟电压源

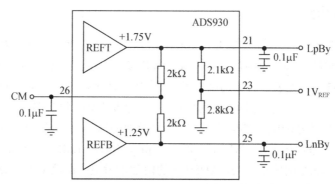

图 5-34　ADS930 的内部参考电压源电路

　　ADS930 支持单端输入和差分输入两种工作方式，EZ-004 模块采用单端输入方式。当模拟信号反相输入端 $\overline{\text{IN}}$ 与共模电压输出端 CM 连接时，ADS930 工作于单端输入方式，此时模拟输入电压范围为 1～2V。其输入模拟电压与输出数字量的对应关系见表 5-20。

表 5-20　单端输入方式时输入模拟电压与输出数字量的对应关系

单端输入模拟电压（$\overline{\text{IN}}$=1.5V）	输出数字量	单端输入模拟电压（$\overline{\text{IN}}$=1.5V）	输出数字量
2.0V	11111111	1.375V	01100000
1.875V	11100000	1.25V	01000000
1.75V	11000000	1.125V	00100000
1.625V	10100000	1.0V	00000000
1.5V	10000000		

　　ADS930 的转换时序如图 5-35 所示。A/D 转换在外部时钟控制下工作，每一个时钟脉冲，ADS930 均输出一个转换的 8 位数字量，但从采样时刻到输出有效数据需要 5 个时钟周期的延迟。

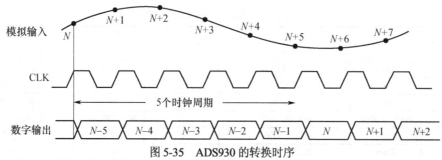

图 5-35　ADS930 的转换时序

5.5.3 电路设计

由于 C8051F360 本身已带有 200ksps 的 10 位 A/D 转换器，且限于指令的处理速度，由单片机直接控制高速 A/D 转换器，并不能发挥其高速的特点。在大量的应用中，由高速 FPGA 器件控制高速 A/D 转换器，而 FPGA 器件受单片机的控制，可以发挥其高速的特点。如图 5-36 所示为 EZ-004 模块的原理图。ADS930 的时钟引脚、数据引脚和输出使能引脚直接与 FPGA 的 I/O 引脚相连接，FPGA 控制 ADS930 进行连续数据采样，并保存在内部 FIFO RAM 中，在获取一批数据后，由单片机读取 FIFO RAM 中的数据进行处理，每批数据转换的启动由单片机控制 FPGA 实现。

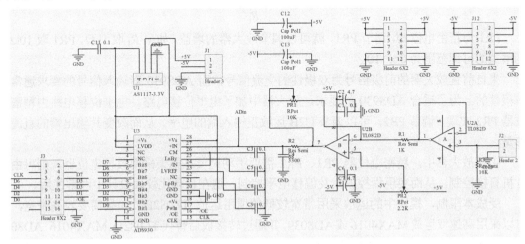

图 5-36　8 位高速 A/D 模块（EZ-004）的原理图

EZ-004 模块的 J3 接口可以与 FPGA 模块（EZ-002）的 JP5 接口连接，使用时通过 16 芯扁平电缆将 8 位高速 A/D 模块与 FPGA 模块相连，如图 5-37 所示。

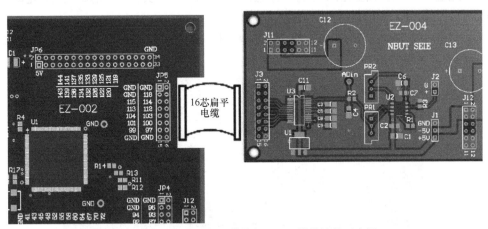

图 5-37　8 位高速 A/D 模块与 FPGA 模块连接示意图

信号调理电路的作用是将被测信号调整到电压范围为 1～2V，满足 ADS930 的输入要求。为了使 A/D 转换器能正常工作，确保最小的相对误差，必须通过信号调理电路将输入模拟信号调整到适合于 ADS930 的输入信号范围内。具体地说，就是对输入模拟信号进行放大（或衰减）和直流偏移量调整。采用跟随器作为前置放大器，既可获得较高的输入阻抗，还可以在被测信号源与数据采集电路之间起到隔离作用。如图 5-36 所示，由两级运放构成信号调理电路，前级为跟随器电路，完成信号隔离（阻抗匹配），后级为增益、直流偏置可调反相放大器。图 5-36 中，U2A 运放构成跟随器电路，可以获得很高的输入阻抗，但为了对信号源呈现稳定的负载，在电路的输入端并联了一个电阻 R_3，前置放大器的等效输入电阻约等于 R_3。为了满足 A/D 转换器输入电压范围的要求，即模拟信号的范围在 1～2V 之间，对放大器的要求是增益可调及直流电平可调。根据以上要求，设计的放大电路原理图如图 5-36 中 U2B 所示。增益可调放大器采用反相放大器的结构，放大倍数的计算公式为

$$A = -\frac{\mathrm{PR1}}{R_1} \tag{5-1}$$

PR1 为精密电位器，调节 PR1，就可以调节放大器的增益。如果 R_1 取 1kΩ，PR1 取 10kΩ，则增益的可调范围为 0～-10。

来自前置放大器的前级信号为双极性的交流信号，而 ADS930 对输入信号的要求通常是单极性的。为了适合 ADS930 的要求，放大器中加了电平位移电路。电平位移电路由精密电位器 PR2 实现。调节 PR2，可以调节 U2B 运放正输入端的电平，从而改变其输出端的直流偏移量。

上述放大器中，精密电位器 PR1、PR2 需要手动调节。如果采用数控电位器，则可由单片机直接控制，从而实现程控放大及偏移电平控制，这在自动化仪表设计中经常使用。

受成本限制，模块中的运放采用带宽较低的通用运放 TL082D。如果需要较高带宽，则可以采用高速双运放 MAX4016 或 AD8039，并通过转接板后替代 TL082D。MAX4016、AD8039 的单位增益带宽分别高达 150MHz 和 350MHz，当放大器的增益为 10 时，带宽分别为 15MHz 和 35MHz，可以满足输入信号的要求。EZ-004 模块的元器件排列图如图 5-38 所示，其调试步骤如下。

① 通过 J1 接口，加上±5V 电源（注意极性）。当应用于实验平台的底板时，电源由 J11 和 J12 输入，此时无须在 J1 上输入电源。

② 将信号发生器输出的正弦信号（频率 50kHz，V_{pp}=3V）加到 J2 接口（标+的为输入信号端，标 G 的为接地端）。

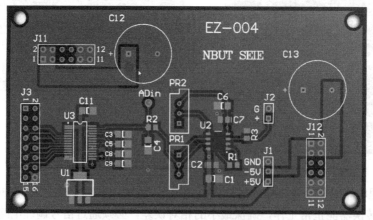

图 5-38　EZ-004 模块的元器件排列图

③ 调节精密电位器 PR1（调节增益）和 PR2（调节直流偏移量），用示波器观测 ADin 点的波形，使加到 ADS930 的输入信号电压范围处于 1～2V 之间。

EZ-004 模块的应用及例程参见 6.3 节。

5.6 10 位高速 D/A 模块（EZ-005）

由于 C8051F360 本身已带有 10 位 D/A 转换器，且限于指令的处理速度，用单片机直接控制高速 D/A 转换器，并不能发挥其高速的特点。在大量的应用中，由高速 FPGA 器件控制高速 D/A 转换器，而 FPGA 器件受单片机的控制，以发挥其高速的特点。

D/A 转换器是实现模拟信号输出的主要器件。考虑到可能需要具有一定相位关系的多路模拟信号，EZ-005 采用双路 A/D 转换，可实现同时输出两路模拟信号。

选择 D/A 转换器时，与 A/D 转换器类似，重点考虑转换速率、量化位数、逻辑接口及电平、参考电压、输出信号的形式（电压还是电流）及范围等技术参数。

5.6.1 THS5651 简介

EZ-005 模块选用 TI 公司的 D/A 转换器件 THS5651。THS5651 提供 125MHz 权电流型 10 位 D/A 转换器，其内部功能框图和引脚排列如图 5-39 所示，其引脚功能见表 5-21。THS5651 的数字部分含有控制逻辑和开关阵列，模拟部分包括电流源阵列、1.2V 参考电压源和一个基准放大器。

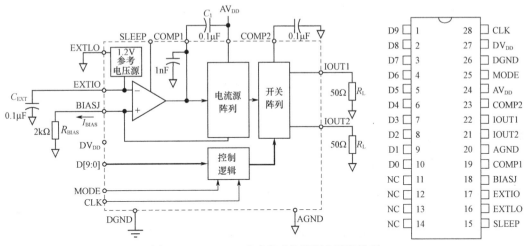

图 5-39 THS5651 的内部功能框图和引脚排列

表 5-21 THS5651 引脚功能表

引脚	名称	I/O	功能描述
1～10	D9～D0	I	10 位数据输入
11～14	NC	N	空引脚
15	SLEEP	I	异步硬件掉电输入，高电平有效，内部下拉。断电需要 5μs，上电需要 3ms
16	EXTLO	O	内部参考地，连接到 AV_{DD}，以禁止内部基准电压源
17	EXTIO	I/O	EXTIO 接 AV_{DD}，作为外部参考电压源输入；EXTLO 接 AGND，作为内部参考电压源输出，需外接 0.1μF 去耦电容

引脚	名称	I/O	功能描述
18	BIASJ	O	满量程输出电流偏置
19	COMP1	I	补偿和去耦节点,外接 0.1μF 去耦电容到 AV_{DD}
20	AGND	I	模拟地
21	IOUT2	O	DAC 电流互补输出,当数字量为全 0 时,输出满量程电流
22	IOUT1	O	DAC 电流输出,当数字量为全 1 时,输出满量程电流
23	COMP2	I	内部偏置节点,需外接 0.1μF 去耦电容到 AGND
24	AV_{DD}	I	模拟电源电压(4.5~5.5V)
25	MODE	I	模式选择,内部下拉。该引脚悬空或连接至 DGND,则选择模式 0,输入数据为二进制原码;该引脚连接到 DV_{DD},则选择模式 1,输入数据为二进制补码
26	DGND	I	数字地
27	DV_{DD}	I	数字电源电压(3~5.5V)
28	CLK	I	外部时钟输入,输入数据在时钟上升沿锁存

THS5651 的工作时序如图 5-40 所示,通过时钟信号 CLK 的上升沿将 10 位数据存入 THS5651 内部锁存器,THS5651 的电流输出随之刷新。

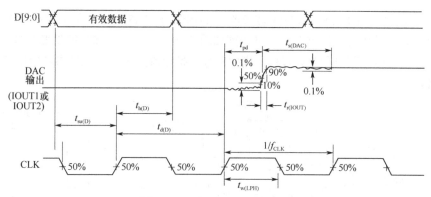

图 5-40　THS5651 的工作时序

5.6.2　电路设计

EZ-005 模块提供双路 D/A 转换,两片 THS5651 由 FPGA 模块(EZ-002)通过接口直接控制,THS5651 的 10 位数据线和时钟线(CLK)与 FPGA 的 I/O 引脚直接相连。10 位高速 D/A 模块(EZ-005)的电路原理图如图 5-41 所示。其中,运放 AD8039 将电流量转换为电压量,其单位增益带宽为 350MHz。如果需要使用更高速的 D/A 转换器,可以采用 TI 公司的与 THS5651 引脚兼容的高速器件 DAC900,其转换速率可达到 200Msps。

10 位高速 D/A 模块的元器件排列图如图 5-42 所示。J1、J4 接口可以与 FPGA 模块(EZ-002)的 JP5、JP4 接口直接通过 16 芯扁平电缆连接,双路使用时可控制两路信号的相位,若只要求实现一路 D/A 转换,则只需将高速 D/A 模块的 J1 接口与 EZ-002 模块的 JP5 接口相连即可。信号由 J2、J5 接口输出,其中标+的为输出端,标 G 的为接地端。

EZ-004 模块的应用及例程参见 6.1 节。

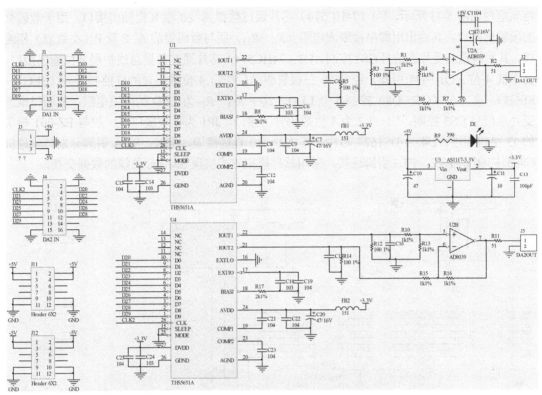

图 5-41　10 位高速 D/A 模块的电路原理图

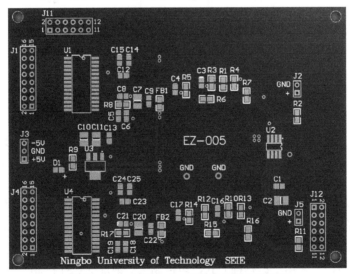

图 5-42　10 位高速 D/A 模块的元器件排列图

5.7　数码显示和温度检测模块（EZ-006）

5.7.1　数码管及 LED 控制电路

数码显示和温度检测模块提供 4 位数码管、4 位 LED 显示和 DS1624 温度传感器，其电路原理图如图 5-43 所示。U2（74HC574）芯片通过数据总线扩展 8 位输出接口，用于数码管的段输出接口，其输出引脚串接限流电阻（$R_6 \sim R_{13}$）后与数码管的 A~F 及 P（小数点）相连接，其端口地址受片选信号 $\overline{CS1}$ 控制。U3（74HC574）芯片通过数据总线扩展 8 位输出接口，其中低 4 位（Q1~Q4 引脚）经 8550 三极管驱动后作为 4 位数码管的位控制信号（SEG1~SEG3），高 4 位（Q5~Q8）控制 4 个 LED，其中 $R_{14} \sim R_{17}$ 为 LED 的限流电阻，其端口地址受片选信号 CS3 控制。L1~L2 为 4 位数码管的接口，JP1 为模块接口，一般与 EZ-001 模块的 J3 接口相连。U4 为 DS1624 芯片，其 A2~A0 直接接地，SCK、SDA 引脚分别与单片机C8051F360 的 P3.2、P3.3 引脚连接，采用软件模拟方式实现 SMBus 总线的数据交换。

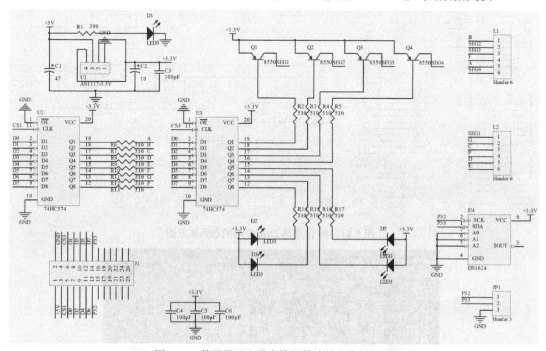

图 5-43　数码显示和温度检测模块的电路原理图

数码显示和温度检测模块的元器件排列图如图 5-44 所示。使用时，模块的 J1 接口通过扁平电缆与 MCU 模块（EZ-001）的 J3 接口连接。U2、U3 的 8 位锁存器通过总线扩展两个带锁存功能的输出接口，其数据输入端与 C8051F360 的数据总线连接，U2、U3 的时钟端分别与 $\overline{CS1}$、CS3 相连。端口地址由 MCU 模块上的 CPLD（EP3064）器件的内部逻辑决定（由 $\overline{CS1}$ 和 CS3 的译码地址决定）。考虑到 74HC574 的时钟为上升沿有效，与本模块配合使用时，CPLD 器件内部逻辑的 $\overline{CS1}$ 的输出电平与其他模块配合不一致，需进行修改，如图 5-45 中方框内所示。4 位数码管采用动态扫描方式，段控制端口地址受 $\overline{CS1}$ 控制，为 4000H，位控制端口地址受 CS3 控制，为 C000H。U2 的输出控制数码管的段，即显示的内容，U3 输出的低 4 位控制数码管的位，即显示的位置，U3 输出的高 4 位控制 4 个 LED，图中 L1、L2 为 4 个数码管的插座，Q1~Q4 用于提高位电流。

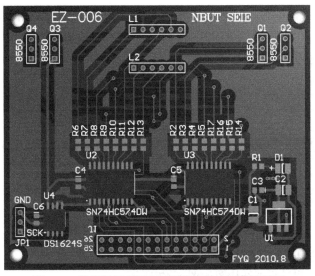

图 5-44   数码显示和温度检测模块的元器件排列图

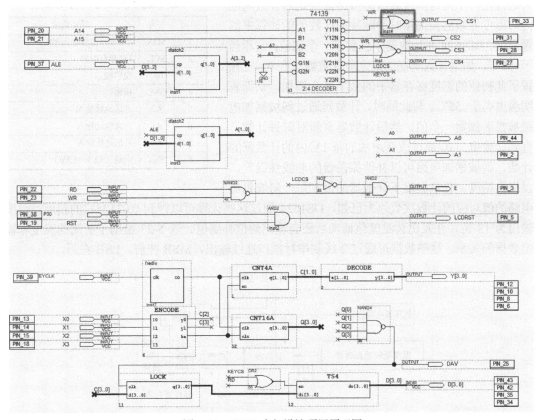

图 5-45   CPLD 内部设计顶层原理图

5.7.2   DS1624 简介

DS1624 是美国 DALLAS 公司生产，集成了测量系统和存储器于一体的芯片。通过 I^2C 串行总线实现数据传输，温度测量范围为-55℃～125℃，数字温度输出达 13 位，精度为

0.03125℃，典型转换时间为 1s，内部集成 256 字节 EEPROM。其内部功能框图及引脚图如图 5-46 所示，引脚功能说明见表 5-22。

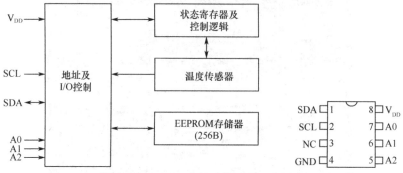

图 5-46 DS1624 内部功能框图及引脚图

1. DS1624 的温度测量原理

DS1624 的温度测量原理结构图如图 5-47 所示。它通过在一个由对温度高敏感振荡器决定的计数周期内对温度低敏感振荡器时钟脉冲的计数值的计算来测量温度。DS1624 在计数器中预置了一个初值，它相当于-55℃。如果计数周期结束之前计数器达到 0，已预置了此初值的温度寄存器中的数字就会增加，从而表明温度高于-55℃。与此同时，计数器通过斜坡累加电路被重新预置一个值，然后计数器重新对时钟计数，直到计数值为 0。通过改变增加的每 1℃内的计数器的计数，斜坡累加电路可以补偿振荡器的非线性误差，以提高精度，任意温度下计数器的值和每一斜坡累加

表 5-22 DS1624 引脚功能表

引脚	符号	功能描述
1	SDA	I²C 串行数据输入/输出
2	SCL	I²C 串行时钟
3	NC	空引脚
4	GND	接地
5	A2	片选地址输入
6	A1	片选地址输入
7	A0	片选地址输入
8	V_{DD}	电源（+2.7~+5.5V）

电路的值对应的计数次数须为已知。DS1624 通过这些计算可以得到 0.03125℃的精度，温度输出为 13 位，在发出读温度值请求后还会输出两位补偿值。表 5-23 给出了所测的温度和输出数据的关系。这些数据可通过 2 线制串行接口连续输出，MSB 在前，LSB 在后。

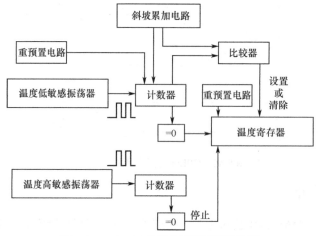

图 5-47 DS1624 的温度测量原理结构图

表 5-23 温度与输出数据的关系

温度	数字量输出（二进制）	数字量输出（十六进制）
+125℃	0111 1101 0000 0000	7D00H
+25.0625℃	0001 1001 0001 0000	1910H
+0.5℃	0000 0000 1000 0000	0080H
+0℃	0000 0000 0000 0000	0000H
−0.5℃	1111 1111 1000 0000	FF80H
−25.0625℃	1110 0110 1111 0000	E6F0H
−55℃	1100 1001 0000 0000	C900H

2. 温度数据格式

由于数据在总线上传输时 MSB 在前，所以 DS1624 读出的数据可以是一字节（分辨率为 1℃），也可以是两字节，第二个字节包含的最低位为 0.03125℃。图 5-48 是 13 位温度寄存器中温度值的数据存储格式。其中 S 为符号位，当 S＝0 时，表示当前测量的温度为正的温度；当 S＝1 时，表示当前测量的温度为负的温度。B14～B3 为当前测量的温度值。最低三位被设置为 0。

S	B14	B13	B12	B11	B10	B9	B8	B7	B6	B5	B4	B3	0	0	0

图 5-48 温度值的数据存储格式

3. DS1624 的工作方式

DS1624 的工作方式是由片上的状态寄存器来决定的，该寄存器的定义如图 5-49 所示。其中，DONE 为转换完成位，温度转换结束时置 1，正在进行转换时为 0；1SHOT 为温度转换模式选择位。1SHOT 为 1 时，为单次转换模式，DS1624 在收到开始测温指令（EEH）后进行一次温度转换；1SHOT 为 0 时，为连续转换模式，此时 DS1624 将连续进行温度转换，并将最近一次的结果保存在温度寄存器中。该位为非易失性的。

DONE	1	0	0	1	0	1	1SHOT

图 5-49 状态寄存器的定义

4. 片内 256 字节存储器操作

控制器对 DS1624 的存储器编程有两种模式：一种是字节编程模式，另一种是页编程模式。在字节编程模式中，主器件发送地址和一字节的数据到 DS1624。在主器件发出开始（START）信号以后，主器件发送写控制字节即 1001A2A1A00（其中 R/W 控制位为低电平），指示从接收器被寻址，DS1624 接收后应答，再由主器件发送访问存储器指令（17H）后，DS1624 接收后应答，接着由主器件发送的下一字节地址将被写入 DS1624 的地址指针。主器件接收到来自 DS1624 的另一个确认信号以后，发送数据字节，并写入寻址的存储地址。DS1624 再次发出确认信号，同时主器件产生停止条件（STOP），启动内部写周期。在内部写周期，DS1624 将不产生确认信号。

在页编程模式中，如同字节写方式，先将控制字节、访问存储器指令（17H）、字节地址发送到 DS1624，接着发送 N 个数据字节，其中以 8 字节为一个页面。主器件发送不多于一个页面字节的数据字节到 DS1624，这些数据字节暂存在片内页面缓存器中，在主器件发送停止信号以后写入存储器。接收每一个字节后，低位顺序地址指针在内部加 1，高位顺序字节地址保持为常数。如果主器件在产生停止条件以前要发送多于一页字的数据，地址计数器将会循环，并且先接收到的数据将被覆盖。像字节写操作一样，一旦停止条件被接收到，则内部将开始写周期。

存储器的读操作：主器件可以从 DS1624 的 EEPROM 中读取数据。主器件在发送开始信号之后，主器件首先发送写控制字节 1001A2A1A00，主器件接收到 DS1624 应答之后，发送访问存储器指令（17H），收到 DS1624 的应答之后，接着发送字节地址并将其写入 DS1624 的地址指针。这时 DS1624 发送应答信号之后，主器件并没有发送停止信号，而是重新发送开始信号，接着又发送读控制字节 1001A2A1A01，主器件接收到 DS1624 应答之后，开始接收 DS1624 送出来的数据，主器件每接收完一字节的数据之后，都要发送一个应答信号给 DS1624，直到主器件发送一个非应答信号或停止条件来结束 DS1624 的数据发送过程。

5. DS1624 的指令集

数据和控制信息的写入读出是以图 5-50 和图 5-51 所示的方式进行的。在写入信息时，主器件输出从器件（DS1624）的地址，同时 R/W 位置 0。接收到响应后，总线上的主器件发出一个命令地址，DS1624 接收此地址后产生响应，主器件就向它发送数据。如果要对它进行读操作，主器件除发出命令地址外，还要产生一个重复的启动条件和命令字节，此时 R/W 位为 1，读操作开始。下面对它们的命令进行说明。

I²C 通信开始	主器件发送控制字节（DS1624 地址和写操作）	DS1624 应答	主器件发送访问 DS1624 的指令	DS1624 应答	主器件发送数据字节	DS1624 应答	I²C 通信停止

图 5-50　主器件对 DS1624 写操作通信格式

I²C 通信开始	主器件发送控制字节（DS1624 地址和写操作）	DS1624 应答	主器件发送访问 DS1624 的指令	DS1624 应答	I²C 通信开始	主器件发送控制字节（DS1624 地址和读操作）	DS1624 应答	数据字节 0	主器件应答	数据字节 1	主器件非应答	I²C 通信停止

图 5-51　主器件对 DS1624 读操作通信格式

（1）访问存储器指令（17H）

该指令是对 DS1624 的 EEPROM 进行访问，发送该指令之后，下一字节就是被访问存储器的字节地址数据。

（2）访问状态寄存器指令（ACH）

如果 R/W 位置 0，则写入数据到状态寄存器。发出请求后，接下来的一字节数据被写入。如果 R/W 位置 1，则读出保存在寄存器中的值。

（3）读温度值指令（AAH）

即读出最后一个测温结果。DS1624 产生两字节数据，即为寄存器内的结果。

（4）开始测温指令（EEH）

此命令将开始一次温度的测量，不需再输入数据。在单次转换模式下，可在进行转换的同时使 DS1624 保持闲置状态。在连续转换模式下，将启动连续测温。

（5）停止测温指令（22H）

该命令将停止温度的测量，不需再输入数据。此命令可用来停止连续转换模式。发出请求后，当前温度测量结束，然后 DS1624 保持闲置状态，直到下一个开始测温的请求发出才继续进行连续测量。

5.7.3　程序设计

EZ-006 模块在使用中通过软件模拟 I^{2}C 时序，其中 SCK 通过单片机的 P3.2 引脚控制，SDA 通过单片机的 P3.3 引脚控制。

1．I^{2}C 模拟的底层函数

  void delay(int ii);
  void i_start(void);
  void i_stop(void);
  void i_init(void);
  bit i_clock(void);
  void i_ack(void);
  bit i_send(unsigned char i_data)。

2．I^{2}C 应用函数

bit i_send(unsigned char i_data)	//通过 I^{2}C 发送 1 字节
unsigned char i_receive(void)	//从 I^{2}C 接收 1 字节

3．温度采集应用函数

bit start_temperature_T(void)	//启动温度转换，返回 1 成功
bit read_temperature_T(unsigned char *p)	//读取温度，返回 1 成功

4．数码管显示应用函数

  void TT1_INT0(void) interrupt 3 　　　　//通过定时器中断实现数码管动态扫描，每次显示 1 位数码
以上函数及使用例程见附录 D。

5.8　大容量 SRAM 模块（EZ-007）

5.8.1　设计原理

大容量 SRAM 模块的原理图如图 5-52 所示，IS61WV5128（U2）为 512K×8 位的 SRAM，该芯片有 19 根地址线。考虑到单片机外部数据存储空间最大只有 64KB，为了便于与单片机最小系统接口，将 IS61WV5128 的 512KB 的存储空间分成 256 页，每页存储空间 2KB。页内地址 A0~A10 由单片机提供，由于 IS61WV5128 的片选引脚（$\overline{\text{CE}}$）受 $\overline{\text{CS1}}$（其译码地址为 4000H）控制，因此，片内 RAM 地址是由 4000H 开始的 2KB 单元地址，即每页地址范围为 4000H~47FFH。页码地址由锁存器 74HC574（U3）扩展的输出接口提供，页码锁存器的时钟受 EZ-001 模块中的 CPLD 器件（EP3064）的内部逻辑控制，其地址为 C000H（CS3 的译码地址）。由于单片机采用地址/数据复用引脚模拟，用 74HC373（U1）实现地址、数据总线的分离。使用时，直接将 EZ-007 模块的 P1 接口插在 MCU 模块的 J3 接口即可。

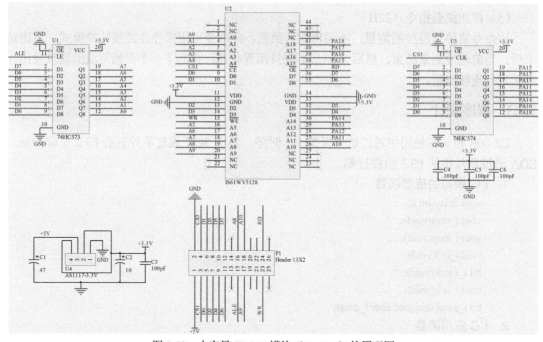

图 5-52　大容量 SRAM 模块（EZ-007）的原理图

5.8.2　程序设计

单片机对 EZ-007 模块存取数据时，应先通过 74HC574 页码输出端口送页地址（端口地址为 C000H），选择其中的一页（范围为 00~FFH，共 256 页），再通过 MOVX 指令读/写页内存储单元，每页 2KB（地址范围 4000H~47FFH）。示例程序如下：

```
#include <c8051f360.h>
#include <stdio.h>
#include <absacc.h>
#define PAGE      XBYTE[0XC000]               //RAM 分页控制端口
main()
{
     unsigned char xdata *addr;
int i,p
i=0;p=0;
     PAGE=(unsigned char)p;                   //选中第 0 页，p=0~255
     addr=0x4000;                             //指向本页中的首地址
          for(i=0;i<2048;i++){
               *addr=（unsigned char）i;       //写入
               addr++;                        //指向下一存储单元
          }                                   //共写 2048B
}
```

512KB SRAM 的测试例程参见附录 E，该例程通过循环对每一存储单元写入数据，再通过循环核对写入的数据，将测试结果在 EZ-003 模块上显示。

5.9 音频放大滤波模块（EZ-008）

EZ-008 模块的主要功能是将来自微型拾音器的信号放大、滤波，对语音信号在数字化采样之前进行一系列处理，处理后接入 C8051F360 的 A/D 模拟信号输入端（EZ-001 模块中 J4 接口的 P20 引脚）。

麦克风（MIC）是将声音信号转换为电信号的传感器，其电路模型如图 5-53 所示。麦克风由一个电容元件和场效应管构成的放大器组成。电容值随机械振动（声音）发生变化，产生与声波成比例的变化电压。在使用时，麦克风需外接上拉电阻 R_1 对其进行偏置。R_1 的大小决定了麦克风电路的输出电阻及增益，一般选 1～20kΩ。麦克风输出的电信号比较微弱，幅值在 1~20mV 之间。

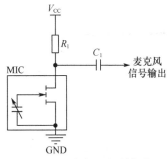

图 5-53 麦克风电路模型

如图 5-54 所示为 EZ-008 模块的电路原理图。麦克风直接输出的信号比较微弱，需要设计前置放大器对信号进行放大。图 5-54 中，U1 内的两个运放均构成两级反相比例放大电路，前级放大倍数为 100，后级放大倍数可通过电位器 PR1 调整。U2 和 U3 内的运放电路组成 4 阶带通滤波器（带通滤波器的低频截止频率为 300Hz，高频截止频率为 3.4kHz）。4 阶带通滤波器输出级的电阻 R_{19}、R_{20} 为输出声音信号提供直流偏移量，目的是使输出声音信号的电压范围满足 C8051F360 内置 A/D 转换器对模拟输入信号的要求（0～3V）。

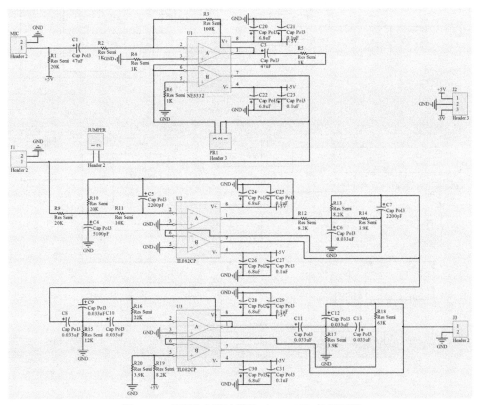

图 5-54 音频放大滤波模块（EZ-008）的原理图

EZ-008 模块的调试步骤如下：

将 JUMPER 上的短路块去除，用信号发生器输出的正弦信号（V_{PP} 设为 2V）从 J1 接口输入，用示波器观测 J3 接口的输出信号，将正弦信号的频率从 100Hz 增加到 5kHz，观察输出信号的幅值变化，应符合带通滤波器的幅频特性。

JUMPER 加上短路块，用示波器观测 J3 接口 V_{out} 点的信号波形，用手机对准拾音器播放音乐，能观测到声音信号波形，通过调整电位器 PR1 调节差分放大器的增益，使声音信号的 V_{PP} 为 0～3V。

5.10　音频滤波功放模块（EZ-009）

EZ-009 模块的主要功能是将 C8051F360 内置 D/A 转换器输出的声音信号（来源于 EZ-001 模块中 J4 接口的 IDA0 引脚）滤波并通过音频功放驱动扬声器，构成声音输出的后向通道。该模块分两部分，一部分为 4 阶带通滤波器（带通滤波器的低频截止频率为 300Hz，高频截止频率为 3.4kHz），另一部分为由 LM386 构成的功放电路。音频滤波功放模块（EZ-009）的原理图如图 5-55 所示。图中，电位器 PR1 用于调节音量大小。带通滤波器的幅频特性测试方法如下：将信号发生器输出的正弦信号从 J1 接口输入，用示波器观测 J4 接口的输出信号，将输入信号的频率从 100Hz 增加到 5kHz，观察输出信号的幅值变化，是否符合带通滤波器的幅频特性。

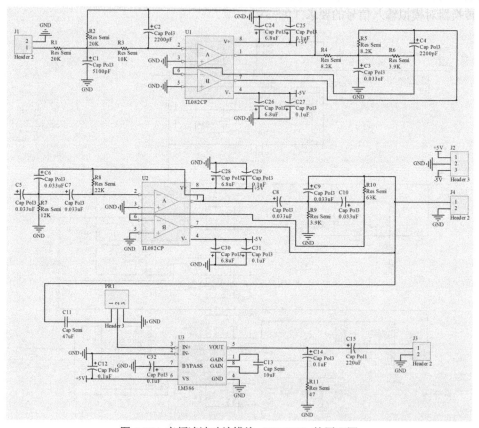

图 5-55　音频滤波功放模块（EZ-009）的原理图

EZ-008、EZ-009 模块做在同一块线路板上（EZ-0809），其元器件排列图如图 5-56 所示，其中上半部分为 EZ-008 模块，下半部分为 EZ-009 模块，电源由 J11 接口和 J12 接口通过底板输入。

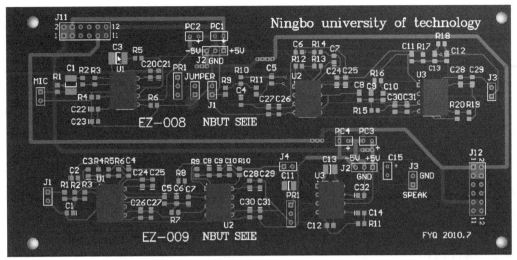

图 5-56　音频输入、输出放大电路（EZ-0809）的元器件排列图

第6章　综合设计实例

6.1　双路 DDS 信号发生器设计

DDS（Direct Digital Synthesizer）即直接数字合成器，是一种新型的频率合成技术，具有较高频率和相位分辨率、良好的相位连续性等特点，可以很容易实现频率、相位和幅度的数控调制。在现代电子系统及设备的频率源设计中，尤其在通信领域，直接数字合成器的应用非常广泛。

DDS 信号发生器既可采用专用 DDS 芯片（如 AD9851、AD9833）实现，也可以通过高速 D/A 转换器实现。前者实现电路简单，成本低，可控性差；后者的可控性强，容易实现各种波形下同步的多路信号。为了体现单片机、FPGA、高速 D/A 转换器等的综合应用，理解 DDS 信号发生器的实现原理，本实例通过高速 D/A 转换器实现。

6.1.1　设计目标

采用 DDS 技术设计一双路 DDS 信号发生器，设计要求：输出正弦波；频率范围为 1Hz～5MHz；相位分辨率为 0.1°以上；可以通过键盘控制相位和频率。

6.1.2　基本原理

对于正弦信号发生器，其输出可描述为

$$S_{out} = A\sin\omega t = A\sin(2\pi f_{out}t) \tag{6-1}$$

式中，S_{out} 为信号发生器的输出信号波形的幅值；f_{out} 为输出信号对应的频率。式（6-1）的表述对于时间 t 是连续的，为了用数字逻辑实现该表达式，必须进行离散化处理，用基准时钟 CLK 进行抽样。令正弦信号的相位 θ 为

$$\theta = 2\pi f_{out}t \tag{6-2}$$

用频率为 f_{CLK} 的基准时钟对正弦信号进行抽样，在一个基准时钟周期 T 内，相位 θ 的变化量为

$$\Delta\theta = 2\pi f_{out}T = \frac{2\pi f_{out}}{f_{CLK}} \tag{6-3}$$

由式（6-3）得到的 $\Delta\theta$ 为模拟量，为了将 $\Delta\theta$ 转化为数字量，将 2π 分割成 2^N 等份作为最小量化单位，从而得到 $\Delta\theta$ 的数字量 M 为

$$M = \frac{\Delta\theta}{2\pi}2^N \tag{6-4}$$

将式（6-3）、式（6-4）联立得

$$M = 2^N \frac{f_{out}}{f_{CLK}} \tag{6-5}$$

变换后即有

$$f_{\text{out}} = \frac{f_{\text{CLK}}}{2^N} M \tag{6-6}$$

式（6-6）表明，在基准时钟频率 f_{CLK} 确定的情况下，输出正弦信号的频率 f_{out} 取决于 M 的大小，且与 M 成线性关系。通过改变 M 的大小，即可改变输出正弦信号的频率，因此 M 也称频率控制字。当基准时钟频率取 2^N 时，正弦信号的频率等于频率控制字 M。当 M 取 1 时，可以得到输出信号的最小频率步进为

$$\Delta f = \frac{f_{\text{CLK}}}{2^N} \tag{6-7}$$

只要 N 足够大，就能得到非常小的频率步进值，即能精确控制输出信号的频率。

将相位转换为数字量后，式（6-1）也可用下式描述为

$$S_{\text{out}} = A \sin(\theta_{k-1} + \Delta\theta) = A\sin\left[\frac{2\pi}{2^N}(M_{k+1} + M)\right] = A f_{\text{CLK}}(M_{k-1} + M) \tag{6-8}$$

式中，M_{k-1} 为前一个基准时钟周期的相位值。

从式（6-8）可以看出，只要用频率控制字 M 进行简单的累加运算，就可以得到正弦函数的当前相位值。而正弦信号的幅值就是当前相位值的函数。由于正弦函数为非线性函数，实时计算有一定困难，一般通过查表的方法快速获得函数值。

直接数字合成器 DDS 就是根据上述原理设计的数控频率合成器。如图 6-1 所示为具有双路输出的 DDS 正弦信号发生器原理框图，主要由相位累加器（由相位加法器和相位寄存器组成）、相位调制器（由相位偏移寄存器和相位偏移加法器组成）、正弦 ROM 查找表和高速 DAC 构成。首先，构建一个 N 位的相位累加器，在每个时钟周期内，将相位累加器输出值与频率控制字相加，得到第 1 路的当前相位值（第 1 路 ROM 地址）。相位调制器接收相位累加器的相位输出（第 1 路 ROM 地址），加上相位偏移值后得到第 2 路的当前相位值（第 2 路 ROM 地址），两路当前相位值作为 ROM 查找表的地址（第 1 路和第 2 路 ROM 地址），各自查 ROM 查找表后的正弦数据，再通过高速 DAC 转换为模拟信号。改变频率控制字，就可以改变输出信号的频率，改变相位偏移值就可以改变两路信号的相位关系。

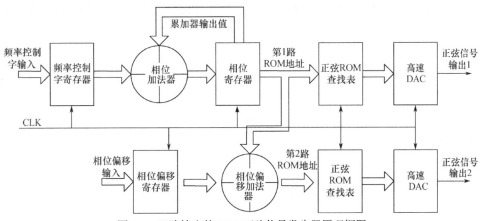

图 6-1 双路输出的 DDS 正弦信号发生器原理框图

从图 6-1 可以看出，频率控制字越大，ROM 的地址变化越快，输出的模拟信号频率越高。需要指出的是，受 ROM 容量的限制，ROM 地址位数往往小于相位累加器和相位调制器的位数，这时，ROM 地址由相位累加器或相位调制器输出地址的高位部分提供。

基本 DDS 结构的常用参量计算如下。

1. DDS 的输出频率 f_{out}

由以上原理推导的公式中可以得出输出频率为

$$f_{out} = \frac{M}{2^N} f_{CLK} \tag{6-9}$$

式中，M 为频率输入字，它与系统时钟频率成正比；f_{CLK} 为系统基准时钟的频率值；N 为相位累加器的数据宽度，也是频率输入字的数据位宽和相位偏移的数据位宽。

2. DDS 的频率分辨率 Δf

DDS 的频率分辨率 Δf 也即频率最小步进值（$M=1$ 时），可用频率输入值步进一个最小间隔对应的频率输出变化量来衡量。由式（6-9）得

$$\Delta f_{out} = \frac{f_{CLK}}{2^N} \tag{6-10}$$

由式（6-10）可见，只要增加相位累加器的位数 N，就可获得任意小的频率分辨率。

由上可知，利用 DDS 技术，可以实现输出任意频率和指定精度的正弦信号发生器，而且也可输出任意波形，只要改变 ROM 查找表中的波形数据就可实现。

利用 DDS 原理构建的信号发生器，具有以下特点：DDS 的频率分辨率在相位累加器的位数 N 足够大时，理论上可以获得相应的分辨精度，这是传统方法难以实现的；DDS 是一个全数字结构的开环系统，无反馈环节，因此其速度极快，一般在纳秒量级；DDS 的相位误差主要依赖于时钟的相位特性，相位误差小；DDS 的相位是连续变化的，形成的信号具有良好的频谱，传统的直接频率合成方法无法实现。

6.1.3 双路 DDS 信号发生器原理框图

双路 DDS 信号发生器原理框图如图 6-2 所示，系统设计中需要用到 EZ-001、EZ-002、EZ-003 和 EZ-005 这 4 个模块，由单片机实现人机对话，并通过总线将频率控制字和相位偏移值送 FPGA 器件内部的频率字寄存器与相位偏移寄存器。频率字寄存器、相位累加器、相位偏移寄存器、相位偏移加法器、ROM 查找表等由 FPGA 器件实现，最后由双路高速 D/A 转换器模块实现数模转换及模拟信号输出。

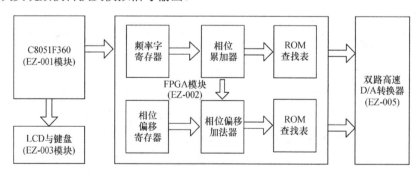

图 6-2 双路 DDS 信号发生器原理框图

6.1.4 FPGA 设计

根据图 6-2 设计双路 DDS 信号发生器电路顶层原理图，如图 6-3 所示。有源晶振产生的

50MHz 信号经 PLL 分频后获得 40MHz 时钟信号，作为基准频率信号（CLK0），同时输出作为高速 D/A 转换器的数据输入的同步脉冲信号 DACLK1 和 DACLK2。

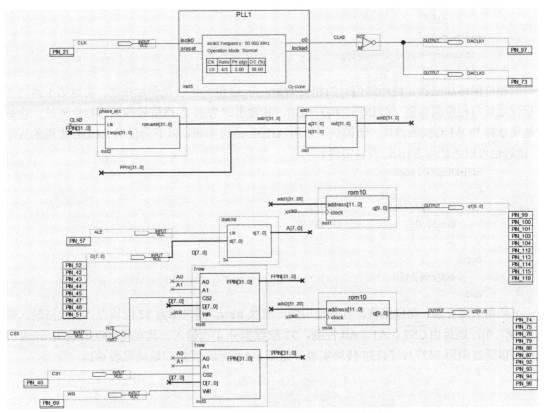

图 6-3　双路 DDS 信号发生器电路顶层原理图

相位累加器 phase_acc 为 32 位线宽，在基准频率信号作用下，每次增加由频率寄存器（FPIN[31..0]）提供的 M，M 也为 32 位线宽。其输出为第 1 路信号的当前相位地址，也即第 1 路 ROM 查找表地址，同时作为相位调制器的输入。采用 VHDL 语言实现的程序如下：

```
library ieee;
use ieee.std_logic_1164.all;
use ieee.std_logic_unsigned.all;
use ieee.std_logic_arith.all;

entity phase_acc is
port(
  clk: in std_logic;
  freqin :in std_logic_vector(31 downto 0);
  romaddr:out std_logic_vector(31 downto 0));
end phase_acc;

architecture one of phase_acc is
  signal acc: std_logic_vector(31 downto 0);
begin
  process(clk)
```

```
begin
  if(clk'event and clk='1')then
acc<=acc+freqin;
      end if;
end process;
  romaddr<=acc(31 downto 0);
  end one;
```

相位偏移加法器实现两路信号的相位增量，为 32 位的组合逻辑加法器，实现第 1 路当前相位地址与相位偏移值（PPIN[31..0]）相加，其输出即为第 2 路信号的当前相位地址，也就是第 2 路 ROM 查找表地址。该模块可以用 AHDL 语言实现，以下为使用 AHDL 实现的程序（读者也可以考虑用 VHDL 语言实现）：

```
SUBDESIGN add1
(
    a[31..0],b[31..0]        : INPUT;
    out[31..0]              : OUTPUT;
)
begin
    out[]=a[]+b[];
end;
```

频率字寄存器、相位偏移寄存器使用同一模块 frew，其内部为 32 位锁存器，数据输入端为 D[7..0]，地址由 $\overline{CS2}$、A1、A0 控制，32 位数据分 4 次输入，其实现可以用 HDL 语言，也可以通过调用 74273、74138 模块实现，如图 6-4 所示，其端口地址见表 6-1。

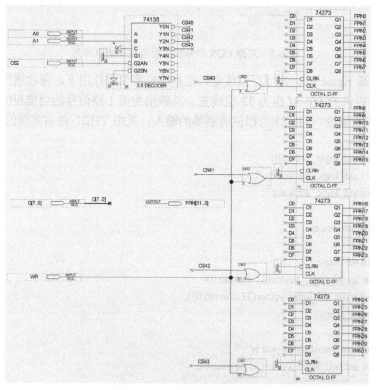

图 6-4　frew 模块底层原理图

表 6-1　32 位锁存器数据写入地址

寄存器	$\overline{CS1}$	CS3	A1	A0	端口地址	写入锁存器位置
频率字寄存器	0	×	0	0	7000H	D[7..0]
	0	×	0	1	7001H	D[15..8]
	0	×	1	0	7002H	D[23..16]
	0	×	1	1	7003H	D[31..24]
相位偏移寄存器	×	0	0	0	C000H	D[7..0]
	×	0	0	1	C001H	D[15..8]
	×	0	1	0	C002H	D[23..16]
	×	0	1	1	C003H	D[31..24]

两个 ROM 查找表内部具有相同内容，其输入地址为 12 位，分别与相位累加器和相位偏移加法器输出地址的高 12 位相连，输出为 10 位数据，与高速 D/A 转换器的位数相对应。其内部数据按正弦规律变化，在单极性输出条件下，第 i 点的数据可用式（6-11）计算获得，可在 Quartus II 软件下执行 File→New→Other Files→Hexadecimal(Intel-Format)File 命令（设置参数 Number of words=4096，Word size=10），生成 dds_rom.mif 文件。ROM 可以采用 LPM_ROM 宏模块实现，生成过程参考 5.3.2 节，相关参数的设置如图 6-5 所示。

$$a_i = 511 + 511\sin\frac{2\pi}{2^N}i \quad (i = 0 \sim 4095) \tag{6-11}$$

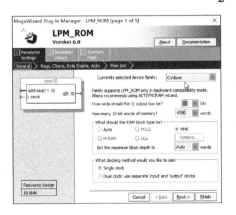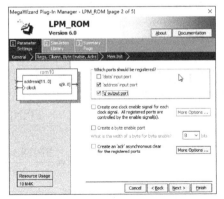

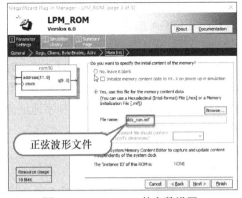

图 6-5　LPM_ROM 的参数设置

dlatch8 模块为 8 位锁存器。为减少单片机与 FPGA 模块连接的线路，单片机以数据/低 8 位地址复用方式通过 P0 口传输。本模块实现地址、数据总线的分离，其控制信号由 ALE 引脚提供，类似于单片机系统中 74LS373 或 74HC573 功能。用 VHDL 描述的程序如下：

```
library ieee;
use ieee.std_logic_1164.all;
use ieee.std_logic_unsigned.all;

entity dlatch8 is
port(
    clk: in std_logic;
d: in std_logic_vector(7 downto 0);
    q: out std_logic_vector(7 downto 0)
    );
end dlatch8;
architecture one of dlatch8 is
begin
process(clk,d)
    begin
        if (clk='1')then
         q<=d;
end if;
end process;
end;
```

综上所述，采用 32 位相位累加器时，其输出信号的频率如式（6-12）所示。其中 f_{out} 为 D/A 转换器输出的正弦信号频率，f_{CLK} 为 40MHz。频率上限受 D/A 转换器的转换速率的限制。两信号的相位由相位偏移字决定，其值如式（6-13），读者可自行分析。

$$f_{out} = \frac{\text{FPIN}[31..0]}{2^{32}} f_{CLK} \tag{6-12}$$

$$P = \frac{\text{PPIN}[31..0]}{2^{32}} \times 2\pi \tag{6-13}$$

6.1.5　单片机程序设计

单片机主要实现人机对话、向 FPGA 提供频率控制字和相位偏移字，其程序流程如图 6-6 所示，通过 4 个按键（键号分别为 0、1、2、3）分别实现频率加 1kHz、频率减 1kHz、相位加 10°和相位减 10°等功能。对应参数计算可参考式（6-12）和式（6-13）。人机对话主要使用 LCD 与键盘模块的底层函数。对 FPGA 的操作，实质是对扩展端口的写操作，其中频率控制字地址为 0xc000、0xc001、0xc002、0xc003，相位控制字地址为 0x7000、0x7001、0x7002、0x7003。参考例程可参见附录 F。

6.1.6　拓展任务

附录 F 中的双路 DDS 信号发生器例程，提供了底层函数及其基本使用。在全面理解原理及例程的基础上，请完成以下拓展任务。

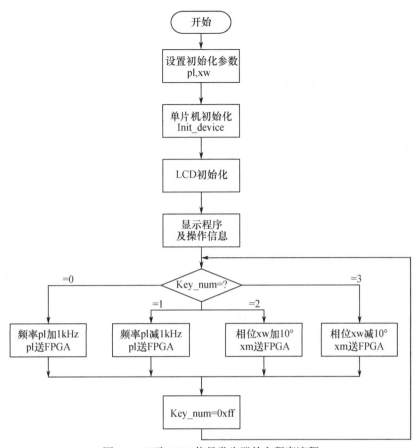

图 6-6　双路 DDS 信号发生器的主程序流程

（1）完成例程作品实物，测试系统能达到的频率范围（中频增益 90%时的上限频率和下限频率）。

（2）实现通过键盘直接输入频率的功能。

（3）实现在频率范围内的扫频输出功能（可通过键盘设置频率上下限、频率增加步进、步进间隔时间等）。

（4）测试输出信号的频带特征图。

（5）实现单路波形可控的 DDS 信号发生器。提示：可以将 ROM 改为双口 RAM，RAM 写端口与单片机系统总线相连，单片机可以通过程序改写波形数据，RAM 读端口与高速 D/A 转换器相连。

（6）如何在确保 10 位精度的前提下，单片机可控制输出波形的峰-峰值（因可能涉及硬件改变，本任务仅需提供思路，不需在作品实物中完成）？

6.2　数字化语音存储与回放系统设计

6.2.1　设计目标

设计一个简易数字化语音存储与回放系统，其系统框图如图 6-7 所示，设计要求如下：语音录放时间≥60s；语音输出功率≥0.5W，回放语音质量良好；设计"录音""放音"功能。

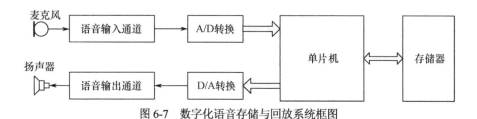

图 6-7　数字化语音存储与回放系统框图

6.2.2　基本原理

数字化语音存储与回放系统完成将语音信号转换为电信号，经放大、滤波处理后，通过A/D 转换器转换为数字信号，再将数字化的语音信号存放到大容量存储器中；回放时，将数字化的语音信号经 D/A 转换器转化成模拟信号，经滤波、放大后驱动扬声器发出声音。从硬件电路角度，该系统由模拟滤波放大电路、A/D 转换电路、大容量 SRAM 和 D/A 转换电路等构成。其中，A/D、D/A 转换电路采用 C8051F360 内置的 A/D、D/A 转换器，大容量 SRAM采用 EZ-007 模块提供的 512KB 存储器，同时使用 EZ-003 模块实现人机对话。需要指出的是，C8051F360 中 A/D 转换器的模拟量输入需设定为单通道输入方式、P2.0 引脚为模拟输入引脚，且输入模拟信号控制在 0～3V 范围内；D/A 转换器的输出通过 IDA0（P0.4）引脚输出，通过1kΩ 采样电阻将输出电流量转换为电压量，再通过滤波、放大，功放驱动扬声器，使用前必须对 P0 口进行相关编程。图 6-8 所示为数字化语音存储与回放系统的总体原理框图。

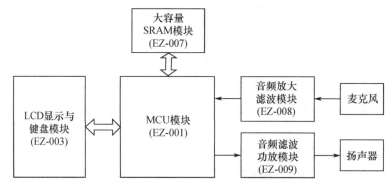

图 6-8　数字化语音存储与回放系统的总体原理框图

6.2.3　程序设计

1．初始化程序

（1）端口初始化

```
void IO_INIT(void)
{
    SFRPAGE=0x0F;
    P0MDIN=0xe7;
    P0MDOUT=0x83;
    P0SKIP=0xF9;

    P1MDIN=0xFF;
    P1MDOUT=0xFF;
    P1SKIP=0xFF;
```

```
            P2MDIN=0xFE;                        //P2.0 引脚为 A/D 转换器模拟输入引脚
            P2MDOUT=0xFE;
            P2SKIP=0xFF;

            P3MDIN=0xFF;
            P3MDOUT=0xFF;
            P3SKIP=0xFD;

            P4MDOUT=0xFF;

            XBR0=0x09;
            XBR1=0xC0;
            SFRPAGE=0x0;
        }
```

（2）总线初始化

```
    void XRAM_INIT(void)
    {
        SFRPAGE=0x0F;
        EMI0CF=0x07;
        EMI0TC=0x51;                            //扩展 RAM 时序相关
        SFRPAGE=0;
    }
```

（3）D/A 转换器初始化

```
    void DAC_INIT(void)
    {
        IDA0CN=0xF2;
    }
```

（4）A/D 转换器初始化

```
    void ADC_INIT(void)
    {
        REF0CN=0x08;                            //V_DD 为基准电压
        AMX0P=0x08;                             //正输入通道接 P2.0
        AMX0N=0x1F;                             //负输入通道接 GND
        ADC0CF=0x5C;                            //左对齐，转换时钟 2MHz
        ADC0CN=0x80;                            //写 AD0BUSY，启动 A/D 转换
    }
```

2．录/放音程序设计

由于语音信号的最高频率为 4kHz，根据采样定理，采样频率必须大于语音信号最高频率的 2 倍以上，为节约存储量，延长录音时间，采用 8kHz 采样，回放时其频率应与采样时一致。定时/计数器 T1 中断服务根据标志（Flag）的情况启动 A/D 转换器按 8kHz 频率采样数字语音或按 8kHz 控制 D/A 转换器回放数字语音。其流程图如图 6-9 所示，程序如下：

```
    void TT1_INT0(void) interrupt 3
    {
        TL1=0x06;
```

```
TH1=0xFF;                                    //8kHz 频率
switch(flag)
{
case 1:AD0BUSY=1;break;                       //启动 A/D 转换
case 2:play();
}
}
```

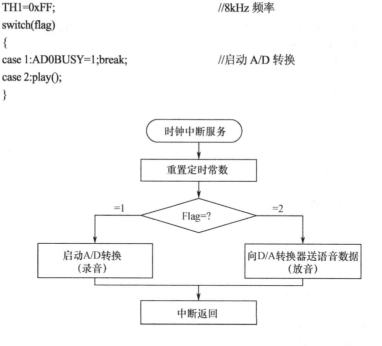

图 6-9 时钟中断服务程序流程图

A/D 转换完成时通过中断方式，由中断服务程序将数字语音信号写入大容量 SRAM 中，每次采样得到 10 位数据，存放在连续两个 RAM 单元中，程序如下：

```
void ADC0INT(void) interrupt 10
{
    AD0INT=0;
    RAM_PAGE=(unsigned char)page;            //切换到 RAM 页
    *addr=ADC0H;                             //保存高 8 位
    next_addr();                             //计算获得下一个可用 RAM 的地址
    *addr=ADC0L;                             //保存低 2 位
    next_addr();                             //计算获得下一个可用 RAM 的地址
    if(page==0 && addr==0x4000){
    ET1=0;
    record=1;                                //512KB 存满，则录音结束
    LCD_HZ(0x88,CHINESE4);                    //LCD 上显示录音结束
    }
}
```

放音 void paly(void)函数由定时/计数器 T1 中断按 8kHz 频率调用，每次将 1 个 10 位（16 位数据，10 位有效数据）语音数据从当前 RAM 中取出并送 D/A 转换器，同时 RAM 地址指向下一个有效地址。程序如下：

```
void play(void)
{
    RAM_PAGE=(unsigned char)page;            //切换到 RAM 页
    IDA0H=*addr;                             //取高 8 位送 D/A 转换器
    next_addr();                             //计算获得下一个可用 RAM 单元的地址
```

```
            IDA0L=*addr;                    //取低 2 位（2 位有效）送 D/A 转换器
            next_addr();                    //计算获得下一个可用 RAM 单元的地址
            if(page==0 && addr==0x4000) {
                ET1=0;                       //512KB 取完，关 T1 中断，放音结束
                flag=1;                      //设置标志
                LCD_HZ(0x88,CHINESE6);       //显示放音结束
            }
        }
    }
```

3．计算下一个可用 RAM 单元的地址

如 5.8 节所述，大容量 SRAM 共 512KB，分成 256 页，每页 2KB。每个 RAM 单元的地址由页号和地址组成。程序中设置全局变量 unsigned int page 为下一个可用 RAM 单元的页号，页号范围为 0~255；设置全局变量 unsigned char xdata *addr 为下一个可用 RAM 单元的地址，范围为 0x4000~0x47FF。每次存取一字节后，需要调用 void next_addr(void)函数，修改 page 和*addr 指向下一个可用的 RAM 单元地址。如果返回时 page=0 且*addr=0x4000，则表明 512KB RAM 全部用完，主程序可进行相应处理。程序如下：

```
    void next_addr(void)
    {
        addr++;                             //地址加 1
        if(addr==0x4000+2048) {             //如果一页（2KB）用完，则条件成立
            addr=0x4000;                    //新的一页，首地址为 0x4000
            page++;                         //页号加 1，指向下一页
            if(page==256)                   //已用完所有页，则指向 0 页
                page=0;                     //条件成立，指向 0 页，首地址
        }
    }
```

4．主程序

主程序实现人机对话及标志设置，定时/计数器 T1 中断根据标志实现 8kHz 的录音或放音，主程序流程图如图 6-10 所示。数字化语音存储与回放系统的参考例程可参见附录 G。

6.2.4 拓展任务

附录 G 中的数字化语音存储与回放系统例程提供了底层函数及其基本使用。在全面理解原理及例程的基础上，请完成以下拓展任务。

（1）完成例程作品实物，测试系统最长录/放音时间，主观了解录/放语音或音乐时达到的音质。

（2）完善数字录/放音功能，如录/放音的开始、停止、暂停、快进、快倒、位置显示（时间）等。

（3）查阅文献，学习语音压缩原理及算法（如 DPCM 和静音压缩算法）。

（4）利用语音压缩算法，用程序实现语音录/放的编/解码，实现延长录/放音时间。

（5）理解存储空间、音质的关系。

（6）理解影响音质的主要因素。

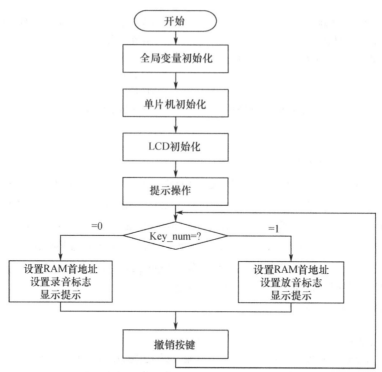

图 6-10　数字化语音存储与回放系统主程序流程图

6.3　高速数据采集系统设计

6.3.1　设计目标

输入正弦模拟信号，频率为 25～150kHz，V_{pp}=3V，采用 12.5MHz 固定采样频率连续采集 256 点数据，用 128×64 点阵式 LCD 回放显示采集信号的波形。

6.3.2　基本原理

在智能电子系统中，有时需要设计高速数据采集电路。高速数据采集电路一般由高速 A/D 转换器、数据缓存电路、控制逻辑电路、地址发生器、地址译码电路等组成。高速 A/D 转换器是高速数据采集电路的关键部分，其采样速率达到 1MHz 以上。如何控制高速 A/D 转换器是实现高速数据采集的核心。

MCS-51 单片机使用最高 12MHz 时钟，其机器周期为 1μs，大多数指令的执行时间需要 1～2 个机器周期。如果由单片机控制 A/D 转换，则完成一个样点的采集需要多条指令，采样速率很难超过 100kHz。可编程逻辑器件的应用，为控制高速 A/D 转换器提供了一种较好的办法，利用可编程逻辑器件高速性能（工作频率大于100MHz）和本身集成的几万个逻辑门及嵌入式阵列块（EAB），将数据采集电路中的数据缓存、地址发生器、控制逻辑等全部集成进一个可编程逻辑器件芯片中，大大减小了系统的体积，降低了成本，提高了可靠性。同时，可编程逻辑器件可由软件实现逻辑重构，可实现在系统编程（ISP），以及有众多功能强大的 EDA 软件的支持，使得系统具有升级容易、开发周期短等优点。

由于设计目标中需要采集正弦信号频率为 25～150kHz，采样频率要求达到 12.5MHz，显然该系统属于高速数据采集系统，可以采用单片机和 FPGA 相结合的设计方案。整个数据采集系统的原理框图如图 6-11 所示。模拟信号经过调理以后送高速 A/D 转换器，由 FPGA 完成高速 A/D 转换器的控制和数据存储，单片机完成数据的读取，经处理后在 LCD 上显示波形，系统由 EZ-001、EZ-002、EZ-003 和 EZ-004 这 4 个模块组成。

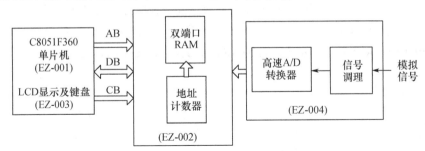

图 6-11　高速数据采集系统的原理框图

6.3.3　FPGA 设计

在高速数据采集方面，FPGA 具有单片机和 DSP 无法比拟的优势，FPGA 的时钟频率高，内部时延小，全部控制逻辑均可由硬件完成，速度快、效率高、组成形式灵活，尤其是 FPGA 内含嵌入式阵列块（EAB），可以作为存储器使用，构成双端口 RAM 或 FIFO RAM。因此，采用 FPGA 构成信号采集、存储控制电路既可减少外围器件，又可提高数据采集系统工作的可靠性。

高速数据采集系统分为两种工作模式：数据采集模式和数据读取模式。在数据采集模式下，FPGA 控制高速 A/D 转换器对模拟信号进行采集并将数据存入 FPGA 内部的高速双端口 RAM，当完成采集一定的数字量后，自动停止采集。在数据读取模式下，单片机通过并行总线接口读取 FPGA 内部高速双端口 RAM 中的数据。

由 FPGA 设计的数据采集、存储控制电路的原理框图如图 6-12 所示，主要包括以下几个模块：

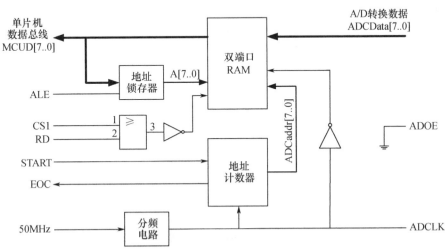

图 6-12　由 FPGA 设计的数据采集、存储控制电路的原理框图

① 高速双端口 RAM 模块。作为缓存，一侧端口存储 A/D 转换器产生的数据，另一侧端口向单片机传输数据。

② 地址锁存器模块。为节省引脚，C8051F360 工作于地址/数据总线复用模式，地址锁存器模块完成从单片机的地址/数据总线上分离出低 8 位地址信息，类似于 74HC373 或 74HC573 功能。

③ 分频电路模块。将有源晶振产生的时钟信号分频得到 12.5MHz 的 A/D 时钟信号。

④ 地址计数器模块。产生存储 A/D 转换数据的地址信号。为了连续采集 256 点数据，将地址计数器模块设计成一个 256 进制加 1 计数器。计数器由 START 信号控制，当 START 信号为低电平时，地址计数器清 0；当 START 信号变为高电平时，地址计数器在时钟信号作用下从 0 开始进行加 1 计数，计到 255 时停止计数，并发出 EOC 信号（由高电平变为低电平）。

进行一次数据采集的过程为：单片机发出 START 信号（负脉冲），地址计数器从 0 开始计数，在计数过程中，A/D 转换数据被存入高速双端口 RAM。当计数器计到 255 时停止计数，发出 EOC 信号作为单片机的外部中断信号，单片机通过执行中断服务程序从高速双端口 RAM 中读入数据。整个数据采集过程的时序关系如图 6-13 所示。

图 6-13　整个数据采集过程的时序关系

FPGA 的顶层原理图如图 6-14 所示。分频电路由 CNT4 模块实现，实现 4 分频输出，即 ADCCLK 的频率为 50MHz（有源晶振频率）的 4 分频，即 12.5MHz。其 VHDL 程序如下：

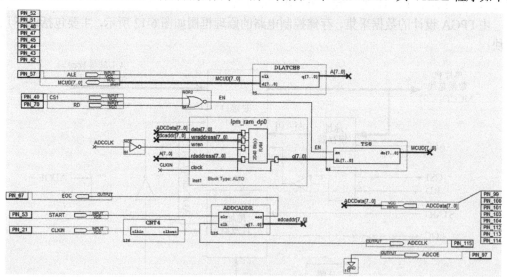

图 6-14　FPGA 内部顶层原理图

```
library ieee;
use ieee.std_logic_1164.all;
use ieee.std_logic_unsigned.all;
```

```vhdl
entity CNT4 is
port(
  clkin: in std_logic;
  clkout:out std_logic
        );
end CNT4;

architecture one of CNT4 is
signal q:std_logic_vector(1 downto 0);
  begin
process(clkin)
  begin
if(clkin'event and clkin='1')then
  if q="11" then
        q<=(others=>'0');
else
        q<=q+1;
  end if;
end if;
  clkout<=q(1);
end process;
end one;
```

地址计数器模块 ADDCADDR 为 8 位二进制加法计数器，VHDL 程序如下：

```vhdl
library ieee;
useieee.std_logic_1164.all;
useieee.std_logic_unsigned.all;
useieee.std_logic_arith.all;
entity addcaddr is
port(clr,clk: instd_logic;
eoc: outstd_logic;
q: bufferstd_logic_vector(7 downto 0)
);
end;
architecture beha of addcaddr is
begin
process(clr,clk)
begin
  if(clk'event and clk='1' ) then
ifclr='0' then
  q<="00000000";
elsif(q="11111111") then
        q<="11111111";
                else
        q<=q+1;
  end if;
end if;
```

```
        end process;

    process(q)
        begin
        if(q="11111111")then
                eoc<='0';
                    else
eoc<='1';
        end if;
    end process;
    end beha;
```

地址锁存器模块 DLATCH8 的 VHDL 程序如下：

```
    library ieee;
    use ieee.std_logic_1164.all;
    use ieee.std_logic_unsigned.all;

    entity dlatch8 is
    port(
        clk: in std_logic;
        d: in std_logic_vector(7 downto 0);
        q: out std_logic_vector(7 downto 0)
        );
    end dlatch8;
    architecture one of dlatch8 is
    begin
    process(clk,d)
        begin
                if (clk='1')then
                q<=d;
    end if;
    end process;
    end;
```

三态缓冲器模块 TS8 的 VHDL 程序如下：

```
    library ieee;
    use ieee.std_logic_1164.all;
    use ieee.std_logic_unsigned.all;

    entity ts8 is
    port(
        en:in std_logic;
        di:in std_logic_vector(7 downto 0);
do:out std_logic_vector(7 downto 0)
        );
    end ts8;
    architecture one of ts8 is
    begin
```

```
process(en,di)
begin
    if en='1' then
        do<=di;
    else
        do<="ZZZZZZZZ";
    end if;
end process;
end;
```

双端口 RAM 的核心是存储器阵列，它的读与写相互独立，有各自的地址总线、数据总线和使能端。在数据采集时，A/D 转换数据存入存储器进行缓存，采集结束后，单片机从缓存中取出数据存入单片机 RAM，进而显示处理。在 FPGA 中设计的双端口 RAM 模块可以根据数据位数、存储量大小进行配置。

设计双端口 RAM 可以直接调用 LPM_RAM_DP 宏模块。在 LPM_RAM_DP 宏模块中共有 10 个可配置参数，通常情况下，只配置 LPM_WIDTH（数据宽度）、LPM_WIDTHAD（地址总线宽度）、USE_EAB（是否使用嵌入式阵列块 EAB）这 3 个参数。在设计中，宏单元的数据总线和地址总线宽度均选为 8 位，与单片机相连的数据总线是双向总线，因此其引脚类型是双向的。参数设置如图 6-15 所示。需要注意的是，宏模块 LPM_RAM_DP 的数据输出端无三态控制，因此，加了三态缓冲器 TS8，以实现输出的三态控制。

双端口 RAM 模块并没有 BUSY 引脚，当写地址和读地址相同时，数据读、写发生冲突，读、写不能正常工作，在实际使用中应避免这种情况。

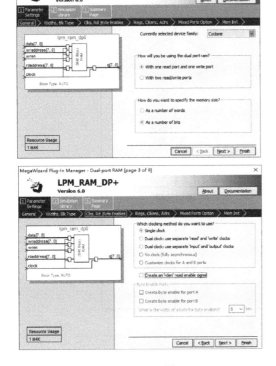
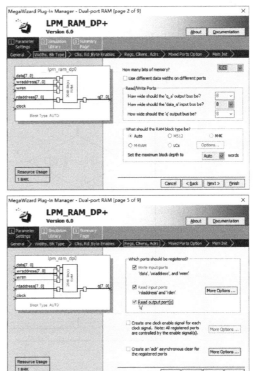

图 6-15　LPM_RAM_DP 宏模块的参数设置

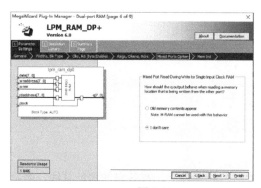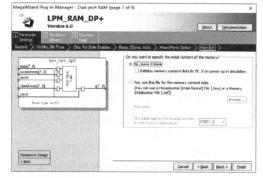

图 6-15　LPM_RAM_DP 宏模块的参数设置（续）

6.3.4　单片机程序设计

单片机控制软件的主要功能有：通过按键启动一次数据采集；从双端口 RAM 中读入 128B 数据（采集时，每批连续采集 256B 数据，但限于 LCD 显示范围，例程中每次取前 128B 数据用于显示）；将采集的数据在 LCD 上显示。整个控制软件分为主程序、T0 中断服务程序、$\overline{INT0}$ 中断服务程序和 $\overline{INT1}$ 中断服务程序 4 部分。

主程序主要完成初始化、FPGA 配置和在 LCD 上显示波形，其流程图如图 6-16 所示。FPGA 控制 A/D 转换器连续采集 256 个数据，保存在其内部的双端口 RAM 中，完成后通过 EOC 信号触发单片机中断，单片机通过外部中断服务程序将 FPGA 双端口 RAM 中的前 128B 采集数据读入 disp[]数组变量，主程序通过调用波形显示函数 WR_GDRAM 将变量 disp[]中的 128B 数据对应的波形显示在 LCD 上。

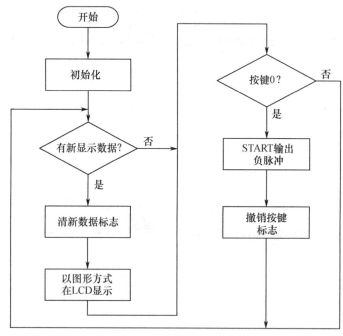

图 6-16　主程序流程图

LCD 采用 EZ-003 模块中的 LCD12864，其显示区分 64 行、128 列。每次获取的数据量为 128B，刚好与显示区的列数相等。如果在每一列上显示一个黑点，而且黑点在每一列上的显示位置由采集数据的大小确定，那么 128 列上的黑点就可以形成一条曲线，该曲线就是 128B 采集数据对应的波形。此时，LCD 工作于图形化模式。

根据正弦函数值的序号（128 点函数值的序号依次为 0～127）和函数值的大小决定显示数据位的位置，即显示数据位处于图形显示缓冲区的哪一字节和哪一位。确定了位置以后，将该显示数据位置 1 即可。之后，将转换后的数据写入 LCD12864 的 GDRAM，相关资料请读者自行查阅。对 LCD 图形化控制的底层程序如下：

```c
void LCD_WC(unsigned char command)            //LCD 写命令
{
    while(RCOMADDR&0X80);
    WCOMADDR=command;
}
//*********************************************************
void LCD_WD(unsigned char d)                  //LCD 写数据
{
    while(RCOMADDR&0X80);
    WDATADDR=d;
}
void CLRGDRAM(void)                           //清 LCD GDRAM
{
int i,j;
for(i=0;i<32;i++){
    LCD_WC((i|0x80));
    LCD_WC(0X80);
    for(j=0;j<16;j++) LCD_WD(0x0);
    }
for(i=0;i<32;i++){
    LCD_WC((i|0x80));
    LCD_WC(0X88);
    for(j=0;j<16;j++) LCD_WD(0x00);
    }
}
//*********************************************************
void WR_GDRAM(void)                           //将 disp[]数据送 LCD 显示
{
    unsigned char buf[16];
    unsigned char code tab[]={0x80,0x40,0x20,0x10,0x08,0x04,0x02,0x01};
    int i,j,k;
    for(k=0;k<0x40;k++){
        for(i=0;i<16;i++) buf[i]=0;
        for(i=0,j=0;i<128;i++){
            if(((~disp[i])>>2)==k){
                buf[i/8]=buf[i/8]|tab[i%8];
```

```
                    }
                }

                if(k<32) {LCD_WC(k|0x80);LCD_WC(0X80);}
                else {LCD_WC((k-0x20)|0x80);LCD_WC(0X88);}
                for(i=0;i<16;i++) LCD_WD(buf[i]);
            }

        }
```

$\overline{\text{INT0}}$ 为键盘中断，有中断时读入键值。$\overline{\text{INT1}}$ 中断由 FPGA 的 EOC 信号触发，其作用是成批（128 个）从 FPGA 的双端口 RAM 中读入数据。程序如下：

```
    void KEY_INIT0(void) interrupt 0
    {
        key_num=KEYCS&0x0f;
    }
    //****************************************************
    void GET_DATA(void) interrupt 2              //取 FPGA 的采样数据
    {
        unsigned char xdata *p;
        int i;
        p=0x4000;                                //双端口 RAM 的首地址
        for(i=0;i<128;i++,p++) disp[i]=*p;
        flag=1;                                  //设置标志
    }
```

高速数据采集系统的参考例程可参见附录 H。

6.3.5 拓展任务

附录 H 中的高速数据采集系统例程提供了底层函数及其基本使用。在全面理解原理及例程的基础上，请完成以下拓展任务。

（1）完成例程作品实物，测试系统对不同频率、幅度、波形采集时对应显示波形的变化。

（2）改变采集频率，观察对测量信号的影响。

（3）完成简易示波器功能，增加波形左右移位（提示：实际采集有 256B 数据，实际显示仅 128B 数据）、显示幅度缩放、连续采集显示等。

（4）查阅文献，实现交流波形数据测量，如峰-峰值电压、频率、周期等。

6.4 设 计 训 练

6.4.1 简易数字钟设计

1．任务

设计并制作一台 LCD 显示的数字钟。

2．基本要求

（1）具有时、分、秒计时功能。

（2）具有当前时间设定功能。

（3）具有到时闹铃功能，并能设定闹铃时间。

（4）计时误差：≤1%。

（5）显示：LCD 显示。

3．发挥要求

（1）具有秒表计时功能。

（2）秒表具有启动、停止、清 0 等功能。

（3）秒表计时精度：1%。

6.4.2 简易数字频率计设计

1．任务

设计并制作一台数字显示的简易频率计。

2．基本要求

（1）信号波形：方波。

（2）信号幅度：TTL 电平。

（3）信号频率：100～9999Hz。

（4）测量误差：≤1%。

（5）测量时间：≤1s/次，连续测量。

（6）显示：4 位有效数字，可用数码管、LED 或 LCD 显示。

3．发挥要求

（1）可以测量正弦交流信号的频率，电压的峰-峰值 V_{pp}=0.1～5V。

（2）方波测量时，频率测量上限为 3MHz，测量误差≤1%。

（3）正弦（V_{pp}=0.1～5V）测量时，频率测量上限为 3MHz，测量误差≤1%。

（4）方波测量时，频率测量下限为 10Hz，测量误差≤0.1%。

（5）量程自动切换且自动切换为最多有效数字输出。

（6）具有测量 TTL 信号占空比功能，并用 4 位数字显示（如 12.34%）。

6.4.3 交流信号参数测量装置设计

1．任务

设计并制作一个能对周期交流信号（正弦波、三角波）的频率、周期、幅度、有效值等参数进行测量的交流信号参数测量装置，其示意框图如图 6-17 所示。

图 6-17 交流信号参数测量装置示意框图

2．基本要求

测量交流信号的频率和有效值，测量中不得进行按键功能切换，但允许用按键进行显示内容切换。信号波形：正弦波、三角波，信号峰-峰值：2～10V，信号频率：50～100Hz。要求：

（1）测量正弦波的有效值，测量误差：≤5%。

（2）测量三角波的有效值，测量误差：≤5%。

（3）测量时间：≤1s/次，连续测量。

3．发挥要求

（1）测量输入信号的频率，测量误差：≤1%。

（2）提高频率测量的精度，测量误差：≤0.1%，同时能显示信号周期。

（3）提高有效值测量的精度，测量误差：≤1%。

（4）测量输入信号的峰-峰值，测量误差：≤1%。

4．说明

本设计不得采用有效值专用芯片实现。

6.4.4 简易数字存储示波器设计

1．任务

设计并制作一台普通显示被测波形的简易数字存储示波器，其示意图如图 6-18 所示。

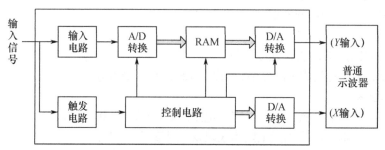

图 6-18　简易数字存储示波器示意图

2．基本要求

（1）要求仪器具有单次触发存储显示方式，即每按一次"单次触发"键，仪器在满足触发条件时，能对被测信号进行一次采集与存储，然后连续显示。

（2）要求仪器的输入阻抗大于 10kΩ，垂直分辨率为 16 级/div，水平分辨率为 10 点/div；设示波器显示屏的水平刻度为 10div，垂直刻度为 8div。

（3）要求设置 0.2s/div、0.2ms/div、20μs/div 三挡扫描速度，仪器的频率范围为 DC～50kHz，误差≤5%。

（4）要求设置 0.1V/div、1V/div 两挡垂直灵敏度，误差≤5%。

3．发挥部分

（1）垂直分辨率提高为 32 级/div，水平分辨率提高为 20 点/div。

（2）仪器的触发电路可以实现上升沿触发且触发电平可调。

4．说明

测试过程中，不能调整操作普通示波器。

附录 A　键盘及 LCD 显示例程

```c
#include <c8051f360.h>
#include <stdio.h>
#include <absacc.h>

#define WDATADDR XBYTE[0XC009]              //LCD 写数据地址
#define RDATADDR XBYTE[0XC00B]              //LCD 读数据地址
#define WCOMADDR XBYTE[0XC008]              //LCD 写命令地址
#define RCOMADDR XBYTE[0XC00A]              //LCD 读命令地址
#define KEYCS XBYTE[0XC00C]                 //键盘片选地址

sbit LCD_RST=P3^0;

unsigned char code CHINESE1[]={"在这里显示第一行"};
unsigned char code CHINESE2[]={"在这里显示第二行"};
unsigned char code CHINESE3[]={"在这里显示第三行"};
unsigned char code CHINESE4[]={"在这里显示第四行"};

unsigned char key_num=0xff;                 //存键号

void OSC_INIT (void)
{
    SFRPAGE=0X0F;
    OSCICL=OSCICL+4;
    OSCICN=0XC2;
    CLKSEL=0X30;
    SFRPAGE=0;

}
//*****************************************
void IO_INIT(void)
{
    SFRPAGE=0X0F;
    P0MDIN=0Xe7;
    P0MDOUT=0X83;
    P0SKIP=0XF9;

    P1MDIN=0XFF;
    P1MDOUT=0XFF;
    P1SKIP=0XFF;

    P2MDIN=0XFE;
```

```
        P2MDOUT=0XFF;
        P2SKIP=0XFF;

        P3MDIN=0XFF;
        P3MDOUT=0XFF;
        P3SKIP=0XFD;

        P4MDOUT=0XFF;

        XBR0=0X09;
        XBR1=0XC0;
        SFRPAGE=0X0;
}
//*****************************************
void XRAM_INIT(void)
{
        SFRPAGE=0X0F;
        EMI0CF=0X07;
        SFRPAGE=0;
}
//*****************************************
void SMB_INIT(void)
{
        SMB0CF=0XC1;

}
//*****************************************
void UART_INIT(void)
{
                SCON0=0X0;
}
//*****************************************
void DAC_INIT(void)
{
        IDA0CN=0XF2;
}
//*****************************************
void ADC_INIT(void)
{
        REF0CN=0;                       //VDD 为基准电压
        AMX0P=0X08;                     //正输入通道接 P2.0
        AMX0N=0X1F;                     //负输入通道接 GND
        ADC0CF=0X2C;                    //左对齐
        ADC0CN=0X80;                    //写 AD0BUSY，启动 A/D 转换
}
//*****************************************
void INT0_INIT(void)
```

```c
{
    IT01CF=0X05;                    //P0.5 为 INT0
    IT0=1;                          //下降沿触发
}
//*****************************************
void TIMER_INIT(void)
{
    TMOD=0x11;                      //T0、T1 方式 1
    CKCON=0;                        //系统时钟 12 分频

    TL0=0X78;
    TH0=0XEC;                       //10ms

    TL1=0X0C;
    TH1=0XFE;                       //0.5ms

    TMR2CN=0X04;                    //16 位自动重装载
    TMR2RLL=0XF0;                   //10ms
    TMR2RLH=0XD8;

    TMR3CN=0X0C;                    //双 8 位自动重装载，系统时钟 12 分频
    TMR3RLL=0XE0;                   //定时 100μs
    TMR3RLH=0XFF;

    TR0=1;
    TR1=1;
}
//*************************************************
void PCA_INIT(void)
{
    PCA0CN=0X40;                    //允许 PCA
    PCA0MD=0;                       //禁止看门狗定时器
}
//*************************************************
void INT_INIT(void)
{
    EX0=1;                          //INT0，键盘
    PX0=0;                          //INT0 为低优先级
    ET0=0;                          //T0
    ET1=0;                          //T1
    ET2=0;                          //T2
    EIE1=0X08;                      //0X08,允许 ADC 中断
    ES0=0;                          //UART
    EA=1;

}
//*****************************************************
```

```
void Init_device(void)
{
    OSC_INIT();
    IO_INIT();
    XRAM_INIT();
    SMB_INIT();
    UART_INIT();
    DAC_INIT();
    ADC_INIT();
    INT0_INIT();
    TIMER_INIT();
    PCA_INIT();
    INT_INIT();
}
//**********************************************
void LCD_REST(void)
{
    int i;
    LCD_RST=0;
    for(i=0;i<255;i++);
    LCD_RST=1;
}
//*************************************************
void LCD_WC(unsigned char command)              //LCD 写命令
{
    unsigned char a;
    while(a=RCOMADDR&0X80);
    WCOMADDR=command;
}
//*************************************************
void LCD_INIT(void)                             //LCD 初始化
{
    LCD_WC(0X30);               //设为基本命令集
    LCD_WC(0X01);
    LCD_WC(0X02);               //将 DDRAM 填满 20H，并设定 DDRAM 地址计数器为 0
    LCD_WC(0X0C);               //开整体显示
}
//*************************************************

void LCD_WD(unsigned char d)                    //LCD 写数据
{
    while(RCOMADDR&0X80);
    WDATADDR=d;
}
//*************************************************
void LCD_HZ(unsigned char x,unsigned char temp[])    //显示一行字符
{
```

```c
    int i=0;
    LCD_WC(x);                                      //x 代表位置, =0x80 对应左上角
    while(temp[i]!=0)
        {
            LCD_WD(temp[i]);
            i++;
        }
}
//****************************************************
void LCD_BYTE(unsigned char x,unsigned char temp)   //显示一行字符
{
    LCD_WC(x);                                      //x 代表位置, =0x80 对应左上角
    LCD_WD(temp);
}


//****************************************************
void LCD_CLR(void)                                  //LCD 清屏
{
    LCD_WC(0X01);
}
//****************************************************
void KEY_INIT0(void) interrupt 0
{
    key_num=KEYCS&0x0f;
}

main()
{
    Init_device();
    LCD_REST();
    LCD_INIT();

    LCD_HZ(0x80,CHINESE1);
    LCD_HZ(0x90,CHINESE2);
    LCD_HZ(0x88,CHINESE3);
    LCD_HZ(0x98,CHINESE4);
while(1)
{
    if((key_num&0xf0)==0)
        {
            unsigned char temp;
            LCD_CLR();
            LCD_BYTE(0x80,'K');
            temp=key_num&0x0f;
            temp=temp+0x30;
            if(temp>=0x3a) temp=temp+0x07;
```

```
                LCD_BYTE(0x81,temp);

                key_num=0xff;
            }
        }
    }
```

附录 B C8051F360 内部 A/D 转换例程

```c
#include <stdio.h>
#include <absacc.h>

#define WDATADDR XBYTE[0XC009]              //LCD 写数据地址
#define RDATADDR XBYTE[0XC00B]              //LCD 读数据地址
#define WCOMADDR XBYTE[0XC008]              //LCD 写命令地址
#define RCOMADDR XBYTE[0XC00A]              //LCD 读命令地址
#define KEYCS XBYTE[0XC00C]                 //键盘片选地址

sbit LCD_RST=P3^0;

unsigned char CHINESE1[]={"A/D、D/A 示范程序"};
unsigned char CHINESE2[]={"信号输入 A/D 后"};
unsigned char CHINESE3[]={"由 D/A 输出"};
unsigned char CHINESE4[]={"设计：项目组"};

unsigned char key_num=0xff;                 //存键号

/*以下底层函数同附录 A，可复制相关代码
void OSC_INIT (void)
void XRAM_INIT(void)
void SMB_INIT(void)
void UART_INIT(void)
void DAC_INIT(void)
void INT0_INIT(void)
void TIMER_INIT(void)
void PCA_INIT(void)
void Init_device(void)
void LCD_REST(void)
void LCD_WC(unsigned char command)
void LCD_INIT(void)
void LCD_WD(unsigned char d)
void LCD_HZ(unsigned char x,unsigned char temp[])
void LCD_BYTE(unsigned char x,unsigned char temp)
void LCD_CLR(void)
void KEY_INIT0(void) interrupt 0
*/
//****************************************************
void IO_INIT(void)
{
    SFRPAGE=0X0F;
```

```
        P0MDIN=0Xe7;
        P0MDOUT=0X83;
        P0SKIP=0XF9;

        P1MDIN=0XFF;
        P1MDOUT=0XFF;
        P1SKIP=0XFF;

        P2MDIN=0XFE;
        P2MDOUT=0XFE;
        P2SKIP=0XFF;

        P3MDIN=0XFF;
        P3MDOUT=0XFF;
        P3SKIP=0XFD;

        P4MDOUT=0XFF;

        XBR0=0X09;
        XBR1=0XC0;
        SFRPAGE=0X0;
}
//********************************************
void ADC_INIT(void)
{
        REF0CN=0X08;                //V_DD 为基准电压
        AMX0P=0X08;                 //正输入通道接 P2.0
        AMX0N=0X1F;                 //负输入通道接 GND
        ADC0CF=0X5c;                //左对齐
        ADC0CN=0X80;                //写 AD0BUSY，启动 A/D 转换
}
//********************************************
void INT_INIT(void)
{
        EX0=1;                      // INT0，键盘
        PX0=0;                      // INT0 为低优先级
        ET0=0;                      //T0
        ET1=1;                      //T1，D/A 转换
        ET2=0;                      //T2
        EIE1=0X08;                  //0X08，允许 ADC 中断
        ES0=0;                      //UART
        EA=1;
}
//**************************************************
void TT1_INT0(void) interrupt 3
{
        TL1=0X0C;
```

```
    TH1=0XFE;                          // 0.5ms
    AD0BUSY=1;                         //启动 A/D 转换
}
//*****************************************************
void ADC0INT(void) interrupt 10        //A/D 转换=>D/A 转换
{
    AD0INT=0;
    IDA0L=ADC0L;
    IDA0H=ADC0H;
}
main()
{
    int i,ii=0,jj;

    Init_device();
    LCD_REST();
    LCD_INIT();

    LCD_HZ(0x80,CHINESE1);
    LCD_HZ(0x90,CHINESE2);
    LCD_HZ(0x88,CHINESE3);
    LCD_HZ(0x98,CHINESE4);

while(1)
    {                                  //主程序无任务为空（均通过中断完成）
    }

    }
```

附录 C　C8051F360 内部 D/A 转换例程

```c
#include <c8051f360.h>
#include <stdio.h>
#include <absacc.h>

#define WDATADDR XBYTE[0XC009]              //LCD 写数据地址
#define RDATADDR XBYTE[0XC00B]              //LCD 读数据地址
#define WCOMADDR XBYTE[0XC008]              //LCD 写命令地址
#define RCOMADDR XBYTE[0XC00A]              //LCD 读命令地址
#define KEYCS XBYTE[0XC00C]                 //键盘片选地址

sbit LCD_RST=P3^0;

unsigned char CHINESE1[]={"D/A 转换示范程序"};
unsigned char CHINESE2[]={"256 点 SIN"};
unsigned char CHINESE3[]={"设计：项目组"};
unsigncd char CHINESE4[]={"宁波工程学院"};

unsigned char key_num=0xff;                 //存键号

unsigned char code
SIN[]={0x7f,0x82,0x85,0x88,0x8b,0x8f,0x92,0x95,0x98,0x9b,0x9e,0xa1,0xa4,0xa7,0xaa,0xad,\
       0xb0,0xb3,0xb6,0xb8,0xbb,0xbe,0xc1,0xc3,0xc6,0xc8,0xcb,0xcd,0xd0,0xd2,0xd5,0xd7,\
       0xd9,0xdb,0xdd,0xe0,0xe2,0xe4,0xe5,0xe7,0xe9,0xeb,0xec,0xee,0xef,0xf1,0xf2,0xf4,\
       0xf5,0xf6,0xf7,0xf8,0xf9,0xfa,0xfb,0xfb,0xfc,0xfd,0xfd,0xfe,0xfe,0xfe,0xfe,0xfe,\
       0xff,0xfe,0xfe,0xfe,0xfe,0xfe,0xfd,0xfd,0xfc,0xfb,0xfb,0xfa,0xf9,0xf8,0xf7,0xf6,\
       0xf5,0xf4,0xf2,0xf1,0xef,0xee,0xec,0xeb,0xe9,0xe7,0xe5,0xe4,0xe2,0xe0,0xdd,0xdb,\
       0xd9,0xd7,0xd5,0xd2,0xd0,0xcd,0xcb,0xc8,0xc6,0xc3,0xc1,0xbe,0xbb,0xb8,0xb6,0xb3,\
       0xb0,0xad,0xaa,0xa7,0xa4,0xa1,0x9e,0x9b,0x98,0x95,0x92,0x8f,0x8b,0x88,0x85,0x82,\
       0x7f,0x7c,0x79,0x76,0x73,0x6f,0x6c,0x69,0x66,0x63,0x60,0x5d,0x5a,0x57,0x54,0x51,\
       0x4e,0x4b,0x48,0x46,0x43,0x40,0x3d,0x3b,0x38,0x36,0x33,0x31,0x2e,0x2c,0x29,0x27,\
       0x25,0x23,0x21,0x1e,0x1c,0x1a,0x19,0x17,0x15,0x13,0x12,0x10,0x0f,0x0d,0x0c,0x0a,\
       0x09,0x08,0x07,0x06,0x05,0x04,0x03,0x03,0x02,0x01,0x01,0x00,0x00,0x00,0x00,0x00,\
       0x00,0x00,0x00,0x00,0x00,0x00,0x01,0x01,0x02,0x03,0x03,0x04,0x05,0x06,0x07,0x08,\
       0x09,0x0a,0x0c,0x0d,0x0f,0x10,0x12,0x13,0x15,0x17,0x19,0x1a,0x1c,0x1e,0x21,0x23,\
       0x25,0x27,0x29,0x2c,0x2e,0x31,0x33,0x36,0x38,0x3b,0x3d,0x40,0x43,0x46,0x48,0x4b,\
       0x4e,0x51,0x54,0x57,0x5a,0x5d,0x60,0x63,0x66,0x69,0x6c,0x6f,0x73,0x76,0x79,0x7c\
       };                                   //波形数据 256 点正弦
/*以下底层函数同附录 A，可复制相关代码
void OSC_INIT (void)
void IO_INIT(void)
void XRAM_INIT(void)
```

```
void SMB_INIT(void)
void UART_INIT(void)
void DAC_INIT(void)
void ADC_INIT(void)
void INT0_INIT(void)
void TIMER_INIT(void)
void PCA_INIT(void)
void INT_INIT(void)
void Init_device(void)
void LCD_REST(void)
void LCD_WC(unsigned char command)
void LCD_INIT(void)
void LCD_WD(unsigned char d)
void LCD_HZ(unsigned char x,unsigned char temp[])
void LCD_BYTE(unsigned char x,unsigned char temp)
void LCD_CLR(void)
void KEY_INIT0(void) interrupt 0
*/

main()
{
     int i,ii=0,jj;

     Init_device();
     LCD_REST();
     LCD_INIT();

     LCD_HZ(0x80,CHINESE1);
     LCD_HZ(0x90,CHINESE2);
     LCD_HZ(0x88,CHINESE3);
     LCD_HZ(0x98,CHINESE4);

while(1)
{
     for(i=0;i<256;i++){          //256 点一个周期
     IDA0L=0;                     //低位为 0
     IDA0H=SIN[i];                //高 8 位波形数据
     for(ii=0;ii<100;ii++);       //延时
}
}
}
```

附录 D　数码管显示与温度检测例程

```c
#include <c8051f360.h>
#include <stdio.h>
#include <absacc.h>

#define WK XBYTE[0XC000]                      //数码管位端口，LED 控制端口
#define DK XBYTE[0X4000]                      //数码管段端口
#define DELAY1 5000

sbit            SDA=P3^3;
sbit            SCL=P3^2;

unsigned char code TAB[]={0xc0,0xf9,0xa4,0xb0,0x99,0x92,\
0x82,0xf8,0x80,0x90,0x88,0x83,0xc6,0xa1,0x86,0x8e};      //数码管段码表
unsigned char code W_TAB[]={0x0e,0x0d,0x0b,0x07};        //数码管位码表

unsigned char DISP[4];                        //数码管显示缓冲区，DISP[0]为个位
unsigned char disp_no=0;                       //动态扫描的位置 0~3
unsigned char temperdata[2];
unsigned char fh=0xf0;                        //温度的符号
/*以下底层函数同附录 A，可复制相关代码
void XRAM_INIT(void)
void SMB_INIT(void)
void UART_INIT(void)
void DAC_INIT(void)
void INT0_INIT(void)
void PCA_INIT(void)
void INT_INIT(void)
void Init_device(void)
void KEY_INIT0(void) interrupt 0
*/


//********************************************
void OSC_INIT (void)
{
    SFRPAGE=0X0F;
    OSCICL=OSCICL+4;
    OSCICN=0XC3;                              //最快速度
    CLKSEL=0X30;
    SFRPAGE=0;
}
```

```
//*******************************************
void IO_INIT(void)
{
    SFRPAGE=0X0F;
    P0MDIN=0Xe7;
    P0MDOUT=0X83;
    P0SKIP=0XF9;

    P1MDIN=0XFF;
    P1MDOUT=0XFF;
    P1SKIP=0XFF;

    P2MDIN=0XFE;                //P2.0 为 A/D 模拟输入
    P2MDOUT=0XFE;
    P2SKIP=0XFF;

    P3MDIN=0XFF;
    P3MDOUT=0XFF;
    P3SKIP=0XFD;

    P4MDOUT=0XFF;

    XBR0=0X09;
    XBR1=0XC0;
    SFRPAGE=0X0;
}
void ADC_INIT(void)
{
    REF0CN=0x08;                //VDD 为基准电压
    AMX0P=0X08;                 //正输入通道接 P2.0
    AMX0N=0X1F;                 //负输入通道接 GND
    ADC0CF=0X5C;                //左对齐
    ADC0CN=0X80;                //写 AD0BUSY，启动 A/D 转换
}
void TIMER_INIT(void)
{
    TMOD=0x11;                  //T0、T1 方式 1
    CKCON=0;                    //系统时钟 12 分频

    TL0=0X78;
    TH0=0XEC;                   //10ms

    TL1=0X00;
    TH1=0XD0;

    TMR2CN=0X04;                //16 位自动重装载
    TMR2RLL=0XF0;               //10ms
```

```c
        TMR2RLH=0XD8;

        TMR3CN=0X0C;                    //双 8 位自动重装载，系统时钟 12 分频
        TMR3RLL=0XE0;                   //定时 100μs
        TMR3RLH=0XFF;

        TR0=1;
        TR1=1;
}
//*******************************************
void TT1_INT0(void) interrupt 3         //数码管显示中断
{
        unsigned char a,b;
        TL1=0X00;
        TH1=0XD0;
        WK=0xff;                        //通过位控关显示
        a=DISP[disp_no];
        b=TAB[(a&0x0f)];
        if(a&0x80) b=b&0x7f;
        DK=b;                           //送段码，最高位为 1，则点亮小数点
        WK=W_TAB[disp_no]+fh;           //送位码，同时送温度的符号 LED 显示
        disp_no=(disp_no+1)&0x03;       //指向下一个数码管

}
//****************** I²C 模拟子函数 ********************
void delay(int ii)
{
        int i;
        for(i=0;i<ii;i++);
}
//*********************
void i_start(void)
{
        SCL=1;
        delay(DELAY1);
        SDA=0;
        delay(DELAY1);
        SCL=0;
        delay(DELAY1);
}
//*******************
void i_stop(void)
{
        SDA=0;
        delay(DELAY1);
        SCL=1;
        delay(DELAY1);
```

```
        SDA=1;
        delay(DELAY1);
        SCL=0;
        delay(DELAY1);
}
//*******************
void i_init(void)
{
        SCL=0;
        i_stop();
}
//*******************
bit i_clock(void)
        {
        bit sample;
        SCL=1;
        delay(DELAY1);
        sample=SDA;
        delay(50);
        SCL=0;
        delay(DELAY1);
        return(sample);
}
//*******************
void i_ack(void)
{
        SDA=0;
        i_clock();
        SDA=1;
}

//*******************
bit i_send(unsigned char i_data)
{
        unsigned char i;
        for(i=0;i<8;i++)
{
        SDA=(bit)(i_data & 0x80);
        i_data=i_data<<1;
        i_clock();
}
        SDA=1;
        return(~i_clock());
}
//*******************
unsigned char i_receive(void)
{
```

```
        unsigned char i_data=0;
        unsigned char i;
        for(i=0;i<8;i++)
    {
        i_data*=2;
        if(i_clock()) i_data++;
    }
        return(i_data);
    }
//********************
bit start_temperature_T(void)
    {
        i_start();
        if(i_send(0x90))
    {
        if(i_send(0xee))
    {
        i_stop();
        delay(DELAY1);
        return(1);
    }
    else
    {
        i_stop();
        delay(DELAY1);
        return(0);
    }
    }
    else
    {
        i_stop();
        delay(DELAY1);
        return(0);
    }
    }
//********************
bit read_temperature_T(unsigned char *p)
    {
        i_start();
        if(i_send(0x90))
    {
        if(i_send(0xaa))
    {
        i_start();
        if(i_send(0x91))
    {
        *(p+1)=i_receive();
```

```c
        i_ack();
        *p=i_receive();
        i_stop();
        delay(DELAY1);
        return(1);
    }
    else
    {
        i_stop();
        delay(DELAY1);
        return(0);
    }
    }
    else
    {
        i_stop();
        delay(DELAY1);
        return(0);
    }
    }
    else
    {
        i_stop();
        delay(DELAY1);
        return(0);
    }
}
//****************************************************
void wait(void)
{
    unsigned long i;
    for(i=0;i<50000;i++);
}
//****************************************************
main()
{
    unsigned int i;
    float a;

    Init_device();
    ET1=1;

while(1)
{

    while(!start_temperature_T());
    wait();
```

```
        while(!read_temperature_T(temperdata));

        if(temperdata[1]&0x80) {
            fh=0xe0;
            i=temperdata[1]*256+temperdata[0];
            i>>3;
            i=(~i)+1;
            i<<3;
            temperdata[1]=i/256;
            temperdata[0]=i%256;
            }
        else {
            fh=0x70;
            }                                    //用不同的 LED 显示温度的+、-

        a=(temperdata[1]&0x7f)*10+0.03125*10*(temperdata[0]>>3)+0.5;
        i=a;
        DISP[0]=i%10;
        DISP[1]=(i/10%10)|0x80;          //加小数点显示
        DISP[2]=(i/100%10);
        DISP[3]=i/1000%10;


    }
    }
```

附录 E　大容量 RAM 测试例程

```c
#include <c8051f360.h>
#include <stdio.h>
#include <absacc.h>

#define WDATADDR XBYTE[0XC009]          //LCD 写数据地址
#define RDATADDR XBYTE[0XC00B]          //LCD 读数据地址
#define WCOMADDR XBYTE[0XC008]          //LCD 写命令地址
#define RCOMADDR XBYTE[0XC00A]          //LCD 读命令地址
#define KEYCS XBYTE[0XC00C]             //键盘片选地址
#define PAGE XBYTE[0XC000]              //RAM 分页控制端口
#define RAM_AD XBYTE[0X4000]
#define AAA XBYTE[0X4800]

sbit LCD_RST=P3^0;
sbit out=P2^0;

unsigned char code CHINESE1[]={"扩展存储器正常"};
unsigned char code CHINESE2[]={"扩展存储器错误"};
unsigned char code CHINESE3[]={"测试中...... "};

unsigned char key_num=0xff;                      //存键号

/*以下底层函数同附录 A，可复制相关代码
void IO_INIT(void)
void SMB_INIT(void)
void UART_INIT(void)
void DAC_INIT(void)
void ADC_INIT(void)
void INT0_INIT(void)
void TIMER_INIT(void)
void PCA_INIT(void)
void INT_INIT(void)
void Init_device(void)
void LCD_REST(void)
void LCD_WC(unsigned char command)
void LCD_INIT(void)
void LCD_WD(unsigned char d)
void LCD_HZ(unsigned char x,unsigned char temp[])
void LCD_BYTE(unsigned char x,unsigned char temp)
void LCD_CLR(void)
```

```
void KEY_INIT0(void) interrupt 0
*/
//****************************************************
void OSC_INIT (void)
{
    SFRPAGE=0X0F;
    OSCICL=OSCICL+4;
    OSCICN=0XC3;
    CLKSEL=0X30;
    SFRPAGE=0;
}
//****************************************
void XRAM_INIT(void)
{
    SFRPAGE=0X0F;
    EMI0CF=0X07;
    EMI0TC=0X51;                        //扩展 RAM 时序相关
    SFRPAGE=0;
}
//********************************************************************
//512KB 扩展 RAM，分 256 页，每页 256B，页号通过 0xc000 端口输出，每页地址 0x4000~0x4800
//注意初始化中 EMI0TC 参数
main()
{
    unsigned char xdata *addr;              //注意 xdata
    unsigned int p,i,erro=0,e1=0;
    unsigned char j,first,temp;

    Init_device();
    LCD_REST();
    LCD_INIT();
    LCD_HZ(0x80,CHINESE3);

    first=0;                                //写入 512KB
    for(p=0;p<256;p++){
        PAGE=(unsigned char)p;              //页切换
        j=first;
        addr=0x4000;                        //每页内首地址由 0x4000 开始
        for(i=0;i<2048;i++){
            *addr=j;                        //写一个数
            j++;
            addr++;
        }
        first=first+5;                      //每页的第 1 个数不同
    }

    first=0;                                //读出，校对 512KB
```

```
        for(p=0;p<256;p++){
            PAGE=(unsigned char)p;
            j=first;
            addr=0x4000;
            for(i=0;i<2048;i++){
                temp=*addr;
                if(temp!=j) erro++;              //校对
                if(erro==1) e1=p;                //记录第 1 个出错的页
                j++;
                addr++;
            }
            first=first+5;
        }
            if(erro==0&&e1==0) LCD_HZ(0x80,CHINESE1);
            else   LCD_HZ(0x80,CHINESE2);

            while(1);
//      temp=erro;
        }
```

附录 F　双路 DDS 信号发生器例程

```c
#include <c8051f360.h>
#include <stdio.h>
#include <absacc.h>

#define WDATADDR XBYTE[0XC009]                      //LCD 写数据地址
#define RDATADDR XBYTE[0XC00B]                      //LCD 读数据地址
#define WCOMADDR XBYTE[0XC008]                      //LCD 写命令地址
#define RCOMADDR XBYTE[0XC00A]                      //LCD 读命令地址
#define KEYCS XBYTE[0XC00C]                         //键盘片选地址

#define XW0 XBYTE[0X7000]                           //相位控制字基地址(7000H~7003H)
#define XW1 XBYTE[0X7001]
#define XW2 XBYTE[0X7002]
#define XW3 XBYTE[0X7003]

#define PL0 XBYTE[0XF000]                           //频率控制字基地址(F000H~F003H)
#define PL1 XBYTE[0XF001]
#define PL2 XBYTE[0XF002]
#define PL3 XBYTE[0XF003]

sbit LCD_RST=P3^0;
sbit out=P2^0;

unsigned char code CHINESE1[]={"DDS 示范程序"};
unsigned char code CHINESE2[]={"按 K0，K1 加减 1kHz"};
unsigned char code CHINESE3[]={"按 K2，K3 加减相位"};
unsigned char code CHINESE4[]={"设计：项目组"};

unsigned char key_num=0xff;                         //存键号
/*以下底层函数同附录 A，可复制相关代码
void IO_INIT(void)
void XRAM_INIT(void)
void SMB_INIT(void)
void UART_INIT(void)
void DAC_INIT(void)
void ADC_INIT(void)
void INT0_INIT(void)
void TIMER_INIT(void)
void PCA_INIT(void)
void INT_INIT(void)
void Init_device(void)
```

```
void LCD_REST(void)
void LCD_WC(unsigned char command)
void LCD_INIT(void)
void LCD_WD(unsigned char d)
void LCD_HZ(unsigned char x,unsigned char temp[])
void LCD_BYTE(unsigned char x,unsigned char temp)
void LCD_CLR(void)
void KEY_INIT0(void) interrupt 0
*/
void OSC_INIT (void)
{
    SFRPAGE=0X0F;
    OSCICL=OSCICL+4;
    OSCICN=0XC3;
    CLKSEL=0X30;
    SFRPAGE=0;

}
//**********************************************************
main()
{
    unsigned long pl=107370;              //初始化为 1000Hz
    unsigned long xw=0;                   //相位初始化为同相
    unsigned int a;

    Init_device();
    LCD_REST();
    LCD_INIT();

    LCD_HZ(0x80,CHINESE1);
    LCD_HZ(0x90,CHINESE2);
    LCD_HZ(0x88,CHINESE3);
    LCD_HZ(0x98,CHINESE4);

    OSC_INIT2();                          //CPU 高速

    XW0=0X1;XW1=0X0;XW2=0;XW3=0X00;       //初始相位为 0°
    PL0=pl%256;
    PL1=(pl/256)%256;
    PL2=(pl/256/256)%256;
    PL3=(pl/256/256/256)%256;

while(1)
{
    out=~out;                             //在 P2.0 上测试周期，可得执行速度

    if((key_num&0xf0)==0)
```

```
{
switch(key_num){
case 0: pl=pl+107370 ;PL0=pl%256;PL1=(pl/256)%256;PL2=(pl/256/256)%256;
        PL3=(pl/256/256/256)%256;break;              //加 1000kHz
case 1: pl=pl-107370 ;PL0=pl%256;PL1=(pl/256)%256;PL2=(pl/256/256)%256;
        PL3=(pl/256/256/256)%256;break;              //减 1000kHz
case 2 : xw=xw+119304647;XW0=xw%256;XW1=(xw/256)%256;XW2=(xw/256/256)%256;
        XW3=(xw/256/256/256)%256;break;              //加 10°
case 3 : xw=xw-119304647;XW0=xw%256;XW1=(xw/256)%256;XW2=(xw/256/256)%256;
        XW3=(xw/256/256/256)%256;break;              //减 10°
}
key_num=0xff;
}
}
}
```

附录 G　数字化语音存储与回放系统例程

```c
#include <c8051f360.h>
#include <stdio.h>
#include <absacc.h>

#define WDATADDR XBYTE[0XC009]              //LCD 写数据地址
#define RDATADDR XBYTE[0XC00B]              //LCD 读数据地址
#define WCOMADDR XBYTE[0XC008]              //LCD 写命令地址
#define RCOMADDR XBYTE[0XC00A]              //LCD 读命令地址
#define KEYCS XBYTE[0XC00C]                 //键盘片选地址
#define RAM_PAGE XBYTE[0XC000]              //RAM 分页控制端口
#define RAM_AD XBYTE[0X4000]                //每页 RAM 的首地址，每页 2KB

sbit LCD_RST=P3^0;

unsigned char code CHINESE1[]={"语音存储示范程序"};
unsigned char code CHINESE2[]={"设计：项目组"};
unsigned char code CHINESE3[]={"正在录音"};
unsigned char code CHINESE4[]={"录音完成"};
unsigned char code CHINESE5[]={"正在放音"};
unsigned char code CHINESE6[]={"放音完成"};

unsigned int page;                          //下一个可存储 RAM 的页号
unsigned char xdata *addr;                  //下一个可存储 RAM 地址
unsigned char flag,record;

unsigned char key_num=0xff;                 //存键号
/*以下底层函数同附录 A，可复制相关代码
void SMB_INIT(void)
void UART_INIT(void)
void DAC_INIT(void)
void INT0_INIT(void)
void PCA_INIT(void)
void INT_INIT(void)
void Init_device(void)
void LCD_REST(void)
void LCD_WC(unsigned char command)
void LCD_INIT(void)
void LCD_WD(unsigned char d)
void LCD_HZ(unsigned char x,unsigned char temp[])
void LCD_BYTE(unsigned char x,unsigned char temp)
void LCD_CLR(void)
```

```
   void KEY_INIT0(void) interrupt 0
   */
//**************************************************************************
   void OSC_INIT (void)
   {
       SFRPAGE=0X0F;
       OSCICL=OSCICL+4;
       OSCICN=0XC3;                                //最快速度
       CLKSEL=0X30;
       SFRPAGE=0;
   }
//****************************************
   void IO_INIT(void)
   {
       SFRPAGE=0X0F;
       P0MDIN=0Xe7;
       P0MDOUT=0X83;
       P0SKIP=0XF9;

       P1MDIN=0XFF;
       P1MDOUT=0XFF;
       P1SKIP=0XFF;

       P2MDIN=0XFE;                                //P2.0 为 A/D 模拟输入
       P2MDOUT=0XFE;
       P2SKIP=0XFF;

       P3MDIN=0XFF;
       P3MDOUT=0XFF;
       P3SKIP=0XFD;

       P4MDOUT=0XFF;

       XBR0=0X09;
       XBR1=0XC0;
       SFRPAGE=0X0;
   }
//****************************************
   void XRAM_INIT(void)
   {
       SFRPAGE=0X0F;
       EMI0CF=0X07;
       EMI0TC=0X51;                                //扩展 RAM 时序相关
       SFRPAGE=0;
   }
//****************************************
   void ADC_INIT(void)
```

```c
{
    REF0CN=0x08;                        //V_DD 为基准电压
    AMX0P=0X08;                         //正输入通道接 P2.0
    AMX0N=0X1F;                         //负输入通道接 GND
    ADC0CF=0X5C;                        //左对齐
    ADC0CN=0X80;                        //写 AD0BUSY，启动 A/D 转换
}
//*******************************************
void TIMER_INIT(void)
{
    TMOD=0x11;                          //T0、T1 方式 1
    CKCON=0;                            //系统时钟 12 分频

    TL0=0X78;
    TH0=0XEC;                           //10ms

    TL1=0X06;
    TH1=0XFF;                           //8kHz 频率

    TMR2CN=0X04;                        //16 位自动重装载
    TMR2RLL=0XF0;                       //10ms
    TMR2RLH=0XD8;

    TMR3CN=0X0C;                        //双 8 位自动重装载，系统时钟 12 分频
    TMR3RLL=0XE0;                       //定时100μs
    TMR3RLH=0XFF;

    TR0=1;
    TR1=1;
}
//*********************************************
void next_addr(void)
{
    addr++;
    if(addr==0x4000+2048) {
        addr=0x4000;
        page++;
        if(page==256)
            page=0;
    }
}
//**********************************************************
void play(void)
{
    RAM_PAGE=(unsigned char)page;
    IDA0H=*addr;
    next_addr();
```

```
        IDA0L=*addr;
        next_addr();
        if(page==0 && addr==0x4000) {
        ET1=0;
        flag=1;
        LCD_HZ(0x88,CHINESE6);
        }
}
//*****************************************************
void TT1_INT0(void) interrupt 3
{
        TL1=0X06;
        TH1=0XFF;                          //8kHz 频率
        switch(flag)
        {
            case 1:AD0BUSY=1;break;        //启动 A/D 转换
            case 2:play(),
        }
}
//*****************************************************
void ADC0INT(void) interrupt 10
{
        AD0INT=0;

        RAM_PAGE=(unsigned char)page;      //切换到页
            *addr=ADC0H;                   //保存
            next_addr();                   //计算下一个可用 RAM 的地址
            *addr=ADC0L;                   //保存低 2 位
        next_addr();
        if(page==0 && addr==0x4000){
            ET1=0;
            record=1;                      //录音结束
            LCD_HZ(0x88,CHINESE4);
        }
}
//*****************************************************
main()
{
        int i,ii=0,jj;
        page=0;
        addr=0x4000;
        flag=0;
        record=0;

        Init_device();
        LCD_REST();
        LCD_INIT();
```

```
        LCD_HZ(0x80,CHINESE1);
        LCD_HZ(0x90,CHINESE2);

        ET1=0;
while(1)
{
        if((key_num&0xf0)==0)
            {
            switch(key_num&0x0f) {
                case 0 :page=0;addr=0x4000;flag=1;ET1=1;LCD_HZ(0x88,CHINESE3);break;
                case 1 :page=0;addr=0x4000;flag=2;ET1=1;LCD_HZ(0x88,CHINESE5);break;
            }
            }
        key_num=0xff;
}
}
```

附录 H 高速数据采集系统例程

```c
#include <c8051f360.h>
#include <stdio.h>
#include <absacc.h>

#define WDATADDR XBYTE[0XC009]          //LCD 写数据地址
#define RDATADDR XBYTE[0XC00B]          //LCD 读数据地址
#define WCOMADDR XBYTE[0XC008]          //LCD 写命令地址
#define RCOMADDR XBYTE[0XC00A]          //LCD 读命令地址
#define KEYCS XBYTE[0XC00C]             //键盘片选地址

sbit LCD_RST=P3^0;
sbit START=P3^2;

unsigned char code CHINESE1[]={"高速数据采集系统"};
unsigned char code SINTAB[]={\
0x7f,0x82,0x85,0x88,0x8b,0x8f,0x92,0x95,0x98,0x9b,0x9e,0xa1,0xa4,0xa7,0xaa,0xad,\
0xb0,0xb3,0xb6,0xb8,0xbb,0xbe,0xc1,0xc3,0xc6,0xc8,0xcb,0xcd,0xd0,0xd2,0xd5,0xd7,\
0xd9,0xdb,0xdd,0xe0,0xe2,0xe4,0xe5,0xe7,0xe9,0xeb,0xec,0xee,0xef,0xf1,0xf2,0xf4,\
0xf5,0xf6,0xf7,0xf8,0xf9,0xfa,0xfb,0xfb,0xfc,0xfd,0xfd,0xfe,0xfe,0xfe,0xfe,0xfe,\
0xff,0xfe,0xfe,0xfe,0xfe,0xfe,0xfd,0xfd,0xfc,0xfb,0xfb,0xfa,0xf9,0xf8,0xf7,0xf6,\
0xf5,0xf4,0xf2,0xf1,0xef,0xee,0xec,0xeb,0xe9,0xe7,0xe5,0xe4,0xe2,0xe0,0xdd,0xdb,\
0xd9,0xd7,0xd5,0xd2,0xd0,0xcd,0xcb,0xc8,0xc6,0xc3,0xc1,0xbe,0xbb,0xb8,0xb6,0xb3,\
0xb0,0xad,0xaa,0xa7,0xa4,0xa1,0x9e,0x9b,0x98,0x95,0x92,0x8f,0x8b,0x88,0x85,0x82,\
0x7f,0x7c,0x79,0x76,0x73,0x6f,0x6c,0x69,0x66,0x63,0x60,0x5d,0x5a,0x57,0x54,0x51,\
0x4e,0x4b,0x48,0x46,0x43,0x40,0x3d,0x3b,0x38,0x36,0x33,0x31,0x2e,0x2c,0x29,0x27,\
0x25,0x23,0x21,0x1e,0x1c,0x1a,0x19,0x17,0x15,0x13,0x12,0x10,0x0f,0x0d,0x0c,0x0a,\
0x09,0x08,0x07,0x06,0x05,0x04,0x03,0x03,0x02,0x01,0x01,0x00,0x00,0x00,0x00,0x00,\
0x00,0x00,0x00,0x00,0x00,0x00,0x01,0x01,0x02,0x03,0x03,0x04,0x05,0x06,0x07,0x08,\
0x09,0x0a,0x0c,0x0d,0x0f,0x10,0x12,0x13,0x15,0x17,0x19,0x1a,0x1c,0x1e,0x21,0x23,\
0x25,0x27,0x29,0x2c,0x2e,0x31,0x33,0x36,0x38,0x3b,0x3d,0x40,0x43,0x46,0x48,0x4b,\
0x4e,0x51,0x54,0x57,0x5a,0x5d,0x60,0x63,0x66,0x69,0x6c,0x6f,0x73,0x76,0x79,0x7c} ;

unsigned char key_num=0xff;                     //存键号
unsigned char idata disp[128];
unsigned char flag=0;
/*以下底层函数同附录 A，可复制相关代码
void OSC_INIT (void)
void XRAM_INIT(void)
void SMB_INIT(void)
void UART_INIT(void)
void DAC_INIT(void)
```

```c
void ADC_INIT(void)
void PCA_INIT(void)
void INT_INIT(void)
void Init_device(void)
void LCD_REST(void)
void LCD_WC(unsigned char command)
void LCD_INIT(void)
void LCD_WD(unsigned char d)
void LCD_HZ(unsigned char x,unsigned char temp[])
void LCD_BYTE(unsigned char x,unsigned char temp)
void LCD_CLR(void)
void KEY_INIT0(void) interrupt 0
*/
//*****************************************
void IO_INIT(void)
{
    SFRPAGE=0X0F;
    P0MDIN=0Xe7;
    P0MDOUT=0X83;
    P0SKIP=0XF9;

    P1MDIN=0XFF;
    P1MDOUT=0XFF;
    P1SKIP=0XFF;

    P2MDIN=0XFE;
    P2MDOUT=0XFF;
    P2SKIP=0XFF;

    P3MDIN=0XFF;
    P3MDOUT=0XFB;
    P3SKIP=0XFD;

    P4MDOUT=0XFF;

    XBR0=0X09;
    XBR1=0X40;                          //禁止弱上拉，允许交叉开关
    SFRPAGE=0X0;
}
//*****************************************
void INT0_INIT(void)
{
    IT01CF=0X65;                        //选择 P0.6 为 INT1，P0.5 为 INT0
    IT0=1;                              //下降沿触发
    IT1=1;
}
//*****************************************
```

```
void TIMER_INIT(void)
{
    TMOD=0x11;                          //T0、T1 方式 1
    CKCON=0;                            //系统时钟 12 分频

    TL0=0X78;
    TH0=0XEC;                           //10ms

    TL1=0X0C;
    TH1=0XFE;                           //0.5ms

    TMR2CN=0X04;                        //16 位自动重装载
    TMR2RLL=0XF0;                       //10ms
    TMR2RLH=0XD8;

    TMR3CN=0X0C;                        //双 8 位自动重装载，系统时钟 12 分频
    TMR3RLL=0XE0;                       //定时 100μs
    TMR3RLH=0XFF;

    TR0=1;
    TR1=1;
}
//*******************************************
void INIT_XSRAM(void)                   //ROM 中的 SIN 模拟数据复制到 disp
{
int i,j;
for(i=0,j=0;i<128;i++){
    disp[i]=SINTAB[j];
    j=j+2;
    }
}
//************************************************
void CLRGDRAM(void)                     //清 LCD 的 GDRAM
{
int i,j;
for(i=0;i<32;i++){
    LCD_WC((i|0x80));
    LCD_WC(0X80);
    for(j=0;j<16;j++) LCD_WD(0x0);
    }
for(i=0;i<32;i++){
    LCD_WC((i|0x80));
    LCD_WC(0X88);
    for(j=0;j<16;j++) LCD_WD(0x00);
    }
}
//****************************************************
```

```
void WR_GDRAM(void)                        //将 disp[]数据送 LCD 显示
{
    unsigned char buf[16];
    unsigned char code tab[]={0x80,0x40,0x20,0x10,0x08,0x04,0x02,0x01};
    int i,j,k;
    for(k=0;k<0x40;k++){
        for(i=0;i<16;i++) buf[i]=0;
        for(i=0,j=0;i<128;i++){
            if(((~disp[i])>>2)==k){
                buf[i/8]=buf[i/8]|tab[i%8];
            }
        }
        if(k<32) {LCD_WC(k|0x80);LCD_WC(0X80);}
        else {LCD_WC((k-0x20)|0x80);LCD_WC(0X88);}
        for(i=0;i<16;i++) LCD_WD(buf[i]);
    }
}
//*****************************************************
void KEY_INIT0(void) interrupt 0
{
    key_num=KEYCS&0x0f;
}
//*****************************************************
void GET_DATA(void) interrupt 2                //取 FPGA 的采样数据
{
    unsigned char xdata *p;
    int i;
    p=0x4000;                                  //双端口 RAM 的首地址
    for(i=0;i<128;i++,p++) disp[i]=*p;
    flag=1;                                    //设置标志
}
main()
{
    int i;

    Init_device();
    LCD_REST();
    LCD_INIT();
    LCD_HZ(0x90,CHINESE1);

    LCD_INIT();
    LCD_WC(0X34);
    CLRGDRAM();                                //清 LCD
    INIT_XSRAM();
    WR_GDRAM();                                //显示正弦
    LCD_WC(0X36);
    LCD_WC(0X30);
```

```
            IE1=0;
            EX1=1;

    while(1)
    {
        if(flag) {
            flag=0;
            LCD_INIT();
            LCD_WC(0X34);
            CLRGDRAM();                              //清 LCD
            WR_GDRAM();                              //显示正弦
            LCD_WC(0X36);
            LCD_WC(0X30);
            }
        if((key_num&0xf0)==0)
            {
            switch(key_num)
            {
            case 0:
                    START=0;
                    for(i=0;i<20000;i++);
                    START=1;
                    break;

            case 1:     break;
            }
            key_num=0xff;
            }
    }
    }
```

参 考 文 献

[1] 张培仁，孙力. 基于 C 语言的 C8051F 系列微控制器原理与应用[M]. 北京：清华大学出版社，2007.

[2] 万光毅，孙九安.SoC 单片机实验、实践与应用设计——基于 C8051F 系列[M]. 北京：北京航空航天大学出版社，2006.

[3] 黄继业，陈龙.EDA 技术与 Verilog HDL（第 3 版）[M]. 北京：清华大学出版社，2017.

[4] 黄根春，周立青. 全国大学生电子设计竞赛教程——基于 TI 器件设计方法[M]. 北京：电子工业出版社，2011.

[5] 贾立新，王涌. 电子系统设计与实践（第 3 版）[M]. 北京：清华大学出版社，2014.

[6] Silicon Laboratories. C8051F360 Mixed Signal ISP Flash MCU Family，2007.

[7] Altera Corporation. Cyclone II Device Handbook，2007.

[8] Altera Corporation. MAX3000A Programmable Logic Device Family Date Sheet，2006.

反侵权盗版声明

电子工业出版社依法对本作品享有专有出版权。任何未经权利人书面许可，复制、销售或通过信息网络传播本作品的行为；歪曲、篡改、剽窃本作品的行为，均违反《中华人民共和国著作权法》，其行为人应承担相应的民事责任和行政责任，构成犯罪的，将被依法追究刑事责任。

为了维护市场秩序，保护权利人的合法权益，我社将依法查处和打击侵权盗版的单位和个人。欢迎社会各界人士积极举报侵权盗版行为，本社将奖励举报有功人员，并保证举报人的信息不被泄露。

举报电话：（010）88254396；（010）88258888

传　　真：（010）88254397

E-mail：　dbqq@phei.com.cn

通信地址：北京市万寿路 173 信箱

　　　　　电子工业出版社总编办公室

邮　　编：100036